Vicky Halls

Katzen und ihre Menschen

Vicky Halls

Katzen und ihre Menschen

Wege zu einer harmonischen Beziehung

KOSMOS

Inhalt

Zu diesem Buch

Schon seit einigen Jahren reise ich als Katzenverhaltensberaterin durchs Land und besuche Katzenhalter und ihre Samtpfoten. Alle diese Katzen haben etwas gemeinsam. Sie verhalten sich in einer Weise, die bei ihren Menschen viel Angst und Stress verursacht. Sie attackieren vielleicht die Perserkatze des Nachbarn, beißen den Postboten oder koten auf die Bettdecke. Das entsprechende Problem kann einfach alles sein, sogar „meine Katze liebt mich zu sehr" oder „meine Katze liebt mich nicht genug". Meine Aufgabe ist es, das Geheimnis zu enträtseln, die zugrunde liegende Ursache festzustellen und es, so Gott will und die Klienten mitarbeiten, wieder zu richten. Es ist eine so bizarre Weise, seinen Lebensunterhalt zu verdienen – Katzenpsychologie wurde niemals von meinem Berufsberater erwähnt –, dass es fast unvermeidlich ist, eine gewisse Anzahl objektiver Analysen folgen zu lassen. Schließlich verbringe ich eine Menge Zeit damit, herumzufahren und habe nichts Besseres zu tun, als über die Launen meines Berufes zu grübeln. Bekommen Katzen zunehmend Stress? Gibt es jetzt mehr Probleme als früher, oder sind wir einfach offener geworden, darüber zu reden? Haben wir unsere winzige Insel mit zu vielen Katzen voll gestopft? Sind sie voneinander gestresst? Erwarten wir zu viel von ihnen? Ist es unsere Schuld? Sind sieben Stunden wirklich eine vernünftige Zeitspanne, um von Kent nach Nordlondon zu kommen? (Entschuldigung, die Fahrerei in diesem Job kann unerträglich sein.)

Ich habe vor Kurzem einige Statistiken erstellt, um in einem Seminar für Haustierverhaltensberater besondere Punkte zu veranschaulichen. Mein Anliegen war lediglich, das Arbeitspensum von drei aufeinanderfolgenden Jahren aufzusplitten, um zu sehen, welchen Prozentsatz der Fälle jedes generelle Problem einnimmt. Als ich über den Zahlen saß, landete ich zufällig bei einer vollständig anderen Thematik. Ich suchte vage in meinen zahlreichen Unterlagen nach Antworten zu der Frage: „Gibt es hier irgendwelche allgemeingültigen Gründe?", und ich fand etwas ganz Erstaunliches. Fünfzig Prozent des Problemverhaltens war ein direktes Ergebnis von etwas Spezifischem in der Halter-Katzen-Beziehung. Die verbleibenden fünfzig Prozent wurden durch dieselbe Sache verstärkt. Das alleine mag noch nicht so relevant wirken, aber glauben Sie mir, es ist es.

Wenn Sie meine beiden vorherigen Bücher „Die Katzenflüsterin" und „Neues von der Katzenflüsterin" gelesen haben, wissen Sie, dass es bei der Katzenverhaltensberatung immer um eine Veränderung der Umgebung geht sowie um eine Veränderung der Art und Weise, wie der Mensch mit der Katze umgeht. Ich trainiere Katzen nicht oder dränge ihnen meinen Willen auf. Ich arbeite um sie herum und, wie durch ein Wunder, bessern sie sich. Ich habe es über viele Jahre vermieden, die Schuld am Fehlverhalten einer Katze zu verteilen. Das ist niemals produktiv und sicherlich keine gute Möglichkeit, den Katzenhalter auf seine Seite zu bekommen. Vielleicht ist das der Grund, warum ich die Tatsachen niemals wirklich auf diese Weise betrachtet habe. Ich habe immer gewusst, dass Menschen hervorragend das Verhalten ihrer Katzen beeinflussen können, aber ich denke nicht, dass ich mich jemals hingesetzt habe und wirklich darüber nachgedacht habe, was für ein bedeutsames und weitreichendes Ergebnis das tatsächlich ist. Nicht, dass ich auf irgendeine Weise andeuten möchte, dass Menschen mit verwirrten Katzen schlechte Katzenhalter sind. Ganz im Gegenteil. Es sind normalerweise gute, liebevolle, fürsorgliche und intelligente Menschen, die verzweifelt versuchen, das Richtige zu tun. Leider können Katzen uns manchmal mit ihrer rätselhaften Art aufs Glatteis führen, und sie so sehr zu lieben, wie wir es tun, kann ein Problem sein.

Ich muss ein Geständnis machen. Vor Kurzem stand ich unter enormem Druck und willigte ein, eine Katze aufzunehmen, um mit mir in meiner Wohnung in Kent zu leben. Meine anderen Katzen leben in meinem reizenden ländlichen Haus in Cornwall und verbringen ihre Tage glücklich mit Jagen, Erkundungen und Freigängen. Ich habe immer gesagt, ich würde eine Katze niemals ausschließlich drinnen halten, aber als ich mit diesem armen kleinen Würmchen konfrontiert wurde, das das richtige Zuhause suchte, konnte ich es nicht zurückweisen. Ich dachte, dass es eine großartige Möglichkeit wäre, alle meinen Ideen auszuprobieren, um das Umfeld einer gelangweilten Hauskatze anregender zu gestalten. Eigennützigerweise dachte ich auch, dass Mango (die fragliche Katze), die nun Mangus genannt wird, eine großartige Gesellschaft sein würde ... was sie auch tatsächlich ist, während ich in meinen Laptop hämmere. Zuerst war ich bestrebt, Kontrolle über die Freundschaft zu behalten und ignorierte sie häufig, wenn ich beschäftigt war, um sie zu ermutigen, selbstständig zu werden. Das funktionierte für eine Weile, aber ich gebe zu, dass mich mein Schutzschild im Stich ließ – sie ist unglaublich süß –. Sie sah den Spalt in meinem Panzer, stieß hinein und regiert nun vollständig alles. Sie nimmt mehr Platz in meinem Bett ein, als ich es tue, diktiert jede meiner Bewegungen und protestiert laut, wie jeder, der mein Büro anruft, bezeugen kann, wenn ich es wage, aufzuhören sie zu streicheln, während ich mich mit einem Klienten unterhalte.

Das ist es, wogegen wir anzukämpfen haben. Auf diese Art und Weise formen Katzen unser Verhalten und wir im Gegenzug ihres. Ich würde mit meiner Erfahrung gerne glauben, dass ich die Warnsignale erkennen kann und niemals erlauben werde, dass meine Beziehung zu Mangus gestört wird. Manchmal, wenn sie mich ansieht, bin ich jedoch nicht sicher ...

Nachdem ich dieses wahre Ausmaß an Einfluss auf unsere Beziehung zu unseren Katzen erkannt habe, will ich dieses Wissen weitergeben. Zu verstehen, was geeignet oder ungeeignet ist, wird Ihr Wohlbefinden möglicherweise verbessern und Ihre Katze entstressen. Zu akzeptieren, dass Katzen eine andere Spezies sind, die minimale soziale Bedürfnisse und keinen wesentlichen Bedarf an irgendeiner Art von Beziehung haben, ist schwierig. Es setzt sich über alles hinweg, was wir jemals über unser besonderes Band zu ihnen geglaubt haben. Egal, was wir ausdrücklich sozial und emotional von ihnen fordern, es muss etwas an dem Band zwischen Menschen und Katzen geben, das ihnen ebenfalls Vergnügen bereitet. Ich habe absolut nicht die Absicht, gute, lustige, glückliche

Beziehungen zwischen Katze und Mensch zu zerstören. Ich empfehle jedoch vielen von uns, insbesondere wenn die Katze ein Problemverhalten zeigt, die Beziehung aufrichtig zu überprüfen und möglichst ein bisschen daran herumzudoktern, bevor sie ihre Katze verurteilen.

Ich möchte nicht, dass dieses Buch voller Warnungen und böser Vorahnungen ist, Sie würden Ihre Katze zu sehr lieben. Die Hälfte der Freude, Katzen zu haben, besteht aus der Tatsache, dass sie, wenn man sehr viel Glück hat, außerordentlich tolerant beim Streicheln, Knuddeln und Küssen sein können. Ich würde es vorziehen, wenn dieses Buch eine Entdeckungsreise darüber wäre, was Ihre Katzen von Ihnen und voneinander wollen – und was Sie im Wesentlichen von ihnen wollen.

Um den Ursprung der Katzen-Mensch-Verbindung wirklich zu verstehen, ist es wichtig, zu begreifen, wie die Beziehung über die Jahrhunderte gewachsen ist. Das erste Kapitel ist deshalb einer kurzen Zusammenfassung über die Geschichte der domestizierten Katze gewidmet. Ich bin sicher, dass Sie alle schon viel davon gehört haben: die Katze als Gottheit im früheren Ägypten, im starken Kontrast zu ihrer Verleumdung und Verfolgung im Mittelalter. Lieber als bei der historischen Chronologie zu bleiben, möchte ich die Einstellung solcher Menschen erforschen, die die Katze anbeteten oder fürchteten, um zu verstehen, ob es irgendein Licht auf unsere aktuelle Begeisterung wirft. Ich habe auch einiges an altem Katzenaberglauben und Sprichwörtern einbezogen, einfach um die Bedeutung dieser kleinen, aber rätselhaften Kreatur in vielen Nationen überall in der Welt zu erläutern.

In den anschließenden zwei Kapiteln werde ich mich auf die Beziehung von Katzen mit ihrer eigenen Spezies konzentrieren. So viele von uns halten mehr als eine Katze. Dieser Abschnitt des Buches wird uns zeigen, wie die Belastungen und Spannungen im Zusammenleben von den im Grunde unsozialen Katzen am besten gehandhabt werden können, denn sie sind wirklich keine kleinen Hunde. Und, obwohl einige der Probleme, die Sie vielleicht erleben, reine „Katzensache" sind, sind wir eine Nation von Tierliebhabern, und viele von uns schließen dabei alle Tierarten ein. Kapitel 4 gibt allgemeine Ratschläge und Tipps, wie Sie Ihrer Katze helfen können, harmonisch mit allen pelzigen und gefiederten Gefährten zu leben.

Der Rest des Buches ist der Erforschung der Schwierigkeiten in der Mensch-Katze-Beziehung gewidmet, und wie wir uns verhalten sollten, um das Beste von unseren Katzen zu bekommen. Am Faszinierendsten von allem sind, wie ich finde, die Kapitel 9 und 10, wo ich die Ergebnisse einer nationalen Umfrage enthülle, warum Frauen Katzen so unglaublich verlockend finden, aber auch eine etwas gegensätzliche persönliche Theorie vorschlage, die sich etwas von den mehr traditionellen Ideen unterscheidet.

Ich habe dieses Buch nicht als ein erzieherisches Handbuch geschrieben. Es beinhaltet Ratschläge zu verschiedenen Themen, aber es handelt nicht von dem, was bereits durch „Die Katzenflüsterin" und „Neues von der Katzenflüsterin" abgedeckt wurde. Viele der Geschichten in den Kapiteln erläutern wichtige Punkte, ohne eigentlich Lösungen anzubieten. Es liegt in der Natur der Sache, dass manche Probleme unlösbar sind, egal wie groß die missliche Lage ist, in die sich Menschen beim Versuch bringen, diese zu lösen. Ich hoffe, dass dieses Buch Ihnen einen persönlichen Einblick geben wird, in das, was in diesen besonderen Beziehungen vor sich geht. Egal, ob Sie ein Model mit einer Hauskatze sind, eine Sekretärin mit einer Siam oder ein Künstler mit einer Abessinier, hoffe ich, dass es Ihnen in irgendeiner Weise hilft, Ihre Katze besser zu verstehen.

KAPITEL 1
Eine Hass-Liebe

Jeden Tag erlebe ich Beispiele der außerordentlichen Beziehung, die die Menschheit zu der domestizierten Katze pflegt. Ich wundere mich über die tiefen Gefühle für meine eigenen Katzen, Lucy, Annie, Bink und Mangus, und erlebe während meines Arbeitstages als Katzenverhaltensberaterin Taten unglaublicher Liebe und Hingabe. Oft habe ich angedeutet, dass dies ein modernes Phänomen unserer Tage ist, aber tatsächlich existiert dieses Band zwischen Mensch und Katze schon seit Tausenden von Jahren. Wir mögen es gegenwärtig in unserer westlichen Gesellschaft anders ausdrücken, aber die Anziehungskraft der Katze ist vielen Völkern gemeinsam, und sie ist es seit einer sehr langen Zeit.

Die Ursprünge der Beziehung werden wahrscheinlich am besten deutlich, wenn wir eine Zeitreise ins frühere Ägypten unternehmen, circa 4000 v. Chr., als Katzen gebraucht wurden, um Mäuse und Ratten von den Kornkammern fernzuhalten. Für lange Zeit wurde dies als der früheste Hinweis auf die Domestizierung unserer Samtpfoten betrachtet, aber ein Grab, das 1983 auf Zypern gefunden wurde, datiert auf 7500 v. Chr., enthielt die Skelette eines Menschen und einer jungen Katze. Katzen sind nicht heimisch auf Zypern, sodass diese Entdeckung eher nahelegt, dass Katzen schon damals gezähmt oder vielleicht sogar domestiziert wurden. Statuen aus Anatolien, dem asiatischen Teil der Türkei, die um 6000 v. Chr. gefertigt wurden, zeigen mit domestizierten Katzen spielende Frauen. Ich habe deshalb den starken Verdacht, dass ein weiterer Beweis einer vorägyptischen zwischenartlichen Beziehung nur darauf wartet, aufgedeckt zu werden. Ich bezweifle sehr, dass Katzen „rückwärts- statt vorwärtsgingen", als sie die offensichtlichen Vorteile erkannten, die Menschen kennenzulernen.

Die Geschichte macht es leicht, zu verstehen, wie die symbiotische Beziehung zwischen Katze und Mensch entstand. Der traditionelle Lebensstil der Nomaden endete, sodass die Lagerung der

Ernte wesentlich wurde. Das Getreide zog Mäuse und Ratten an und daher auch zwangsläufig afrikanische Wildkatzen. Die Katzen wurden ermutigt, bei den Ägyptern zu bleiben, die sie als Anreiz mit Resten fütterten. Ein Überfluss an Nahrung, sowohl als Futter als auch in Form von selbst gefangenen Beutetieren, die Abwesenheit von Raubtieren und die mangelnde Vertreibung durch den Menschen, führten dazu, dass sich bald feline Kolonien bilden konnten.

Das gesamte Getreide wurde in königlichen Kornspeichern gelagert und als diese große Menge eine riesige Anzahl von Mäusen anzog, war es notwendig, dass der Pharao Zugriff auf möglichst viele Katzen hatte, um das kostbare Gut zu schützen. Es wäre extrem schwierig gewesen, die Katzen des Volkes zu beschlagnahmen, sodass der Pharao durch einen offensichtlichen Geniestreich alle Katzen zu Halbgöttern machte. Ein „bloßer" Mensch konnte keinen Halbgott besitzen – nur ein Gott konnte das –, aber die Menschen konnten sich um sie kümmern. Die Ägypter brachten also ihre „Pflegekatzen" zur nächtlichen Arbeit in die Kornkammern und holten sie morgens wieder ab. Für diesen Service bekamen sie einen Steuererlass und konnten so den Anspruch erheben, ihre Katzen seien Familienangehörige, obwohl alle Katzen genau genommen im Besitz des Pharaos waren.

Theoretisch hört sich das großartig an. Aber können Sie sich vorstellen, Ihre Katze abends zum Arbeiten in einen Getreidespeicher am Ort zu bringen und sie dann morgens wieder abzuholen? Entweder wäre sie aus eigenem Antrieb gegangen, noch bevor das Signal erklang, oder aber, sobald sie erkannt hätte, dass sie mit einem Haufen anderer Katzen arbeiten sollte, sähe man nur noch eine Staubwolke von ihr. Eine andere Möglichkeit wäre, dass man sie einmal dorthin bekäme, sie aber nie mehr wiedersehen würde, weil sie sofort zu jemand anderem gezogen wäre, der einfühlsamer wäre als Sie. Ich kann mir nicht vorstellen, wie das System funktionierte, aber es wurde gut dokumentiert. Waren afrikanische Wildkatzen so gefügig? Eines ist sicher: Die Ägypter hätten nicht riskiert, den Zorn des Pharaos auf sich zu ziehen, sodass sie wahrscheinlich einzigartig beharrlich waren.

Die Katzen wurden immer zuerst in den ägyptischen Haushalt gebracht. Immerhin waren Menschen einfach nur Menschen, Katzen waren Halbgötter. (Liegt es nur an mir, oder ist das auch heute noch so?) Wenn eine Katze starb, begann die Familie, die sie beherbergt hatte, rituell zu trauern, indem sie sich die Augenbrauen abrasierte und gegen ihre Brust trommelte, um ihren Kummer über den Verlust zu zeigen. Der Katzenkörper wurde eingewickelt und zu einem Priester gebracht, um sicherzustellen, dass es ein natürlicher Tod war. Denn das Töten oder Verletzen einer Katze war ein Kapitalverbrechen. Dann wurde sie einbalsamiert. Es war nicht überraschend, dass die Menschen zu glauben begannen, dass Katzen einen direkten Einfluss auf ihre Gesundheit und ihr Schicksal hatten.

Katzen und Religion

Die antiken Ägypter betrachteten Katzen als die Verkörperung der Fruchtbarkeitsgöttin Bast, auch bekannt als Bastet. Bastet wurde ursprünglich mit einem Löwenkopf dargestellt, aber als die Anziehungskraft der domestizierten Katze wuchs, als eine Katze oder eine Frau mit einem Katzenkopf. Das antike ägyptische Symbol Ru, das sich neben anderen Dingen auf den symbolischen Übergang von der spirituellen Ebene auf die materielle bezog, taucht in vielen magischen Texten zu einer Zeit auf, als Katze und Frau als eins verehrt wurden, und ist geformt wie die halb erweiterte Pupille eines Katzenauges. Die ägyptische Kunst zeigt unzählige Abbildungen von Katzen in häuslichen Situationen, bei denen sie oft unter dem Stuhl der Frau sitzen. Sie symbolisieren damit eine Steigerung der Fruchtbarkeit in Verbindung mit Bastet. Katzen taten einfach, was natürlich war, sie fingen Nagetiere und Vögel. Menschen wurden als dieses Verhalten fördernd oder zumindest irgendwie ermöglichend dargestellt. Bereits damals hatte die mächtige Katze die Kunst, Menschen zu trainieren, erlernt.

Es waren aber nicht nur die Ägypter, die Katzen verehrten. Die römische Göttin Diana, in ihrer Rolle als Mondgöttin, stand in

Verbindung mit der Katze und ebenso mit der katzenfreundlichen Zahl neun. Neun ist eine mystische Zahl und erscheint häufig in verschiedenen Mythologien. Es folgte, dass Diana, lange mit der Katze assoziiert, das Tier mit seinen sprichwörtlichen neun Leben ausgestattet haben soll. Freya, die nordische Göttin der Fruchtbarkeit, der Liebe und des Krieges, wurde ebenfalls stark mit Katzen assoziiert. Ihr Streitwagen wurde von zwei großen Katzen gezogen, Bygul und Trygul, und Kätzchen wurden oft in ihrem Namen einer Braut geschenkt, um ein gutes Schicksal bezüglich Liebe und Romantik sicherzustellen.

Die europäischen Religionen übertrugen viele Attribute der Bastet auf ihre eigenen Gottheiten, sodass die frühe christliche Kirche aktiv Kultfestivitäten eingliederte. Die Jungfrau Maria wurde das Symbol für die jungfräuliche Muttergottes. Die Verbindung zwischen dem Weiblichen und der Katze wurde sogar in frühchristlichen Abbildungen dargestellt, wo eine Katze dabei gezeigt wird, wie sie in der Krippe gebärt, in der Maria das Christuskind wiegt. In einer Zeichnung der Heiligen Familie von Leonardo da Vinci wird Jesus gezeigt, wie er eine Katze wiegt.

Die koptischen Christen – die ursprünglichen Christen in Ägypten – glaubten, dass die heilige Familie sich für eine Weile in Bubastis aufhielt, als sie nach Ägypten floh, um Herodes' Kindermorden zu entkommen. In Bubastis war Bastets Tempel das Zentrum der Katzenverehrung und diese hatte in der damaligen Zeit ihren Höhepunkt erreicht.

Im jüdischen Evangelium der zwölf Apostel gibt es eine Geschichte, in der Jesus einer Menschenmenge, die eine Katze quält, Vorhaltungen macht. Ich mag die Vorstellung, dass er eine besondere Zuneigung zu Katzen hatte!

Die Katze wird im Islam sehr geachtet aufgrund von Erzählungen, die besagen, dass der Prophet Mohammed ein Katzenliebhaber war. Eine Geschichte handelt von einer Katze, die Mohammed vor dem Biss einer giftigen Schlange gerettet hat. In einer anderen Geschichte, in der Mohammed zum Gebet gerufen wurde, war seine Katze Muezza auf dem Ärmel seines Gewandes eingeschlafen. Anstatt seine Katze zu stören, schnitt der Prophet lieber seinen

Ärmel ab. Er benutzte Wasser, von dem seine Katze getrunken hatte, um sich selbst zu waschen, und Mohammeds Frau aß aus der Schüssel, aus der Muezza gefressen hatte, so groß war ihre Ergebenheit.

In Burma und Siam glaubten die Menschen, dass die Seelen der Verstorbenen in den Körpern von Katzen lebten, bevor sie in ein nächstes Leben aufbrachen. In Japan wurden religiöse Zeremonien für die Seelen verstorbener Katzen abgehalten. Chinesischen Mythen zufolge waren Katzen übernatürliche Kreaturen, die Geister und negative Energien sehen konnten. Dem Katzengott Li Shou wurde nachgesagt, er wehre negative, nächtliche Energien ab. Landwirtschaftliche Gottheiten wurden in China auch oft in Form von Katzen dargestellt. Es ist schwer, eine Kultur oder Religion ohne Hinweise auf Katzen als Symbole für Fruchtbarkeit, Weisheit, Schutz oder Glück zu finden.

Alle großen Katzengöttinnen wie Bastet und Diana, mit ihrer Verbindung zum Mond, vereinigen sowohl weibliche als auch katzenhafte Eigenschaften. Seit alters her hat man daran geglaubt, dass Frauen die Fähigkeit besitzen, Medien, Wahrsager und Hellseher zu sein. Auch Intuition wird als weibliche Eigenschaft angesehen. Katzen haben eine rätselhafte Eigenschaft, die sie weise und wissend erscheinen lässt. Sie werden oft als „alte Seelen" beschrieben – ich habe das auch getan – und die Anziehungskraft von Katzen auf Frauen könnte ein Bindeglied für einen uralten Teil der menschlichen Seele repräsentieren. Das mag fantasievoll anmuten, aber Tausende Jahre Geschichte der Katze, Mythen und Legenden laufen auf einen mächtigen Einfluss im modernen Denken hinaus. Jedes Tier, das in einem Zeitraum von ein paar Tausend Jahren im menschlichen Denken, Gegenstand eines solch massiven Schwankens zwischen Vergötterung und Verfolgung wieder hin zur Vergötterung gewesen ist, muss etwas ganz Besonderes sein. Sogar heute, wo die domestizierte Katze in der westlichen Welt eine beispiellose Popularität als Haustier erfährt, scheinen Menschen geteilt in Katzenliebhaber und Katzenhasser. Der Einfluss von Sooty, Ginger und Tigger ist dermaßen groß, dass es kaum neutrale Meinungen zu geben scheint.

Katzen breiten sich über die ganze Welt aus

Katzen wurden routinemäßig auf Schiffen zur Nagetierkontrolle gehalten und als wichtige Mitglieder der Crew angesehen. Sogar Nelson hatte eine Katze namens Tiddles, die einiges an nautischem Betrieb sah, bevor sie im Krieg starb. Es gibt zahlreiche Geschichten von heldenhaften Katzen, beispielsweise die von Able Seaman Simon, einem Hauskater, der 1949 auf der königlichen Marine-Fregatte „HMS Amethyst" heftig verletzt wurde. Er wurde mit den verletzten Seeleuten zusammen versorgt, und als er genesen war, patrouillierte er entlang der Krankenstation und spendete den Männern Trost. Er wurde für seine moralischen Dienste zum „Vollmatrosen" *(Able Seaman)* befördert. Traurigerweise starb er in der Quarantäne, als er zurück nach Hause kam. Aber er war es, der bei seiner Heimkehr nach Plymouth die meiste Medienaufmerksamkeit bekam.

In früheren Zeiten dauerte es nicht lange, bis Reisen über das Mittelmeer Katzen ermöglichten, andere Kontinente zu bevölkern und – vielleicht vergeben Sie mir diesen Gedanken – ihre Strategie, die Welt zu dominieren, starteten. Wo immer sie auch ankamen, wurden sie offensichtlich gerne empfangen. Sie spielten eine nützliche Rolle in der Ungezieferbekämpfung und wurden auch willige Haustiere und Gefährten. Um das vierte Jahrhundert nach Christus hatte sich die Nützlichkeit der Katze als ein Abschreckungsmittel gegen Nagetiere im ganzen römischen Reich herumgesprochen. Dessen Besetzung von vielen Teilen Europas und Teilen von Nordafrika sowie dem Mittleren Osten ermöglichte es noch mehr Haushalten, Gastgeber für die domestizierte Katze zu spielen. Im 17. Jahrhundert wurden Katzen aus Europa in die neue Welt importiert, als Kolonien von Siedlern von einer Rattenplage überschwemmt worden waren, und so wurde noch ein weiterer Kontinent von ihnen bezaubert und zu einem bleibenden Zusammenleben bewogen. Die Ausrottung der Nagetiere war zweifellos der anfängliche Schlüssel für ihren Erfolg, aber es gibt viele Anhaltspunkte, die aufzeigen, dass die Jagdfähigkeiten der Katzen nur die Hälfte der Geschichte waren.

Katzen in der Kunst

Die Kunst ist ein nützlicher Indikator bei der Erforschung der Sozialgeschichte, und frühe Gemälde und Töpferwaren beispielsweise aus Griechenland, Rom, China und Japan, stellen Kinder dar, die mit zahmen Katzen in ihrem Zuhause spielen. Eine antike römische Mosaiktafel im Naples-Museum zeigt eine gezähmte getigerte Katze mit den Pfoten auf einem Vogel, bereit ihn zu verschlingen. Kleine Katzen, die als Haustiere gehalten wurden, erscheinen auf griechischen Kunstwerken aus dem fünften und vierten Jahrhundert v. Chr.. Silbermünzen zeigen nackte Jünglinge, die mit winzigen Katzen spielen oder von ihnen begleitet werden. Mehrere Versionen zeigen die Katze, wie sie nach einem Vogel springt, den ein Junge in der Hand hält, oder einem Ball hinterherjagt. Im Britischen Museum sind Hauskatzen auf Vasen dargestellt, wie sie mit Wollknäueln spielen. Chinesen und Japaner bildeten die Katze in zarten Wasserfarben ab, was eindeutig zeigt, dass die Katze auch im orientalischen Lebensstil wichtig war. Der Hauch von Gelassenheit, der die Katze umgibt, und ihre Aura innerer Weisheit waren Qualitäten, in die sich Buddhisten einfühlen konnten. Viele Werke früher Kunst beinhalten ein Spielzeug, sodass ich sicher bin, dass meine Begeisterung für eine angelähnliche Vorrichtung mit einer Feder am Ende kaum neu ist.

***

Es ist interessant zu sehen, dass die frühere Rolle der Katze in der menschlichen Gesellschaft aus dem bestand, was natürlich war: dem Jagen von Beute. Da gab es keine Manipulation durch selektive Züchtung, um den aktuellen Zustand zu verändern. Alles, was Menschen gelungen war, war der Katze zu ermöglichen, die offensichtlichen Vorteile von menschlichen Behausungen und den Unterhaltungswert ihrer Bewohner zu erkennen. Seitdem gehorchen wir ihrem leisesten Wink – was für schlaue Tiere.

Die Verfolgung der Katze

Leider gab es einen Zeitraum in der Geschichte, in der Katzen nicht ihren eigenen Kopf durchsetzen konnten. Sie waren jahrhundertelang für ihre anscheinend übernatürlichen Fähigkeiten verehrt worden, und ihre Neigung, ziemlich unabhängig zu sein, betonte zusätzlich diesen Hauch von Geheimnis. Allerdings bekamen sie im Laufe der Zeit eine mehr kultische Stellung und wurden in verschiedene religiöse Rituale einbezogen. Im mittelalterlichen Frankreich wurden Katzen geopfert, um eine erfolgreiche Ernte sicherzustellen, und sie wurden als Vertraute von Hexen angesehen. Die Katholische Kirche verteufelte Katzen im dreizehnten Jahrhundert, als ihre Verbindung mit der heidnischen Göttin Freya dazu führte, sie als die Manifestation des Teufels zu betrachten. Hunderttausende von Katzen wurden gefoltert, verbrannten auf dem Scheiterhaufen oder wurden lebendig gebraten, und die Anzahl der Katzen sank um über 90 Prozent ab. Die Katzenpopulation wurde auch von der Pest beeinflusst, als die Tiere irrtümlich als Überträger der Krankheit beschuldigt und deshalb getötet wurden, sobald man sie erblickte. Ironischerweise waren diese, als so viele Menschen durch die Pest starben, dass niemand mehr da war, um die Katzen zu töten, in der Lage, die Ratten zu vernichten, die wirklich verantwortlich für die Verbreitung der Krankheit waren.

Allerdings gab es sogar während dieser dunkelsten Periode in ihrer Geschichte immer noch Menschen, die Katzen liebten und wertschätzten. Viele Farmer wollten ihre Katzen wegen ihrem offensichtlichen Beitrag zur Pestkontrolle nicht aufgeben.

Es muss unzählige alte Frauen gegeben haben – im Mittelalter beinhaltete diese Kategorie jeden über vierzig –, die sich einsam und isoliert, während die jüngeren Familienmitglieder arbeiteten, der Gesellschaft einer hungrigen wilden Katze zuwandten. Dies verstärkte die volkstümliche Verbindung zwischen der Hexe und ihren Katzen, die ursprünglich durch das historische und religiöse Band zwischen Frau und Katze angedeutet wurde. Und so wurden im Falle irgendeines Missgeschicks leider oftmals alte Frauen zusammen mit ihren Katzen beschuldigt, die als willige Komplizen angesehen wurden. Gott sei Dank habe ich nicht zu dieser Zeit gelebt. Der Finger des Misstrauens wäre unzweifelhaft auch auf mich gerichtet gewesen! Katzen wurden bis weit ins neunzehnte Jahrhundert hinein in verschiedenen Teilen Europas weiterhin rituell abgeschlachtet oder gelegentlich gequält. Anders als Hunde wurden die Katzen als kaum greifbar, unabhängig und sehr widerstandsfähig gegenüber menschlichem Einfluss und menschlicher Herrschaft angesehen. In einer männlich orientierten Gesellschaft wäre es nicht angemessen gewesen, mit einem Tier mit einer so femininen Qualität zu verkehren. Es hätte sicherlich jeden Mann anfällig für die Beschuldigung der Schwäche gemacht – und als Ergänzung – der Impotenz. Unter diesen Umständen bin ich erstaunt, dass die Katze je ein Comeback hatte.

Die Mentalität der Menschen zu einer Zeit, als das Leben eines Tieres als wertlos betrachtet wurde, ist außerordentlich schwer zu verstehen. Wir sind heute mit einer Gesellschaft gesegnet, die Grausamkeit gegenüber irgendeinem Lebewesen größtenteils verabscheut, und viele Menschen setzen sich unermüdlich für das Wohlergehen von Tieren ein. Allerdings halte ich es für wichtig, sich zu erinnern, dass in jenen Tagen bloßes Überleben immer noch die ausschlaggebende Motivation war. Es kann kaum mehr Platz für Mitgefühl gegenüber Tieren geblieben sein, wenn diese keinen Lebensunterhalt und Nahrung darstellten. Im Großbritannien des einundzwanzigsten Jahrhunderts halten wir unser Auskommen für selbstverständlich und streben stattdessen nach anderen Dingen: vielleicht nach Glück oder Unterhaltung oder nach materiellen Besitztümern. Es ist weitaus leichter für uns, einen Gedanken an Tiere zu erübrigen; unser bloßes Überleben dominiert nicht mehr unsere Gedanken und Überlegungen.

Das Comeback der Katze

Es waren die Natur und der Einfluss der Katze, die ihr „Comeback“ möglich machten. Zögernd kam man überein, zuzugestehen, dass Katzen geholfen hatten, die Ausbreitung der Pest zu reduzieren.

Und die Katzen begannen, sich auf leisen Pfoten wieder in die Gunst der Menschen zu schleichen. Aber dieser Prozess war bis weit ins neunzehnte Jahrhundert hinein noch nicht vollständig abgeschlossen, als die Christliche Kirche endlich aufhörte, Hexen und ihre Vertrauten zu verfolgen. Die Einstellung zu Tieren im Allgemeinen wurde nun fürsorglicher, und 1824 wurde die Gesellschaft für die Verhinderung von Grausamkeit gegenüber Tieren gegründet, der später 1840 das königliche Siegel der Zustimmung von Königin Victoria verliehen wurde. Die Ausdehnung von Dörfern und Städten in Großbritannien brachte mit sich, dass wild lebende Katzen die häusliche Variante in viktorianischen Zeiten weit übertrafen. Die Stimmung der Nation jedoch änderte sich, und 1871 fand die erste Katzenausstellung statt. Das Ziel des Organisators war die öffentliche Wahrnehmung der Katze als Haustier. Um 1887 wurde der erste nationale Katzen-Klub gegründet, und die Bedeutung der Katze nahm seit dieser Zeit immer stärker zu. 1927 wurde der Schutzverband für Katzen gegründet, einzig und allein, um das Wohlergehen von Katzen in Großbritannien zu fördern.

Ursprünglich war es auch die Absicht von Harrison Weir, dem Organisator der ersten Katzenausstellung, die Pflege und das Wohlergehen der Katze zu fördern. Er hatte die Vernachlässigung und den Missbrauch erkannt, denen Katzen ausgesetzt waren. Als echter Katzenliebhaber wollte er ihre wahre Natur bekannt machen und die Menschen dazu erziehen, Misshandlungen zu unterlassen. Mit Bedauern gab er es einundzwanzig Jahre später auf, bei Katzenausstellungen zu richten; er war von den Ergebnissen seiner Bemühungen ernüchtert. Er fand, dass die Züchter und Mitglieder des Katzen-Klubs mehr daran interessiert waren, Preise zu gewinnen, als das Wohlergehen der Tiere zu fördern. In dem Buch „Cats And All About Them" des Perser-Züchters Frances Simpson aus dem Jahre 1902 ist es ganz offensichtlich, dass ihr gut gemeinter Rat darauf gerichtet war, Katzenzüchter zu ermutigen, sowohl wegen des Vergnügens als auch wegen des finanziellen Gewinns zu züchten. Beim Betrachten alter Fotografien von Rassekatzen wird die gegenwärtige Fixierung auf Extreme deutlich. Bei den vor einhundert Jahren gezüchteten Rassen gibt es lediglich sanfte Abweichungen von den perfekten Vorbildern der Natur. Überall in diesem Buch und in anderen seiner Zeit wird klar, dass Katzenliebhaber Leute mit einem lebendigen und atmenden Hobby sind, deren Ziel es letztlich ist, Freundschaften mit anderen Katzenliebhabern zu pflegen und Preise zu gewinnen, genau wie Harrison Weir es beklagte. Die Enthusiasten dieser Ära hatten offensichtlich ein Interesse an Katzen, aber es waren für sie trotz allem nur Katzen.

Macht man einen Sprung in die Sechzigerjahre und betrachtet die Veröffentlichungen aus dieser Zeit, entdeckt man eine deutliche Veränderung der Stimmungslage. Hier herrscht ein beständiger Sinn für Vermenschlichung, und Verhalten wird in einem sehr menschlichen Zusammenhang interpretiert. Es ist klar, dass sich so die Rolle des Haustiers in der Beziehung auf subtile Weise in etwas Emotionaleres verwandelt. In Beverly Nichols' „Cats ABC" beispielsweise findet man einen interessanten Textteil, in dem mit großer Hochachtung über „Katzenmenschen" geschrieben wird. Für Menschen, die Katzen gegenüber ablehnend eingestellt sind, hat er jedoch nur ein verbales Zähnefletschen übrig. Dieses *„Wir"* auf der einen und das ablehnende *„Die"* auf der anderen Seiten ist noch heute sehr deutlich erkennbar.

Meiner Ansicht nach haben Kino und Fernsehen eine bedeutende Rolle in der Veränderung unserer Wahrnehmung der Natur der Katze gespielt. Sie haben vielleicht nur die Stimmung und die Überzeugungen der Zeit widergespiegelt, aber sie sind sicherlich von Bedeutung für die Verstärkung unserer Wahrnehmungen. Zeichentrickfiguren wie Felix der Kater, Tom und Jerry, Sylvester und Tweety Pie, Top Cat und Garfield zeigen Katzen, die menschliche Charakterzüge aufweisen. Viele reden sogar, während sie aber immer noch katzentypische Eigenschaften aufweisen. Haben Zeichentrickfilme und ähnliche Darstellungen die fiktive Vorstellung eines Mischwesens aus Mensch und Katze erschaffen, das tief in unserem Unterbewusstsein begraben ist?

Mein großes Vorbild Johnny Morris muss für vieles herhalten, wenn es darum geht, Tieren eine Stimme zu geben. Die Kindersendung „Animal Magic" zeigte ihn in den Sechzigerjahren als Tierpfleger, der mit verschiedenen Tierarten diskutierte und, zweifellos, um die Informationen zugänglicher zu machen, ein „Voice-over" *(Kommentar einer Figur, die von jemand anders gesprochen wird, Anmerkung der Übersetzerin)* benutzte, damit die Tiere ebenfalls redeten und in die Unterhaltung einstimmten. Offenbar erreichte mich „Animal Magic" unbewusst, da ich in „Unterhaltungen" mit Katzen oft meine eigene wörtliche Interpretation von dem wiedergebe, was sie sagen, wobei ich eine Form primitiver Bauchrednerei benutze, genau wie Johnny es machte. Das amüsierte viele Tierärzte und Tierarzthelferinnen, mit denen ich über die Jahre gearbeitet habe. Zu glauben, dass Katzen zu komplexem logischem Denken fähig sind, geht einfacher und schneller, als man vielleicht denkt. Sie sind aber wirklich *keine* kleinen Menschen in Pelzkostümen. Ich denke, dass es ebenso leicht ist, Katzen zu lieben, weil sie Katzen sind. Und das ist besser für sie.

***

So hat unsere schnelle Übersicht über den historischen Hintergrund unserer Beziehungen mit unseren Katzen die Gegenwart erreicht. Bücher über Katzen haben jetzt Titel wie „Yoga für Katzen", „Psycho Pussy" und „Brauchen Katzen Nervenärzte?". Wir quartieren unsere Katzen in Pensionen ein, wenn wir in Urlaub fahren und tragen ihr Foto bei uns, um es jedem zu zeigen, der sich dafür interessiert. Katzenhaltung ist ein Geschäft, in dem jedes Jahre viele Millionen verdient werden: Wir geben ein Vermögen für Tierarztrechnungen, Katzenzubehör, Spielsachen, Futter und Videos aus, um unsere Samtpfoten zu unterhalten, wenn wir nicht da sind. Es ist sogar technisch möglich, einen Diamanten aus der Asche unserer verblichenen Katze zu machen oder sie zum ultimativen Gedächtnis durch die Verwendung ihrer DNA zu klonen. Bevor wir allerdings zum Wesentlichen in Katzenbeziehungen kommen und wie wir sie überleben können, erfahren Sie im Folgenden noch von berühmten Katzenliebhabern und lernen bekannte Sprichwörter und Aberglauben über Katzen kennen.

Berühmte Katzenliebhaber

Als ob wir es nicht bereits wussten, hat es viele berühmte und bemerkenswerte Katzenliebhaber, sogenannte Ailurophile, gegeben, einschließlich Sir Winston Churchill, Abraham Lincoln, Charles Dickens, Theodore Roosevelt, Ronald Reagan, Nostradamus, den Duke of Wellington, Queen Victoria, Sir Isaac Newton, Florence Nightingale, Beatrix Potter, Sir Walter Scott, Renoir, Monet, William Wordsworth, Horatio Nelson, Thomas Hardy, Victor Hugo ... (eine beeindruckende Liste – ich bin sicher, dass Sie mir zustimmen werden) und neuzeitlichere wie Bill Clinton, Halle Berry, Billy Crystal, Warren Beatty, Yoko Ono, Rolf Harris, Ann Widdecombe MP, die Osbournes, Ricky Gervais, Jonathan Ross ...

Interessanterweise gehören zu den berühmten Ailurophoben (Katzenhassern) Napoleon, Mussolini, Hitler und Dschingis Khan ... muss ich noch mehr sagen?

Um die Bedeutung der Katze in fast allen Kulturen noch zu erweitern, gibt es zahlreichen Aberglauben und Sprichwörter, die unseren felinen Freunden unglaubliche Kräfte verleihen.

Aberglauben aus aller Welt

- Eine getigerte Katze gilt als Glück bringend, besonders, wenn sie aus eigenem Antrieb beschließt, bei dir zu wohnen. Das ist ein Zeichen dafür, dass Geld zu dir kommen wird.
- Die Briten glauben, dass es Glück bringt, wenn eine schwarze Katze den Weg kreuzt. Die Amerikaner hingegen glauben, dass es Pech bringt.
- Eine Katze zu berühren, sorgt dafür, dass man sein Gedächtnis verliert.
- Das Niesen einer Katze ist ein gutes Omen.
- Eine dreifarbige Katze schützt das Haus vor Feuer.
- Wer von einer Schildpattkatze träumt, wird Glück in der Liebe haben.

- Wenn du von zwei kämpfenden Katzen träumst, sagt das Krankheit oder einen Streit voraus.
- Wer eine Katze tritt, wird Rheuma in diesem Bein bekommen.
- Eine Katze in einen Spiegel schauen zu lassen, bringt Ärger.
- Auf jeder schwarzen Katze ist ein einziges weißes Haar, das der Person Wohlstand oder Liebe bringt, die es entfernt, ohne dass die Katze sie kratzt. Versuchen Sie das nicht zu Hause.

Sprichwörter aus aller Welt

- In den Augen einer Katze gehört alles ihr *(England)*.
- Hüte dich vor Menschen, die keine Katzen mögen *(Irland)*.
- Alle Katzen sind im Mai böse *(Frankreich)*.
- Nach Einbruch der Dunkelheit werden alle Katzen zu Leoparden *(New Mexico)*.
- Ich gab einer Katze einen Auftrag, und die Katze gab ihn an ihren Schwanz weiter *(China)*.
- Du wirst immer Glück haben, wenn du weißt, wie du dich mit fremden Katzen anfreunden kannst *(Colonial America)*.
- Glücklich ist ein Heim mit wenigstens einer Katze *(Italien)*.
- Die Katze ist eine Heilige, wenn keine Mäuse da sind *(Japan)*.
- Wenn du mit einer Katze spielst, darfst du nichts gegen ihr Kratzen haben *(Sprichwort jüdischen Ursprungs)*.

Ich möchte gerne glauben, dass ich für Katzen überzeugende Gründe vorgebracht habe, obwohl ich denke, dass ich bei meinen Lesern offene Türen einrenne. Katzen besiedeln unsere Wohnungen und Häuser heute zu Millionen und sind fast ausnahmslos ein wichtiges Familienmitglied. Die Tatsache, dass „die Familie" nicht länger ausschließlich Menschen vorbehalten ist, kann eine ganz weitreichende Bedeutung haben. Um eine soziale Einheit im richtigen Sinne zu sein, müssen wir die Natur von Katzenbeziehungen verstehen, damit es zum Nutzen beider Seiten funktionieren kann. Das ist Katzen gegebenüber nur fair.

KAPITEL 2
Können Katzen teilen?

Ich verbringe viel Zeit damit, Menschen zu erzählen, dass Mehrkatzenhaushalte nicht funktionieren, aber ich denke, es ist wichtig anzuerkennen, dass es auch eine andere Sichtweise gibt. Ich arbeite mit Katzen, die nicht miteinander auskommen. Ohne Ausnahme beziehen sich die Probleme, die ich in Mehrkatzenhaushalten sehe, auf eine Überbevölkerung im Haus oder im Revier. Für einige Katzen sind zwei schon eine Menge, sodass ich Katzenhalter nicht einmal einer unvernünftigen Anschaffung von Katzen beschuldigen kann – hier spricht eine Frau, die mit sieben gelebt hat. Es ist wirklich ein Problem unter Katzen. Allerdings ist es für viele Katzen beruhigend und unterhaltsam, mit einem Artgenossen zu leben, und der Austausch zwischen ihnen wirkt in jeder Hinsicht wie echte Zuneigung.

Beispielsweise sind die Katzen einer meiner Freunde, Whiskey, George und Lady, seit vielen Jahren zusammen. Erst neulich, als ich zu Besuch war, fand ich Whiskey und George eng umschlungen in einem unglaublich kleinen Katzenkorb. Dann und wann putzten sich George und Whiskey gegenseitig und ließen sich schließlich beide zufrieden seufzend nieder, um in gegenseitiger Umarmung zu schlafen. Sie teilen sich eine Katzentoilette, die Futternäpfe, den Schoß ihres Menschen sowie Schlafplätze und demonstrieren das perfekte Beispiel häuslicher Glückseligkeit. Es ist ganz anders als das Verhalten der Katzen, mit denen ich mein Berufsleben verbringe, aber wahrscheinlich ein gewöhnlicher Anblick in vielen glücklichen Haushalten überall im Land. Erst als alle drei Katzen gemeinschaftlich aufsprangen, als die Katzenklappe klapperte, erkannte ich, dass ihre gesellige Wesensart das angeborene Misstrauen gegenüber anderen, das allen domestizierten Katzen zu einem gewissen Grad innewohnt, nur verbarg.

Welche Beziehungen innerhalb des eigenen Zuhauses auch immer geschmiedet werden – oder mit dem Tiger von nebenan –, es ist kein Zufall, dass sich so viele Katzen schlecht benehmen und Stress bedingte Krankheiten entwickeln. Es gibt in manchen Gebieten viele Katzen, und das bedeutet Ärger für die durchschnittliche Hauskatze, die in der Mitte so vieler überlappender Territorien festsitzt. Viele der Katzen, die ich besuche, wohnen an Orten, die ausdrücklich für sie ausgewählt wurden. Viele Halter suchen Sackgassen, unbefestigte oder stille Straßen aus, damit ihre umhegten Haustiere nicht Opfer von rasenden Autos werden. Allerdings hatten alle Nachbarn in diesem katzenfreundlichen Zufluchtsort genau dieselbe Idee. Deshalb ist das Ergebnis eine Menge Katzen (keine einzige mit einer Beckenfraktur), die einander durch die Hölle schicken, um für Durchgangsrechte in einem überaus überfüllten Territorium zu streiten. Welche Ironie, dass unsere besten Absichten so eine verheerende Auswirkung haben können.

Die folgenden Fallstudien erläutern einige der möglichen Fallgruben in einem Mehrkatzenhaushalt. Die ersten zwei Geschichten in diesem Kapitel behandeln das am häufigsten auftretende schwierige soziale Problem – das Vorstellen von Katze Nummer zwei gegenüber der ersten Katze. Einzelkatzen mögen einsam wirken und der Gesellschaft eines Artgenossen beraubt, aber die Wahrheit sieht oftmals ganz anders aus. Jede vielleicht ersehnte Gesellschaft kann von einem schnellen Ausflug in den Garten nebenan befriedigt werden, um ein wenig Augenkontakt mit dem roten Nachbarkater zu haben. Wenn Sie wirklich Glück haben, beinhaltet diese Interaktion vielleicht ein schnelles Spiel, etwas gegenseitiges Putzen und verschiedene andere angenehme Aktivitäten. Lassen Sie sich allerdings nicht täuschen, indem Sie glauben, dass diese scheinbare Verbundenheit auch noch ganz so offenkundig wäre, wenn der rote Kater durch Ihre Katzenklappe käme – bestimmte Sachen sind Katzen hochheilig. Die zwei Fälle, die ich hier erläutere, stammen nicht aus irgendeiner unbewussten Bemühung beider Katzenhalter, für Vergesellschaftung zu sorgen; die Situation wurde ihnen aufgedrängt als eine Art vollendete Tatsache. Nichtsdestotrotz, wenn Sie entscheiden, dass Ihre Katze wirklich einsam ist, wenn Sie bei der Arbeit sind und Sie nicht widerstehen können, Ihre Katzenfamilie zu vergrößern, dann gibt es nachfolgend Ratschläge, die das Risiko einer vollkommenen Katastrophe vielleicht begrenzen können.

Paddy und Butch – die Katzen, die dem Bügeln ein Ende setzten

Es gibt nichts Schlimmeres als einen Katzenkampf in der ruhigen Umgebung des eigenen Heims zu erleben. Mein großartiger Freund und Kollege Robin Walker bezeichnet es als „den Krieg auf dem Wohnzimmerboden", und er könnte es nicht treffender beschreiben. Die Versuchung in einem solchen Fall dazwischenzugehen ist groß. Wir wollen bestrafen, wir wollen trösten und werden gewöhnlich in etwas hineingezogen, das im Grunde eine Katzenangelegenheit ist. Wie oft haben Sie im Sitzen eine Ihrer Katze gestreichelt, während Sie sich bei dem Versuch verrenkt haben, einer anderen zur gleichen Zeit Aufmerksamkeit zu schenken, um Eifersucht zu vermeiden? Wie oft haben Sie sich zwischen Ihre Katzen gestürzt, um den Angreifer zu entfernen? Vertrauen Sie mir, vermeiden Sie zukünftig Muskelzerrungen, zerrissene Kleider und aufgeschlitzte Haut. So funktioniert es nicht. Paddys und Butchs Menschen machten diese Erfahrung auf die harte Tour.

Sally und Megan waren Schwestern. Sie hatten sich beide innerhalb von ein paar Jahren scheiden lassen und entschieden, dass es keinerlei wirtschaftlichen Sinn machte, alleine in zwei Eigenheimen zu leben. Sie waren immer großartige Freundinnen gewesen, sodass sie beschlossen, zusammenzulegen und gemeinsam ein Haus zu kaufen. Sally hatte einen achtjährigen Tabby-Hauskater namens Butch, Megan einen zugelaufenen Kater unbestimmten Alters namens Paddy. Sie kannten und liebten den Kater der anderen, sodass es ihnen gar nicht einfiel, dass Paddy und Butch das nicht genauso empfinden könnten. Natürlich würden sie miteinander auskommen!

Der Umzugstag kam, und Sally und Butch kamen als erste an, dicht gefolgt von Megans Möbeln und ihrem Kater. Die Schwestern entschieden, dass es am besten wäre, die Katzen im Wohnzimmer herauszulassen und ihnen zu erlauben, alles zu erkunden und sich miteinander bekannt zu machen.

Beide Katzenkörbe wurden zur vereinbarten Zeit an gegenüberliegenden Ecken des Raumes geöffnet, und Sally und Megan lehnten sich zurück, um bei der Vorstellung Zeuge zu sein. Paddy und Butch starrten einander mit tiefem grollendem Knurren und gelegentlichem Fauchen aus ihren sicheren Katzenkörben heraus an. Gerade als Megan sagen wollte: „Na ja, es könnte schlimmer sein“, stürzte Butch sich wie eine Rakete auf Paddys Körbchen. Im selben Moment warf sich Paddy seitwärts und verschwand hinter dem Sofa, um dem unmittelbar bevorstehenden Angriff auszuweichen. Sally und Megan schrien beide „NEIN!“ und rannten instinktiv zu ihrer eigenen Katze, um sie zu beruhigen und Blutvergießen zu verhindern. Leider ist es schwierig, mit einer Katze in bösartiger Absicht vernünftig zu kommunizieren, und Sally und Megan fürchteten um ihre eigene Sicherheit. Der Kampf ging weiter, aber schließlich wurde Butch mithilfe eines Stuhles und eines großes Pappkartons in die Küche gelenkt und hinter ihm die Türe geschlossen. Paddy wurde unten aus dem Fernsehschränkchen herausgehoben, wo er Zuflucht gesucht hatte.

Sally und Megan waren in einem tränenreichen Schockzustand. Wie konnte das passieren? Wie konnten sie sich im Verhalten ihrer Katzen so täuschen? Ich bekam den Anruf einige Wochen später, nachdem sie mit ihrem Tierarzt gesprochen hatten. Die Zeit seit ihrem Umzug war schwierig gewesen. Sally und Megan hatten ihre ganze Zeit zu Hause damit verbracht, die Katzen geduckt mit ausgebreiteten Armen zu verfolgen, um sie ihm Haus zu begleiten und Kämpfe zu verhindern. Gelegentlich waren sie nicht wachsam genug, und die zwei Kater standen sich plötzlich von Angesicht zu Angesicht gegenüber. Paddy fauchte Butch gewöhnlich ins Gesicht, und dann begannen Fellfetzen zu fliegen. Megan und Sally hetzten daraufhin von ihrem jeweiligen Standort aus los und stürzten sich in die Katzen-Keilerei. Sally hatte bereits während eines Kampfes einige schmerzhafte Kratzverletzungen am Kopf abbekommen.

Beide Katzen hatten zuvor alleine gelebt und dies offensichtlich gründlich genossen. Butch hatte sich immer schon in seinem Garten sowie den angrenzenden Gebieten territorial verhalten, war aber zu Hause ein sanfter Teddybär. Als ich ihn sah, war er nicht ganz so knuddelig, da er eindeutig wusste, dass Paddy in der Nähe und reif war, zu Brei zerquetscht zu werden. Seine Stirn war gerunzelt, er war sehr angespannt, und er mochte es nicht, eingesperrt zu sein, und die Atmosphäre im Haus war ihm zuwider. Paddy hatte das Leben als Einzelkatze ebenfalls genossen, aber nur während der letzten paar Jahre. Davor konnte man nur vermuten, was er durchgemacht hatte. Er mochte auf dem falschen Fuß erwischt worden sein, als Butch seine Vormachtstellung nutzte, aber ich war sicher, dass er bei rechtzeitiger Vorwarnung beim nächsten Mal ebenso scharf darauf wäre, sich seine eigenen Rechte zu verschaffen.

Ich hörte den Erklärungen der Schwestern zu, wie aktiv sie bei den Auseinandersetzungen zwischen ihren Katzen waren. Jede Bewegung, die sie machten, wurde beherrscht vom Verhalten ihrer Katzen. Beispielsweise fühlte sich Paddy sicherer auf einem erhöhten Platz, sodass er immer, wenn Megan das Bügelbrett herausholte, hochsprang, noch bevor sie das Bügeleisen eingeschaltet hatte. Es ist überflüssig zu sagen, dass die Kleidung beider Schwestern etwas verknittert aussah – nichts war gebügelt. Sie unterhielten sich außerdem eindringlich im Flüsterton und bewegten sich fast ausschließlich in Zeitlupe durch das Haus – die Luft knisterte geradezu vor Spannung. Ich erwischte mich bald dabei, ebenfalls zu flüstern, es wirkte ansteckend. Das musste wieder aufhören! Und zwar sofort!

Ich erklärte Sally und Megan, dass Schleichen und Flüstern nicht förderlich für eine entspannte Umgebung seien. Alle ihre Aktivitäten schürten – trotz ihrer guten Absichten – den Hass zwischen Butch und Paddy. Die Katzen spürten die Besorgnis ihrer Menschen und fühlten sich dadurch in ihrer Wahrnehmung von Bedrohung und Gefahr bestätigt. Schließlich hatten die Katzen, wenn Sally und Megan so ängstlich waren, jedes Recht dazu, in Alarmbereitschaft zu sein.

Wir ersannen einen Schlachtplan, der die Brisanz aus der Situation nehmen würde. Ich wollte das vorzuschlagende Therapieprogramm nicht zu strukturiert oder förmlich machen. Ich hoffte eher, dass eine Veränderung in Sallys und Megans Verhalten eine ausreichende Wirkung hätte. Ich hatte das starke Gefühl, dass die Kämpfe in einem hohen Umfang durch die angespannte Atmosphäre im Haus begründet waren. Ich bat Sally und Megan, drinnen einige neue Plätze nur für die Katzen zu schaffen: Regale, um zu erlauben, dass sie sich von erhöhten Aussichtspunkten aus beobachten konnten, und geheime private Bereiche zur Flucht und als Rückzugsorte. Dies würde Paddy ermöglichen, andere Möglichkeiten als das Bügelbrett zu benutzen, um Butch zu entkommen, und beide Katzen würden einen Nutzen daraus ziehen, auf zurückgezogenen Plätzen zu ruhen, wo sie sich sicher vor Gefahr fühlten. Der wichtigste Punkt dieses Programms beinhaltete, dass Sally und Megan ihr Verhalten änderten. Ich bat sie, aufzuhören beunruhigt zu sein und anzufangen, sich zu entspannen. Ich versuchte, sie zu davon zu überzeugen, dass das Kämpfen aufhören würde, wenn sie sich wieder entspannten: Kein Schiedsrichterspielen und verstohlenes Flüstern mehr – beginnt mit Yoga und Walgesängen!

Eine Reihe von E-Mails folgte, die den erzielten Fortschritt der nächsten Wochen darstellten. Meine Ahnung war richtig gewesen, und fast augenblicklich erkannten Sally und Megan die Ergebnisse ihrer neu gefundenen inneren Ruhe. Nach den ersten fünf Tagen mit wenig oder keinerlei Reaktion auf die Auseinandersetzungen ihrer Katzen, bemerkte Sally, dass sich Butchs und Paddys Nasen ohne ernste Auswirkungen berührten. Das war in der Tat ein Triumph, und ich ermutigte sie, mit ihrer Politik, die Katzen zu ignorieren, fortzufahren und dabei unglaublich entspannt zu wirken. Die Katzenkämpfer brauchten eine Weile, um das Netzwerk von Regalen überall im Haus zu entdecken, aber die geheimen Rückzugsgebiete unter dem Bett und im Schrank wurden unverzüglich gefunden und regelmäßig benutzt. Am Ende von acht Wochen waren Sally und Megan fast selbstbewusst geworden und wunderten sich, worum sie so viel Aufhebens gemacht hatten.

Butch und Paddy waren nicht gerade Busenfreunde – das hatte ich niemals versprochen – aber sie schienen sich im Großen und Ganzen geeinigt zu haben. Von Zeit zu Zeit kratzten, knurrten und fauchten sie sich gegenseitig an, aber das Äußerste, was dies Sally oder Megan entlockte, war die etwas sanfte Maßregelung: „Hey! Butch, Paddy – nicht fluchen!“.

Es war großartig, das Blatt für Butch und Paddy durch eine Verhaltensänderung ihrer Menschen wenden zu können. Aber nicht immer geht es so einfach. Meistens macht menschliche Einmischung die Dinge schlimmer, aber es gibt häufig schonende Maßnahmen, mit denen man ebenso Erfolg hat.

Chloe und Lay-by Laddie – eine in der Hölle geschlossene Hochzeit

Während meines Berufslebens begegnete ich den außergewöhnlichsten Menschen, und einige blieben mir wirklich im Gedächtnis haften, vielleicht weil sie besonders reizend waren oder gewissenhaft bei ihrem Verhaltensprogramm oder mich einfach anschnauzten. Allerdings werden Bill und Irene immer einen Platz in meinem Herzen haben als das wahrscheinlich hartnäckigste, entschlossenste und gütigste Pärchen, das man sich nur wünschen kann. Sie hatten auch die zweifelhafte Ehre, Teil der längsten Verhaltenstherapie zu sein, die ich je durchgeführt habe. Lassen Sie mich erklären warum.

Bill war Langstrecken-Fernfahrer und verbrachte viele Tage weg von zu Hause. Während einer seiner Fahrten nach Norden, befand er sich auf einer zweispurigen Schnellstraße, als er eine Pause brauchte. Als er die Straße nach einer geeigneten Parkmöglichkeit absuchte, kam er an einem kleinen Rastplatz vorbei. Er hatte ihn bereits als zu klein für seinen Sattelschlepper beurteilt, aber etwas auf dem rauen Stück Land ließ ihn zweimal hinsehen. Da, am Rande der belebten Hauptstraße saß ein verwahrloster schwarzer Kater. Sein Fell kräuselte sich, und sein kleiner Körper neigte sich zurück, als mit aller Macht ein Riesenlaster vorbeidonnerte. Bill war verwirrt. Er hatte viele Katzen gesehen, die am Straßenrand saßen, aber sie waren immer konzentriert auf ein armes Nagetier in einer Hecke gewesen. Es konnte doch bestimmt nicht sein, dass dieser Kater plante, die Straße zu überqueren? Bill war ein großer Katzenliebhaber. Er hatte sogar ein Bild von seiner geliebten Schildpattkatze Chloe in seiner Kabine – und von seiner Frau Irene natürlich. Er konnte nicht einfach weiterfahren, ohne zu überprüfen, ob der kleine schwarze Kater in Sicherheit war. Er fand bald einen großen Parkplatz und verließ seinen Truck, um zum Rastplatz zurückzukehren. Er erwartete, dass der schwarze Kater weg oder überfahren worden wäre, aber zu seiner großen Erleichterung saß der kleine Kerl immer noch am Straßenrand und wurde durch den Verkehr fast weggeweht.

Als Bill näher kam, begann er sanft mit dem Kater zu reden und ging in die Hocke. Er wollte ihn nicht aufscheuchen, um zu vermeiden, dass er gegen ein vorbeirasendes Auto lief. Der Kater blieb still sitzen und beobachtete Bill, als der auf ihn zukroch. Plötzlich erkannte Bill, dass mit dem kleinen schwarzen Kater irgendetwas nicht stimmte. Er saß aufrecht, aber unbeholfen, und als er sich zu Bills ausgestreckter Hand hinbewegte, um an seinen Fingern zu schnüffeln, schleppte er sich mit seinen Vorderpfoten vorwärts, ohne aufzustehen. Bill wusste augenblicklich, dass der Kater verletzt und wahrscheinlich gelähmt war. Er zog seine Jacke aus und legte den kleinen schwarzen Kater sehr vorsichtig auf diese notdürftige Bahre und trug ihn zurück zum Lkw. Einige Telefonate später machte Bill einen Umweg zur örtlichen Tierklinik, wo seine Ankunft schon erwartet wurde. Während Bill fuhr, berührte es ihn zu sehen, wie der kleine schwarze Kater dicht neben ihm lag und schnurrend in seine Augen blickte. Er versprach ihm, dass alles getan werden würde, um ihn wieder in Ordnung zu bringen und es leichter für ihn zu machen.

Sechs Wochen und zweitausend Pfund *(englische Währung, Anmerkung der Übersetzerin)* später war der kleine Kater Lay-by Laddie („Rastplatz-Laddie") wieder gut hergestellt. Er hatte einen Becken- und einen Beinbruch erlitten, und der Tierarzt war erstaunt über seine Widerstandsfähigkeit, seit klar war, dass er die Verletzungen bereits einige Tage vor seiner Begegnung mit Bill erlitten hatte. Während seiner ausgedehnten Klinikbehandlung war Bill nach Hause zu Irene und Chloe zurückgekehrt. Aber er überwachte Lay-by Laddies Fortschritte täglich und besuchte ihn immer, wenn er in der Gegend war. Er bezahlte auch die umfassenden Rechnungen, ohne eine Sekunde zu überlegen. Und nachdem kein Besitzer gefunden wurde, war klar, wohin Laddie gehen würde, wenn er wieder auf den Beinen war.

Chloe, eine empfindliche schildpatt- und weißfarbene Katze, war immer schon eher schüchtern und zurückhaltend. Irene und Bill liebten sie aufrichtig, aber die Beziehung schien ein bisschen einseitig zu sein. Sie sprachen mit ihr, sie streichelten sie, sie gaben ihr alle Liebe, die sie möglicherweise wollte, aber sie blieb neunzig Prozent der Zeit standfest unter dem Bett oder im Kleiderschrank. Wie wundervoll würde es für sie sein, Gesellschaft zu haben, die ihr vielleicht helfen konnte, aus sich herauszukommen, dachten die beiden. Im Geheimen gaben sie zu, dass Lay-by Laddie zu sich zu holen, ebenso ihr eigenes Bedürfnis war wie das von Chloe. Mit ein bisschen liebevoller Fürsorge, einer Kastration und einer Menge guten Futters war aus ihm ein stattlicher und liebevoller Kater geworden. Er hatte die Tierarzthelferinnen in der Tierklinik bezaubert und Bill vollkommen erobert. Er war definitiv dabei, die Art von Katze zu werden, die jede Menge Umarmungen und Knuddeln zulassen würde. So verließ er mit einer kleinen Tasche Leckerchen vom Personal die Klinik, um die Reise zu seinem neuen Zuhause anzutreten.

Bill und Irene wussten, dass es wichtig war, die beiden Katzen auf sanfte Weise zusammenzuführen. Sie waren nicht übermäßig besorgt, da sie sich sicher waren, Chloe würde Lay-by Laddie mit offenen Pfoten willkommen heißen, wenn sie erst einmal erkannt hatte, was für ein kleiner Charmeur er war. Als er zu Hause ankam, wurde er mit einem eigenen Bett, Katzentoilette, Futter und Wasser und einer Auswahl an Spielsachen im Esszimmer untergebracht. Das würde für ein paar Tage seine Höhle sein, bis es Zeit war, seine neue Gefährtin kennenzulernen.

An diesem Wochenende entschieden sie, Lay-by Laddie aus dem Esszimmer zu lassen, um ihn den Rest des Hauses erkunden zu lassen. Chloe hatte bereits etwas Interesse an ihm gezeigt, indem sie unter der Tür hindurch schnüffelte, war aber immer wieder weggegangen und sah ziemlich unbeeindruckt aus. Es musste einfach gutgehen. Als der Kater seine ersten Schritte hinaus in die Diele machte, beobachtete Chloe dies beiläufig von der Arbeitsplatte in der Küche aus. Lay-by Laddie schlenderte an ihr vorbei und trank ein bisschen Wasser aus ihrer Schüssel, bevor er sich unter den Küchentisch setzte und seine Pfote putzte. Häusliche Glückseligkeit; alles schien bestens.

Für die nächsten drei Tage lebten die zwei Katzen ohne irgendwelche Reibereien zusammen, aber dann kam der Dienstagmorgen. Chloe saß wieder einmal auf der Arbeitsplatte in der Küche, als Irene zum Frühstück eine Dose mit Katzenfutter öffnete. Lay-by Laddie hörte den verräterischen Klang bevorstehender Futterfreuden und raste in großer Aufregung in die Küche. Chloe erschrak, und sie sprang rückwärts von der Arbeitsplatte. Lay-by Laddie entschied dann ganz unbesonnen, ihr für ihre Mühe ein paar Schläge auf den Kopf zu verabreichen. Chloe schrie und trat den Rückzug die Treppe hinauf an, gefolgt von Lay-by Laddie, gefolgt von Irene. Einen heftigen Fellfetzenflug später wurde Lay-by Laddie einmal mehr im Esszimmer eingesperrt und Chloe wurde von einer ziemlich gestressten Halterin getröstet. Es war bald offensichtlich, dass die Dinge verheerend schiefgelaufen waren. Lay-by Laddie und Chloe konnten nicht zusammen alleine gelassen werden. Er kämpfte nicht jedes Mal mit ihr oder schüchterte sie ein, sondern manchmal tat er nicht mehr, als sie anzustarren. Sie sah ihn, bekam einen Schreianfall und stürmte für den Rest des Tages unter das Bett. Er konnte dabei beobachtet werden, wie er fast kicherte, während er sich um die Beine seiner Menschen wand: „Was habe ich denn gesagt? Was habe ich denn getan?“ Das war keine Hochzeit, die im Himmel geschlossen wurde.

Bill und Irene erkannten, dass ein Punkt erreicht worden war, an dem es so nicht weiterging und riefen mich zu Hilfe. Ich hörte ihrer Geschichte zu, und bei meinem Besuch wurde ich ebenfalls überwältigt von Lay-by Laddies niedlichem Wesen und seiner sanften Art. Allerdings ließ ich mich nicht täuschen. Hier gab es den typischen Fall des vollständig (in Lay-by Laddies Fall bis vor Kurzem vollständig) herrenlosen, sehr liebevollen Katers, der aufgenommen wurde und bei der bereits dort residierenden Katze einzog. Alles ging für eine Weile gut, bis er die Konkurrenz durchschaute – und PENG! Er erkannte, dass die andere Katze ein Feigling war und alles, was er tun musste, war, allgemein in ihre Richtung zu schauen, um ihre vollständige Auflösung herbeizuführen. Sie löste sich in ein Häufchen Elend auf, und der Kater übernahm ihr Zuhause, während er sie ab und zu geradezu gnadenlos verprügelte, einfach um etwas zu beweisen. Bedauerlicherweise hatte Lay-by Laddie sich diese Strategie zu eigen gemacht, und die arme Chloe war absolut verschreckt. Zur Zeit meines Besuchs war sie seit zehn Tagen nicht mehr heruntergekommen.

Es gibt Anlässe, bei denen manche Katzen beim besten Willen nicht zusammen gehalten werden sollten. Ich hörte mir Bills Geschichte an, und ich hörte mir Irenes Sorgen an, und ich fand es schwer, irgendetwas Aufbauendes oder Positives über die Zukunft für Lay-by Laddie und Chloe als eine Einheit zu sagen. Allerdings kann ich nie einfach so, selbst vom schlimmsten Szenario, weggehen mit einem „Tut mir leid, aber ich kann Ihnen nicht helfen"– außer natürlich, es geht um sieben Katzen aus Singapur, mehr dazu später. Darum erörterte ich einen Plan für eine stufenweise Zusammenführung von Chloe und Lay-by Laddie.

Ich bat Bill, ein hölzernes Gestell mit einem Hühnerdraht bespannt zu bauen, das in einen Türrahmen passen würde und nach dem Prinzip funktionierte, dass die Katzen nur Sicht- und Geruchskontakt miteinander haben sollten, bevor ein direkter Kontakt erlaubt wurde. Wir stellten außerdem sicher, dass es überall eine Menge Katzenleckerchen gab, um ein Konkurrenzdenken zu vermeiden. Lay-by Laddie würde auf Teilzeit-Basis Zugang zum Haus erhalten, während Chloe hinter dem Hühnerdrahtgestell in ihrem bevorzugten Schlafzimmerversteck sicher verborgen war. Bei wechselnden Gelegenheiten würde Lay-by Laddie im Esszimmer sein, das mittlerweile eindeutig sein Revier war, und Chloe würde sich herauswagen und sich ihre Beine vertreten. Alle paar Wochen probierten Irene und Bill, die beiden zusammenzubringen, und jedes Mal endete es mit Tränen.

Nach acht Wochen musste ich ernsthaft mit Bill und Irene über die Zukunft sprechen. Es funktionierte nicht, und sie hatten zwei Katzen in ihrer Obhut, die sich beträchtlich satthatten. Würden sie es in Betracht ziehen, für Lay-by Laddie ein schönes neues Zuhause zu finden? Die Antwort war – nicht überraschend – ein überwältigendes Nein. Es musste funktionieren. So kam es, dass ich mich auf das längste Verhaltenstherapieprogramm der gesamten Menschheit einließ. Wir waren beharrlich und behielten das Aussetzen ohne direkten Kontakt bei, während die Katzen abwechselnd in verschiedenen Räumen waren. Lay-by Laddie wurde in den Garten eingeführt, und beide Katzen genossen es, zeitweise auch draußen zu sein. Während der nächsten neun Monate rief Irene mich jede Woche an, um mir über die Fortschritte Bericht zu erstatten. Ich war erstaunt über ihre Ausdauer. Bill war oft als Fernfahrer unterwegs, und die ganze Verantwortung lag die meiste Zeit über auf ihren Schultern, aber sie gab nicht auf. Sie schwankte nicht einmal.

Während der neun Monate passierte etwas. Es schien, als ob Irene und Bill schließlich Lay-by Laddies Entschlossenheit durchbrechen konnten. Er schien einen riesigen resignierten Seufzer zu tun und einverstanden zu sein, seine Meinung zu ändern. Chloe kehrte, als sie erkannte, dass ihr Gegner passiv geworden war, zu ihrem normalen Alltagsleben zurück. Sie blieb unter dem Bett, und er blieb im Esszimmer oder rieb sich an Irenes Beinen. Das Hühnerdrahtgestell wurde entfernt und schließlich herrschte Frieden. Ich vermisste ihre Anrufe und war erfreut, einige Monate später von Irene und Bill zu hören. Tragischerweise waren es keine guten Nachrichten. Lay-by Laddie verschwand eines Tages und kam nicht mehr zurück. Er schien sich nie weiter als bis in den Garten zu wagen, aber aus irgendeinem Grund kam er an diesem Tag nicht zum Abendessen und wurde nie mehr gesehen. Sie verständigten den Katzenschutz, Tierarztpraxen, die Stadt, hängten Plakate auf, aber es nutzte alles nichts. Er war seit zehn Tagen verschwunden, als sie mich anriefen, und wird bis heute immer noch vermisst. Es ist tragisch, wenn so etwas geschieht. Es gibt nichts Schlimmeres, als eine Katze auf diese Weise zu verlieren, ohne etwas über ihr Schicksal zu erfahren. Es schien besonders traurig für Irene und Bill zu sein, die so entschlossen versucht hatten, dass es zwischen Chloe und Lay-by Laddie funktionierte. Ich hoffe, dass irgendjemand irgendwo seine Gesellschaft genießt.

Rhubarb und Hazel – der Tag, als der Vulkan ausbrach

Viele Katzenhaushalte existieren in einer Atmosphäre unterschwelliger Unzufriedenheit, was für Katzenhalter schwierig ist einzuschätzen, ohne zu wissen, wonach sie suchen müssen. Es ist einfach, vorauszusetzen, dass alles in Ordnung ist, wenn es keine Kämpfe gibt. Allerdings kann die Spannung zwischen Katzen brodeln wie ein aktiver Vulkan, und irgendein plötzlicher Schock oder eine Kampfansage können einen massiven Ausbruch bewirken. Angst und Stress erreichen ihren Höhepunkt, und vorher leidliche Beziehungen können für immer zerbrechen.

Dieser nächste Fall war ein Novum für mich: das einzige Mal, bei dem ich eine Beratung verlassen habe, indem ich den Patienten mitnahm. Er hat ebenfalls den Anspruch, der Fall mit den wenigsten Notizen zu sein – fünf Sätze, um genau zu sein. Allerdings erinnere ich mich an alles, als wenn es gestern gewesen wäre. Es begann gleichwohl mit einem anderen tränenreichen und erschöpften Telefonat am frühen Morgen. Elizabeth war verzweifelt: Eine ihrer Katzen, Hazel, war zwei Tage zuvor wegen einer Zahnbehandlung beim Tierarzt gewesen. Als sie am Abend nach Hause zurückgebracht wurde, wurde sie von ihrem Artgenossen Rhubarb bösartig attackiert. Elizabeth war davon tief geschockt, und die nächsten zwei Tage waren ein Albtraum gewesen. Hazel wurde in einen winzigen Raum gesperrt, und wann immer Elizabeth sie herausließ, griff sie Rhubarb an! Sie wurden nun ununterbrochen getrennt gehalten, und Elizabeth war nur noch ein Schatten ihres früheren Selbst. Sie brauchte verzweifelt Hilfe, um wieder zur Normalität zurückzukehren. Ich habe viele Fälle dieser Art gesehen. Zwei Katzen leben zusammen, aber empfinden wenig bis keine echte Zuneigung füreinander. Eine muss zum Tierarzt, kommt zurück, riecht anders, und ein Angriff erfolgt. Alle ihre vorherigen aufgestauten Gefühle und sozialen Streitfragen kommen zum Vorschein, und sie können nie mehr wieder zur Normalität zurückkehren – ein echter unwiderruflicher Zusammenbruch einer Beziehung, die von Anfang an heikel war. Ich hatte den Gedanken, dass ich Elizabeth nur trösten und ihr empfehlen würde, für eine ihrer Katzen ein neues Zuhause zu suchen.

Ich behielt mir eine Beurteilung vor, aber rechnete nicht damit, so eine furchtbare Situation vorzufinden. Elizabeth lebte alleine und ziemlich beengt in einer Zweizimmer-Maisonette-Wohnung. Sie hielt Rhubarb und Hazel drinnen, weil sie Angst hatte, sie zu verlieren. Sie ging jeden Tag zur Arbeit, und die Katzen waren auf sich alleine gestellt. Sie erlaubte ihnen nicht, das Schlafzimmer zu betreten, sodass sie zum Herumlaufen ein kleines Wohnzimmer, Kochnische, Diele, Treppen und oben eine Abstellkammer hatten. Wenn sie zu Hause war, waren sie die ganze Zeit über bei ihr, schrien und verlangten nach Aufmerksamkeit. Dies war ihr Leben, und Elizabeth konnte überhaupt nichts Verkehrtes darin sehen – die Katzen wurden geliebt, und das war alles, was zählte. Trotz alledem wirkten sie glücklich genug. Als ich sie besuchte, war Hazel in der Abstellkammer eingeschlossen – ich konnte sie an der Tür kratzen und schreien hören. Rhubarb war hinter dem Sofa, lugte ab und zu hervor und sah ziemlich verloren aus. Nach einer Unterhaltung mit Elizabeth entschied ich, eine kontrollierte Begegnung zwischen den beiden Katzen zu versuchen. Elizabeth war an diesem Punkt fast hysterisch, aber ich versicherte ihr, dass alles gut gehen würde. Ich musste den Umfang ihrer emotionalen Reaktion aufeinander sehen. (Ich kann einfach sagen, dass dies wohl eine Lehrstunde für mich war: Nämlich, wenn der Halter dagegen ist, seine zwei Katzen so etwas auszusetzen, tun Sie es nicht!)

Elizabeth holte Hazel widerstrebend aus der Abstellkammer und trug sie herunter. Ich saß auf dem Boden, zwischen der Tür und Rhubarbs Rückzugsort, bewaffnet mit einem Gobelinkissen. Elizabeth setzte Hazel in der Diele ab, und als sie in den Raum platzte, erinnere ich mich, dass ich mir wünschte, ich hätte mich mit etwas mehr Robusterem bewaffnet. Sie heulte augenblicklich wie eine Sirene und stürzte in die Richtung von Rhubarb, der in schierer Panik um die Ecke des Sofas gespäht hatte. Er rannte sofort ringsherum, um auf der anderen Seite des Sofas aufzutauchen, als Hazel einen schnellen Richtungswechsel vornahm und ich flach auf mein Gesicht fiel, als ich rugbymäßig den rasenden Angreifer packen wollte und ihn verfehlte. Es folgte eine große Rauferei, als die beiden Katzen aufeinandertrafen, und ihr Geschrei wurde nur von dem von Elizabeth übertroffen. Ich hatte in diesem Stadium vollkommen meine Fassung verloren, und meine einzige Intention war, das Kämpfen zu stoppen und zu beten, dass keine der Katzen verletzt war. Ich stürzte mich in die Schlägerei, in Panik und nur mit dem Gobelinkissen bewaffnet – versuchen Sie das nicht zu Hause –, und schaffte es, Rhubarb zu packen und ihn wegzuzerren. Ich raste in die Diele, knallte die Türe zu und ließ einen ziemlich bebenden Rhubarb mit einem Streicheln und einer überschwänglichen Entschuldigung frei. Er verschwand augenblicklich in den Tiefen der Abstellkammer und wurde an diesem Abend nicht mehr gesehen.

Ich ging zurück ins Wohnzimmer, nachdem ich meine Fassung wiedererlangt hatte, und setzte mich hin, um mit Elizabeth zu besprechen, was als Nächstes zu tun war. Eine gute Sache, die sich aus diesem unseligen Gefecht ergab, war die Erkenntnis, dass es keinen Weg nach vorn für Elizabeth gab. Sie erzählte mir, dass sie an Depressionen, Angst und Stress litt, und unter ständiger medizinischer Behandlung stand. Sie könnte es nicht ertragen, mit dieser Situation noch länger zurechtzukommen, sodass eine der Katzen gehen müsste. Ich stimmte vollkommen mit ihr überein, aber wahrscheinlich aus anderen Gründen. Diese Katzen lebten in einer kleinen und nicht anregenden Umgebung. Die räumliche Nähe zueinander verursachte einige Not, aber Kämpfen war vorher aufgrund mangelnder Fluchtwege keine Möglichkeit gewesen. Wohin könnte eine der Katzen gehen, um sich zurückzuziehen? Nirgendwo gab es eine Möglichkeit, um sich zu verstecken, aber die Spannung zwischen ihnen wuchs. Der plötzliche Adrenalinanstieg, der erfolgte, als Hazel vom Tierarzt zurückkam, war der Auslöser für eine „Töten-oder-Getötet-werden-Reaktion" auf die drohende Gefahr. So aufgeregt und äußerst emotional war wahrscheinlich keine der beiden Katze je gewesen, und sie mussten dieses Verhalten als eine dramatische Befreiung all ihrer aufgestauten Frustrationen immer wiederholen. Ich wäre erfreut gewesen, wenn Elizabeth einverstanden gewesen wäre, für *beide* Katzen ein neues Zuhause zu suchen.

Nach mehreren Stunden entschied Elizabeth, dass Hazel gehen müsste. Sie war die weniger nervöse und anhängliche Katze von den beiden, und es war wahrscheinlicher, dass sie einem neuen Besitzer zusagen würde. Nachdem Elizabeth einmal entschieden hatte, ihr Haustier abzugeben, war sie nicht mehr bereit, zu warten. Ihre Gefühle hatten ihren Höhepunkt erreicht, und sie flehte mich an, die Katze auf der Stelle mitzunehmen. Ich rief sehr widerstrebend ihren Tierarzt an, und er war einverstanden, sie in dieser Nacht aufzunehmen und zu versuchen, ein neues Zuhause für sie zu finden. Ich verließ dieses Haus und nahm die Patientin mit. Ich dachte, die einzige Lektion, die ich von diesem Experiment lernen konnte, war, dass das Halten von Katzen im Haus in einer engen und eingeschränkten Umgebung ohne irgendwelche geeigneten Anregungen, geradezu ein Rezept für Unheil sei. Irgendeine wahrgenommene Gefahr würde möglicherweise zu dieser Art von Aggression führen, und jegliche erträgliche Beziehung würde zerstört werden. Ich war im Irrtum; das war nicht die einzige Lektion, die ich lernte.

Am nächsten Tag erhielt ich einen Anruf von dem Tierarzt, der sagte, er habe etwas von Elizabeth gehört: sie wolle Hazel zurück. Sie hatte entschieden, sie zu behalten, aber den Tierarzt gebeten, Rhubarb einzuschläfern, da es nicht fair wäre, ihm ein neues Zuhause zu geben, weil er so schüchtern sei. Ich schrieb an Elizabeth und hinterließ eine Nachricht für sie, dass sie Kontakt mit mir aufnehmen solle, aber sie antwortete nie. Ich verfolgte die Sache nicht weiter. Es ist zu einfach für Tierverhaltensberater sich gefühlsmäßig in jeden Fall zu verwickeln, was nur zum Nachteil für ihre eigene Gesundheit sowie für zukünftige Patienten sein kann. Ich kenne die involvierte Tierarztpraxis, und ich bin sicher, sie hatten all ihre Überredungskünste eingesetzt, um Elizabeth zu versichern, dass es eine Zukunft für Rhubarb gab. Ich würde gerne glauben, dass er sich irgendwo in einem kleinen Garten sonnt, ohne sich um irgendetwas sorgen zu müssen. Ich hoffe, dass auch Hazel und Elizabeth glücklich sind.

Ich sehe jedes Jahr verschiedene Fälle von umgeleiteter Aggression dieser Art und gebe bei vielen anderen eine Beratung per Telefon. Das Problem scheint immer heftiger und schwieriger in Haushalten zu behandeln zu sein, wo die Katzen wie Hazel und Rhubarb ausschließlich im Haus gehalten werden. Nach meiner Erfahrung betrifft das schwerwiegendste Szenarium zwei Katzen, kurz nach Einsetzen der sozialen Reife im Alter von etwa zwei Jahren. Wenn die Katzen jedoch ohne zu viel Kummer bereits seit sechs oder sieben Jahren zusammenleben, haben Sie eine gute Chance, wieder zur Normalität zurückzukehren. Der nächste Fall wird Ihnen einige Anregungen vermitteln, falls Sie ein ähnliches Dilemma erleben.

Buttons und Beau – die kämpfenden Birmas und die gebrochenen Knochen

Katie rief innerhalb von vier Stunden mehrmals an und hinterließ verschiedene Nachrichten auf meinem Anrufbeantworter im Büro. Ich erkannte, dass die Angelegenheit offensichtlich dringend war, als ich abends zurückrief. Das Schlimmste sei passiert, erklärte sie, und sie sei „völlig von der Rolle“. Außerdem hätte sie dies ins Krankenhaus gebracht. Sie fuhr mit ihrer Erklärung fort. Buttons und Beau waren achtjährige Brüder, prächtige Birmas, und Katie war ganz vernarrt in sie. Sie hatte sie vor vier Jahren aus einer örtlichen Zufluchtsstelle zu sich genommen, wo sie nach einer

Scheidung gelandet waren. Sie lebten mit Katie und ihrem Ehemann Phil als Wohnungskatzen. Nach sorgfältiger Überlegung war Katie der Meinung, dass die Pflege ihres Fells zu aufwendig war, um zu rechtfertigen, sie nach draußen in eine Umgebung voller Schlamm, Schnecken und Zweige zu lassen.

Bis vor vier Tagen hatten sie – angeblich – in Harmonie gelebt, als plötzlich etwas Schlimmes passierte. Buttons hatte sich vor Kurzem nicht so wohlgefühlt, und der Tierarzt hatte eine Kehlkopfentzündung diagnostiziert. Kurz danach hatte es im Flur einen Kampf zwischen den Brüdern gegeben, und zwar rings um den Wassernapf, der dort gewöhnlich stand. Beau hatte in letzter Zeit selbst nicht gut ausgesehen, und ein Besuch beim Tierarzt am nächsten Tage bestätigte, dass auch er sich die gleiche Infektion zugezogen hatte. Als Katie Beau an diesem Morgen nach Hause brachte, war sie nicht auf den Albtraum vorbereitet, der folgte. Sie setzte den Transportkorb in der Diele ab und öffnete ihn, als Buttons kam, um an Beau zu schnüffeln und all die herausfordernden Gerüche zu erforschen, die sein Bruder mit nach Hause gebracht hatte. Katie erwartete eine Reaktion wie: „Puh, es ist großartig, zu Hause zu sein!" von Beau, aber stattdessen stürzte er sich aus dem Katzenkorb heraus auf seinen Bruder. Der entstehende Kampf war so heftig wie das, was Sie in einem „Tom und Jerry"-Zeichentrickfilm sehen würden. Die zwei Katzen wurden zu einem Ball fliegender Fellfetzen und strampelnder Beine, aber das Schrecklichste war der Lärm. Katie konnte nicht glauben, dass domestizierte Tiere, vor allem ihre eigenen Babys, sich so wild anhören könnten. Sie warf sich mit wenig Rücksicht auf ihre eigene Sicherheit zwischen die beiden, aber unglücklicherweise stolperte sie auf der Schwelle und fiel kopfüber in das Gewühl. Ihr Kopf knallte auf den Dielentisch, ihre Hand schlug gegen die Wand, und die Katzen verlegten ihren Kampf eilig nach oben. Als Katie benommen dalag, hörte das Geschrei auf: Buttons hatte Zuflucht unter einer Kommode in einem unheimlich schmalen Spalt gesucht. Zwei gebrochene Finger und ein blaues Auge später konnte Katie die Brüder immer noch nicht zusammenlassen, ohne dass das explosive Gefecht erneut aufflammte. Phil war am Boden zerstört – und ziemlich irritiert –, dass seine Frau sich solch schreckliche Verletzungen zugezogen hatte, und beharrte darauf, dass – mindestens – eine der Katzen gehen müsste. An diesem Punkt äußerte Katie, dass Phil wahrscheinlich eher gehe müsse als eine der beiden Katzen, wenn es nach ihrem Willen ginge, aber ich war mir nicht sicher, ob dies unter diesen Umständen zwangsläufig die beste Wahl wäre. Ich beschwichtigte sie und – ohne Erfolg zu garantieren – erklärte ich mich einverstanden, sie zu besuchen, um festzustellen, ob wir wieder Normalität herstellen könnten.

Da es eine dringliche Angelegenheit war, kam ich noch in der gleichen Woche und saß einer sehr jämmerlich aussehenden Katie gegenüber, um die Situation zu besprechen. Ihr rechtes Auge und die Wange waren geschwollen und zwei ihrer Finger an der rechten Hand verbunden. Das war wirklich ein Rugbyangriff. Beau saß bei uns und zeigte großes Interesse an meiner „magischen Tasche", und Buttons schmollte irgendwo oben in seiner Ecke. In den acht Tagen seit dem Vorfall war Katie zuversichtlich genug, tagsüber die Türen nicht zu schließen, um die beiden Katzen zu trennen. Allerdings trennte sie sie nachts, und der Tag war voller wachsamer und vorbeugender Maßnahmen, um eine Wiederholungsvorstellung zu vermeiden. Nach Katies Angaben gab es Imponiergehabe und Gefauche zwischen den beiden. Beau war definitiv derjenige, von dem das aggressive Verhalten ausging; Buttons reagierte kaum darauf. Katie fand, dass er durch die ganze Sache ziemlich verwirrt aussah. Sie meinte, Buttons würde Beau gelegentlich jagen, wenn er es anscheinend leid war, aber das wäre alles.

Ich ließ Katie eine Zeit lang reden, denn schließlich hatte sie endlich jemanden gefunden, der sie wirklich verstand. Aber nach einer Weile bat ich sie, ihre Lebensumstände vor den Ereignissen der vorherigen Woche genauer zu beschreiben. Sie schilderte eine typische erwachsene Geschwisterbeziehung. Die zwei Jungs machten ihr eigenes Ding. Gelegentlich blieben sie zusammen im selben Zimmer, aber lebten mehr nebeneinander her, als die Gesellschaft des anderen zu genießen. Wahrscheinlich war es ein Unglück, das darauf wartete zu geschehen, aber ich hörte nichts besonders Alarmierendes, bis sie anfing, von den letzten sechs Monaten zu erzählen. Sie sagte, dass Buttons aufgrund einiger Renovierungen, die sowohl draußen als auch innerhalb des Hauses durchgeführt wurden, ganz betrübt wurde. Er hatte an einigen Anfällen von Zystitis (Blasenentzündung) gelitten und einem daraus resultierenden unangebrachten Urinieren auf den Türvorleger, bald danach gefolgt von einer Phase, in der er sein Fell am Bauch verlor, was vom Tierarzt als „wahrscheinlich stressbedingt" beschrieben wurde. Gerade, als dieses Problem abzunehmen schien, bekam er Fieber und Laryngitis (Kehlkopfentzündung). Ich erklärte Katie, dass es möglicherweise eine Verbindung zwischen den Veränderungen im Haus und dem anschließenden Streit zwischen den Brüdern gab. Die Beziehung war wahrscheinlich nie so blendend gewesen, nachdem die Geschwister erst einmal ihre Geschlechtsreife erlangt hatten.

Es brodelte einfach zwischen ihnen – wie bei den Katzen Rhubarb und Hazel. Wohnungskatzen haben ein sehr vorhersehbares Leben, und jegliche Veränderung in ihrer Umgebung (wirklich ihre ganze Welt) kann unter Umständen sehr belastend sein. Ich glaube, Buttons war der Hauptleidtragende, sodass sein Stressniveau anstieg, sein Immunsystem geschwächt war und als Folge davon seine Gesundheit litt. Stress arbeitet in Schichten, und die Kombination von Veränderungen, Krankheit und einem lästigen Bruder hat ihm wahrscheinlich den Rest gegeben. Er brauchte diesen Wassernapf im Flur, und dass sein Bruder sich gewaltsam Platz verschaffte, um seinen eigenen wunden Hals zu lindern, war wahrscheinlich zu viel. Beau besuchte dann den Tierarzt, kam zurück, erblickte einen sich nähernden Buttons und entschied, dass ein vorsorglicher Schlag aufgrund der Ereignisse des vorangegangenen Tages wahrscheinlich angebracht war. Das perfekte Rezept für den Zusammenbruch einer Beziehung.

Wie auf ein Stichwort kam Buttons herunter und betrat den Raum. Katie erstarrte sichtbar, und ihre Stimme wurde eindringlich und leicht hektisch: „Was soll ich tun, was soll ich tun?" Ich bat sie, sich auf mich zu konzentrieren und aufzuhören, sich Sorgen zu machen, aber als Beau Buttons anfauchte, der sich unbeeindruckt näherte, sagte sie, dass sie das nicht verkraften könne und einschreiten müsse. Sie nahm Beau hoch, der ziemlich knurrte, aber weiterhin seinen Bruder beobachtete. Buttons begutachtete meine Tasche, schnüffelte wie gewohnt herum und ging zurück in die Diele, um die Katzentoilette zu benutzen. Beau blieb unter dem Tisch, atmete schnell und leckte nervös seine Lippen. Buttons hatte hier absolut die „Oberpfote", aber das Gleichgewicht war so unsicher, dass ich nicht überzeugt war, es würde so bleiben.

Ich war neugierig, herauszufinden, ob einer der beiden Kater den anderen während ihrer Kämpfe verletzt hatte. Katie antwortete, dass kein körperlicher Schaden entstanden sei. Als Antwort auf verschiedene weitere Fragen von mir zeichnete Katie das Bild eines Konkurrenzkampfs, passiver Aggression und das Bewachen strategischer Plätze. Der einzige Unterschied vor und nach der „Apokalypse" war, dass die Aggressionen offenkundiger wurden, nachdem ihre Feindseligkeit einen neuen Grad erreicht hatte; es kam schließlich alles ans Licht.

Ich war äußerst erfreut zu sehen, dass die Katzen wenigstens im selben Raum sein konnten, aber es gab immer noch eine sehr große Spannung zwischen ihnen. Bezeichnenderweise war Katie angespannt, und das musste aufhören. Katzenhalter sind verständlicherweise sehr beunruhigt, wenn sich vormals friedliche Katzen gegenseitig anfeinden. Leider trägt ihre Besorgnis zur Spannung zwischen den Katzen bei, wie ich schon so oft zuvor gesagt habe. Für einen Katzenfreund ist es leicht, diese Bedeutung theoretisch einzusehen, aber eine vollkommen andere Sache zu versuchen, das zu ändern und sich unter diesen Umständen entspannt zu fühlen.

Ich gab Katie ein Programm, dem sie Folge leisten sollte, indem sie die Anzahl der Ressourcen im Haus so erhöhte, dass das Konkurrenzbedürfnis von Beau und Buttons beseitigt wurde. Die häufige Empfehlung „eins pro Katze plus eins an verschiedenen Plätzen" ist eine gute Formel für alle Katzenressourcen von den Katzentoiletten zu den Kratzgelegenheiten und Spielsachen bis hin zu den Wassernäpfen. Das Haus war ziemlich arm an persönlichen Rückzugsplätzen und höher gelegenen Sitzmöglichkeiten, sodass wir nach verschiedenen Wegen suchten, damit Katie die Möglichkeit für die Katzen verbessern könnte, sich aus dem Weg zu gehen. Nun kam das Wichtigste: Wie würde Katie damit fertig werden, sich selbst zu ändern? Ich handelte ein wenig mit ihr. Immerhin ist es sinnlos, jemanden um etwas zu bitten, von dem er ehrlich glaubt, es würde ihm über den Kopf wachsen, und wir kamen schließlich überein, dass sie versuchen sollte, sich zu entspannen, das Fauchen und Knurren zu ignorieren und – falls sie wirklich so verzweifelt war, dass sie eingreifen musste –, nur Ablenkungstechniken zu verwenden, wie sich durch das Zimmer zu bewegen, mit Phil zu sprechen oder ein Stück Schnur vor den Kämpfenden herzuziehen. Unter keinen Umständen durfte sie einen Kater hochheben, dem anderen einen Verweis erteilen oder allgemein in eine komplizierte Auseinandersetzung zwischen den Katzen eingreifen. Ich schlug außerdem vor, meine Lieblingstechnik anzuwenden, falls das Schlimmste geschehen sollte: ein Polster oder Kissen zwischen die Katzen zu werfen und nicht selbst dazwischenzugehen.

Ich erwartete den ersten Bericht mit einiger Unruhe, aber ich hätte wirklich nicht übermäßig besorgt sein müssen. Katie war entschlossen, dass es funktionierte und obwohl ihr Mann ziemlich verärgert war über die plötzliche Menge an Katzentoiletten, Wassernäpfen und Kratzgelegenheiten machte sie sich voller Enthusiasmus an ihre Aufgaben. Sie wollte *keinesfalls* einen ihrer Jungs aufgeben, egal was nötig war, um die Dinge wieder zu klären. Im Lauf der nächsten Wochen lernte sie, das Fauchen zu ignorieren, indem sie ein Mantra in ihrem Kopf sang, das so ähnlich ging wie: „Es ist eine Angelegenheit unter Katzen, es ist eine Angelegenheit unter Katzen." Ich habe versucht, ihr zu erklären, dass eine bestimmte Menge an aggressivem Posieren oder Lärm Teil eines alltäglichen Katzenlebens ist und wir die Katzen wirklich sagen lassen sollten, was gesagt werden musste. Das muss eine Saite in ihr zum Klingen gebracht haben, denn es war dieser Gedanke, der ihr erlaubte, sich ausreichend zu entspannen, um am Ende der zwei Monate eine deutliche Verbesserung zu sehen. Soweit ich weiß, kehrten Beau und Buttons niemals wirklich zur Normalität zurück, aber Katie war zufrieden genug und erkannte, dass sie glücklicherweise die schreckliche Entscheidung vermieden hatte, die beiden zu trennen.

* * *

Während Hazels und Beaus Ärger nach einem Besuch beim Tierarzt begann, geschieht es nicht immer auf diese Weise. Eine umgeleitete Aggression kann ebenfalls Zusammenbrüche verursachen. Draußen eine Katze zu sehen, ein Feuerwerk, Post, die durch den Briefkasten kommt, ein Bild, das von der Wand fällt ... es gibt so viele plötzliche unerwartete Ereignisse, die das Adrenalin ansteigen und Ihre Katze veranlassen können, ihre aufgestauten Emotionen am nächsten verfügbaren beweglichen Objekt abzureagieren. Es ist selten etwas, das Sie verhindern können, aber die folgenden allgemeinen Richtlinien für die Mehrkatzenhaltung werden die Chancen, dass Sie mit solchen Situationen je konfrontiert werden, verringern.

Es gibt viele Probleme, die im Zusammenhang mit einer Mehrkatzenhaltung auftreten können; die Allgemeinsten wurde detailliert in meinen beiden Büchern „Die Katzenflüsterin" und „Neues von der Katzenflüsterin" erörtert. Eine solche Situation kommt beispielsweise vor, wenn ein Mitglied der Katzengruppe stirbt. Ich habe das selbst erlebt, als drei meiner Katzen, Zulu, Puddy und Bln, tragischerweise innerhalb von fünf Monaten starben. Katzengruppen haben gewöhnlich einen tiefen Respekt vor der Hierarchie, und wenn ein Mitglied der Gruppe nicht länger da ist, tritt fast immer eine Veränderung in den Machtverhältnissen ein. Es gibt normalerweise eine von drei möglichen Reaktionen der übrigen Katzen, unabhängig von der Änderung ihres Ranges: Sie trauern, sie blühen auf oder sie scheinen es nicht wahrzunehmen. Das ist oftmals ein gutes Messinstrument für die wirkliche Beziehung, die herrschte, als die verstorbene Katze noch lebte. Fügen Sie die Emotionen des Katzenhalters zu dieser Gleichung hinzu, und es kann sehr kompliziert werden.

Tilly – die „trauernde" Katze

Ab und zu begegnen wir einer Katze, die unsere Welt aus den Angeln hebt. Für Diane und Nick war Pookah so ein Kater. Ich besuchte Diane nur ein paar Wochen, nachdem ihre geliebte Samtpfote verschieden war. Bei Pookah wurde zwei Jahre zuvor Krebs diagnostiziert, und er wurde tapfer mit der Chemotherapie und den Operationen in dieser Zeit fertig. Es war offensichtlich, dass er eine wundervolle Persönlichkeit hatte. Er war liebevoll und ausdrucksstark. Als Diane ihre Beziehung zu ihm beschrieb, war offensichtlich, dass es schwer für sie war zu reden, ohne zusammenzubrechen und zu weinen. Ich sah Fotos und hörte ihren Geschichten zu und begann zu fühlen, dass ich diesen Kater wirklich gerne kennengelernt hätte, so groß war ihre Bestürzung über seinen Tod. Der Grund für meinen Besuch war eine kleine rote Katze namens Tilly, die sich hinter einem Tisch in der Ecke des Raumes versteckte. Tilly war Pookahs ganzes Leben über seine ständige Begleiterin gewesen. Diane beschrieb die Beziehung zwischen den beiden Katzen als eine mehr von Toleranz als von Zuneigung geprägte. Tilly spielte gewöhnlich eine sehr zweitrangige Rolle, immer im Hintergrund und niemals wirklich Teil der Familie. Pookah schlief im Ehebett und Tilly schlief in der Diele. Pookah saß auf dem Schoß seiner Menschen und Tilly saß auf einem Kissen unter dem Esstisch. Diane gab zu, dass sie, verglichen mit Pookah, keine besonders gewinnende Katze war.

Als Pookah starb, waren Diane und Nick beide am Boden zerstört. Sie hatten ihm so viel Zeit und Gefühl gewidmet und vermissten ihn schrecklich. Allerdings wurde ihr Kummer von Tillys unerwarteter Reaktion gestört. Plötzlich heulte sie nachts, irrte suchend umher; sie war wie besessen. Diane empfand das wirklich als Affront. Sie fand, dass Tilly keine große Zuneigung für Pookah gezeigt hatte, als er noch lebte, also sollte sie sich auch nicht in demonstrativen Trauerritualen ergehen. Ich war geschockt über die Tiefe ihrer Gefühle in diesem Punkt. Sie sagte sogar einmal, dass sie sich über Tilly ärgerte und wünschte, dass sie es gewesen wäre, die gestorben sei. Tilly fuhr fort, herumzuirren und zu heulen, bis sie plötzlich das in den Augen ihrer Menschen abscheulichste „Verbrechen“ beging: Sie versuchte, den Platz von Pookah in ihrer Zuneigung zu übernehmen. Diane war wütend, Tilly war verwirrt und Vicky wurde gebeten, zu kommen, um all dem einen Sinn zu geben. Ich versuchte sehr behutsam, Diane zu erklären, welche Veränderungen es in Tillys Welt gab.

Katzenbeziehungen sind kompliziert, und oftmals unterscheiden sich Persönlichkeitsanteile, die gegenüber menschlichen Gefährten ausgedrückt werden, erheblich von denen gegenüber anderen Katzen. Es war eindeutig, dass Pookah bestimmender als Tilly war. Er kontrollierte den Zugang zu seinen Menschen, die besten Plätze im Haus und das Ehebett. Tilly zog sich auf einen Sicherheitsabstand zurück, eine erfolgreiche Masche, um Blutvergießen zu verhindern oder – noch schlimmer – Psychoterror. Sie akzeptierte Niederlagen und war relativ zufrieden damit, im Schatten des dominanten Pookah zu leben. Als er starb, wurde sie in einem echten Dilemma zurückgelassen. Plötzlich war sie auf sich alleine gestellt. Wo war er? Welche unheimliche Strategie wandte er an, um sie weiter einzuschüchtern? Das verzweifelte Herumirren und das Suchen waren vielleicht ihr Versuch gewesen, den normalen Zustand wiederherzustellen. Schließlich wählt man von zwei Übeln besser das, was man schon kennt. Nach einer Weile aber verändert sich das Geruchsprofil im Haus, und die überlebenden Katzen erkennen, dass ihre Peiniger nicht mehr da sind. Tilly wurde gesprächiger, anhänglicher und interaktiv, weil sie nun Zugang zu ihren Menschen hatte, ohne den Zorn ihres Gefährten auf sich zu ziehen. Sie versuchte nicht, seinen Platz einzunehmen, sie genoss einfach ihre neu gewonnene Freiheit, sich auszudrücken. Dieses Phänomen wurde augenscheinlich, nachdem ich 1995 eine Umfrage zum Thema „Ältere Katzen“ betrieben hatte. Viele Menschen berichteten, dass Katzen nach dem Tod eines Gefährten aufblühten. Leider ist das nicht besonders angenehm für viele Halter, einschließlich Diane und Nick.

Diane war eine fürsorgliche und sensible Frau und fühlte sich plötzlich ganz schuldig, als sie mit diesem neuen Blickwinkel der Vorgänge konfrontiert wurde. Wie konnte sie nur so schlecht über die kleine rote Katze gedacht haben? Wir unterhielten uns über Pookah, Trauer und den Verlust eines geliebten Haustieres. Wir erörterten außerdem die Möglichkeit, dass Diane und Nick eine neue Beziehung zu Tilly entwickeln könnten, ohne sich schuldig zu fühlen oder sich vorzustellen, dass es in irgendeiner Weise die Erinnerung an den lieben Pookah schmälern würde. Ich sprach mit Diane in der Woche nach meinem Besuch, und sie berichtete über eine große Verbesserung in ihrer Beziehung zu Tilly. Die kleine rote Katze hatte sich erheblich entspannt und nun herausgefunden, dass ihre Annäherungen mit Liebe und Freundlichkeit anstelle von Feindseligkeit angenommen wurden. Ich hoffe, sie genießen immer noch ihre gegenseitige Gesellschaft.

Siobhan und ihre sieben herrenlosen Katzen aus Singapur

Ich kann nicht widerstehen, eine Geschichte anzuschließen, die so lebhaft die Begrenzungen der Katzenverhaltensberatung aufzeigt! Es mag vielleicht ein extremes Beispiel sein, aber es geschah, und es wird wahrscheinlich eine wichtige Lektüre für jene sein, die über einen exotischen Urlaub an einem Ort nachdenken, wo wild lebende Katzen weitverbreitet sind. Ich deute nicht für einen Moment an, dass wir deren Notlage ignorieren sollten. Wir alle waren in irgendeiner Phase unseres Lebens von einer mageren, schäbigen Katze während eines Urlaubs zu Tränen gerührt. Wie viele von uns sind zu einer bestimmten Stelle immer wieder mit Futter zurückgekehrt, wenn wir ein hungerndes Würmchen hinter den örtlichen Hotels und Restaurants herumlungern gesehen haben? Gelegentlich sind die entschlosseneren Katzenliebhaber noch einen Schritt weitergegangen und haben am Ende hohe Tierarztrechnungen und noch höhere Transportkosten bezahlt, um den kleinen Liebling mit nach Hause zu nehmen. Eine solche Dame steigerte dieses Vorgehen auf ein noch höheres Level.

Siobhan lebte mit ihrem Mann für einige Jahre in Singapur. Sie war leidenschaftlich bei allem, was mit Katzen zu tun hatte, und verbrachte ihre beschäftigungsarmen Tage damit, durch die Straßen zu streifen, um nach obdachlosen und streunenden Katzen zu suchen. Oder es schien so, da sie sich nach fünf Jahren sieben Singapur-Straßenkatzen von unterschiedlicher Form und Größe angeschafft hatte, die alle in ihrem geräumigen klimatisierten Apartment gehalten wurden. Sie lebten in verhältnismäßiger Harmonie zusammen – Siobhan behauptete das, als wir uns zurück in England einige Zeit später trafen –, aber sie beschrieb eigentlich etwas ganz anderes. Es hörte sich für mich so an, als ob die Katzen sich den ganzen Tag an verschiedenen dunklen Stellen versteckten, bis es abends Futter gab und es im Apartment ruhig war. Sie kämpften nicht, aber ich argwöhnte, dass sie nur eine kleine wilde Kolonie innerhalb der Grenzen einer schönen luftigen Wohnung gegründet hatten und Unstimmigkeiten in der Gruppe durch eine Art von Stillhalten umgingen. Sie urinierten und koteten in mehrere Katzentoiletten, wenn Siobhan sehr viel Glück hatte und wenn nicht, in verschiedenen Ecken auf den Marmorboden. Ich wette, Siobhans Mann war begeistert.

Die Katzen unterschieden sich in ihrer Sozialisierung Menschen gegenüber, aber sie schienen der Frau zu vertrauen, die sie vor einem ungewissen Schicksal „gerettet" hatte. Allerdings hatte Siobhan einige Vorbehalte, als entschieden war, dass das Paar nach England zurückkehren würde. Wie würden ihre „Babys" mit der Quarantäne fertig werden? Würden sie sich einleben? Würden sie sich auf ein Leben draußen einstellen oder würden sie weglaufen? Zu der Zeit, als ich Siobhan traf, war sie seit sieben Monaten zurück in England, und die Katzen waren raus aus der Quarantäne. Ihr Mann hatte ein riesiges elisabethanisches Anwesen in der Mitte eines bewaldeten Gebietes in Sussex erworben. Es war voll mit erlesenen Stilmöbeln und jeder Menge Ecken und Ritzen, sodass sieben Straßenkatzen aus Singapur darin verloren gehen konnten. Sicher, dass sie dort glücklich würden?

Was ich sah, als ich dieses Haus besuchte, war unglaublich. Siobhan war so gestresst und angespannt, dass sie mich innerhalb der ersten fünf Minuten nervös machte. Sie schwankte innerhalb von Sekunden zwischen Tränen, Hysterie und Aggressivität. Ich wusste nicht, ob ich ihr ein Taschentuch reichen, mitfühlen oder abtauchen sollte. Der gesamte Vorgang war anstrengend und wurde durch die Schreie verschiedener Katzen und eines jungen schwedischen Mädchens, das extra eingestellt worden war, um die sich bekriegenden Katzen zu hüten und Blutvergießen zu vermeiden, auch nicht besser. Es war so surreal wie bei Monty Python und ich war vollkommen perplex, was ich in dieser tragischen Situation tun sollte. Ich spürte, dass etwas wie eine Herausforderung auf mich zukam.

Ich habe viele bedeutende Katzen über die Jahre gesehen, die alle vor einem Leben auf der Straße „gerettet" wurden. Da gibt es nur ein Problem mit der Rettungsstrategie: Diese Katzen sind gewohnt, sich alleine durchs Leben zu schlagen. Sie werden vielleicht freundlich und kleben an ihren neuen menschlichen Gefährten, aber ihre Reaktion auf andere Katzen ist oftmals eine andere Sache. Man kann vielleicht die Katze aus Singapur holen, aber man kann nicht Singapur aus der Katze holen, könnte man in diesem besonderen Fall sagen. Alle sieben Katzen bekriegten sich mit den anderen sechs. Einige zeigten aktive Aggressionen und andere machten sich verschiedene Verteidigungsstrategien zu eigen, um zu vermeiden, attackiert zu werden. Die Wildheit in allen war stark, da ihre Welt so erschreckend geworden war, dass sie ihr neues Leben als „Töten oder Getötet werden" empfanden. Sie überlebten alle auf höchster Alarmstufe, und ich kann nicht einmal damit beginnen, darüber nachzudenken, wie erbärmlich sie sich gefühlt haben müssen. Siobhans theatralisches Verhalten schürte nur das Feuer, und die arme schwedische Studentin muss gedacht haben, jeder in England wäre verrückt. So verrückt, dass sie sogar Katzenverhaltensberater beschäftigen!

Es gab mindestens drei Katzen, die ein neues Zuhause brauchten, besonders der älteste Kater. Diesen Katzen war es unmöglich, das Teilen zu begreifen, und das machte die Situation für die ganze Gruppe extrem schwierig. „Wenn wir sie aus der Gruppe herausnehmen würden, könnte es vielleicht möglich sein, mit den verbliebenen vier zu arbeiten", schlug ich vorsichtig vor. Siobhan blieb steinhart. Sie blieben zusammen, weil sie sie liebte, und sie liebten sie, und niemand würde sich so gut um sie kümmern, wie sie es tat. Das war das i-Tüpfelchen, das sie noch oben draufsetzte, sodass ich ihr ein Programm gab, das sie befolgen sollte und ihr Lebewohl sagte. Was für ein Albtraum!

Am folgenden Morgen erhielt ich einen Drohanruf. Wenigstens dachte ich das anfangs, bis ich erkannte, dass der Schwall von Flüchen von Siobhan kam. Eine der Empfehlungen, die ich ihr gegeben hatte, war, aufzuhören, so heftig in die Streitereien der Katzen einzugreifen, außer wenn sie einander tatsächlich verletzten. Sie folgte meinem Rat offenbar, und eine der weniger selbstbewussten Katzen war angegriffen und von dem bestimmenden Kater durch ein kleines Fenster gejagt worden. Sie blieb seitdem verschwunden, obwohl die schwedische Nanny mehrere Runden mit einer Tasche voll Katzenleckerchen, einem Katzenkorb sowie einem Paar derber Handschuhe ums umliegende Waldgebiet gemacht hatte. Das war natürlich alles meine Schuld. Auf eine seltsame Weise tat es mir an diesem Morgen leid für Siobhan. Sie hatte mit großem Mitgefühl gehandelt, wenn auch unangemessen, als sie ihre sieben Katzen aus Singapur „rettete". Sie glaubte wirklich, dass sie sie mit einer wundervollen Alternative versorgen könnte gegenüber dem Elend eines Lebens als wild lebende Katze. Wenn sie bei einer Katze geblieben wäre, wahrscheinlich dem ältesten Kater, wäre die Beziehung vielleicht aufgeblüht und sie wäre für ihre großzügige Tat tausendfach belohnt worden. Leider glaubte die arme Siobhan, dass ihre Katzen in ihrem vorherigen Zuhause glücklich waren, und sie wäre verzweifelt gewesen, zu hören, dass es mehr eine Überlebensstrategie war, im Apartment nicht zu kämpfen, als ein Zeichen von Zufriedenheit. Nicht weniger als sieben Katzen zu retten, wurde von Siobhan als ein Symbol der Katzenliebe angesehen. Als in England alles entsetzlich falsch lief, bekümmerte sie das sehr und sie brauchte verzweifelt jemanden – irgendeinen –, den sie für diese Katastrophe beschuldigen konnte. Ich stand bei diesem besonderen Anlass einfach in der Schusslinie.

Die kleine Katze wurde einige Wochen später wiedergefunden. Aber für Siobhan und mich gab es keine gemeinsame Basis. Ich gab ihr ein Programm, das sie befolgen sollte, und es wurde schließlich vereinbart, dass sie zwei verschiedene Bezirke innerhalb ihres Hauses schaffen sollte mit drei Katzen, die auf einer Seite der Grenze und vier, die auf der anderen untergebracht werden sollten. Es schien mir eine lächerliche Art zu leben, da die alternative Lösung, die Gruppe aufzulösen, im Interesse der Katzen besser gewesen wäre. Leider konnte die arme Siobhan nichts anderes sehen, als die Katzen zusammenzuhalten. Wir sprachen nie wieder zusammen, aber ich hoffe, die Katzen sind okay und haben eine Art Kompromiss miteinander erreicht. Wenn diese Geschichte wenigstens eine Katzengruppe davor bewahrt, ein ähnliches Schicksal zu erleiden, hat sich das Erzählen gelohnt.

Massen von Urin und Gummilaken

Ich möchte dieses Kapitel mit einer Geschichte über einen Fall beenden, den ich nie wirklich sah. Ich hörte davon in einem Laden in Devon während einer Buchsignierstunde, um den Verkauf meines letzten Buches „Neues von der Katzenflüsterin“ zu promoten. Diese Abende machen immer großen Spaß: Der Laden schließt, der Wein fließt, und Katzenliebhaber kommen von nah und fern, um einen lebendigen Abend mit Tatsachen und Ratschlägen über Katzen zu genießen. Wir haben normalerweise eine längere und oftmals urkomische Frage- und Antwortrunde, bei der wir über alles diskutieren, angefangen von Katzenklappen bis hin zu übertriebener Fellpflege sowie allen Themen dazwischen. Das Publikum hat meistens Unmengen von Zetteln voller Fragen dabei, und alle haben einen tollen Abend. Dabei gibt es immer, wirklich immer, ein Glanzstück unter den Fragen. Wenn man es nicht besser wüsste, könnte man leicht annehmen, dass diese Leute ins Publikum eingeschleust wurden, so ist die Art ihrer Bemerkungen.

Alles klappte während des Abends, es wurde viel gelacht und gescherzt, und die Stimmung war richtig gut. Ich hatte gerade eine kurze Abhandlung über Wohnungskatzen beendet und ermutigte das Publikum zu einem anderen Thema überzugehen. In der Mitte des Raumes saß ein Mann mit seiner Frau. Ich teste immer gerne jeden aus und war ziemlich sicher, dieser Bursche hatte etwas auf dem Herzen. Er hatte diesen leicht selbstgefälligen Ausdruck in seinem Gesicht, als ob er sagen wollte: „Weiß ich. Ich kenne das." Darum war ich ganz erfreut, als er seine Hand hob. Ich wollte hören, was er zu sagen hatte. Ich wusste, es würde ein Knüller werden, als er begann mit: „Ich habe seit fünfundfünfzig Jahren Katzen." Ich nickte ihm zu mit einem Ausdruck von Erwartung, den ich kaum verbergen konnte. Er fuhr fort: „Ich habe momentan fünfunddreißig Katzen, aber ich habe mehr als vierzig in der Vergangenheit gehalten und sie haben sich immer gut vertragen." Nun hätte ich hier eingreifen können, indem ich seine Bemerkung sehr vehement bestritt, aber das hätte zu nichts geführt. Sagen wir einfach, ich war nicht seiner Ansicht, dass seine Katzen scheinbar glücklich waren, aber ich schaffte es, an mich zu halten, mit weit aufgerissenen Augen und einem schnellen: „Wow!". Im Publikum war immer noch ein Gemurmel, da die Teilnehmer fortfuhren, sich leise untereinander zu unterhalten, aber sie verstummten bald, als unsere Unterhaltung weiterging. Er schaute seine Frau an und sie nickte ermunternd, als er sagte: „Unser Problem ist, dass einige der Katzen nachts auf unser Bett pinkeln." Ohne irgendeine Anspielung von „Habe ich es nicht gesagt!", sagte ich: „Ich verstehe. Wie viele von ihnen machen das denn?" Er antwortete: „Wir sind nicht sicher, aber wir glauben, dass es ungefähr sechs von ihnen sind." Ich zeigte keine Regung und kein Zeichen von Überraschung, aber das Publikum rang nach Luft. Ich fuhr fort: „Wie oft passiert das?", worauf er antwortete: „Jede Nacht." Vollkommen gefangen fragte ich beiläufig: „Seit wann geht das so?" Er überlegte für eine Weile, beratschlagte sich mit seiner Frau und sagte dann: „Seit vier Jahren." Sie hätten die Luft mit einem Messer schneiden können, als ich leise sagte: „Mmh, das ist eine Menge an Urin."

Ich bestätigte dann die Reaktion des Publikums, indem ich ihnen erklärte, dass es leider die einfachste Sache der Welt sei, sich in solch einer furchtbaren Situation zu befinden. Die Probleme beginnen, und Ratschläge werden befolgt, Vorschläge werden gemacht, zusätzliche Katzentoiletten werden besorgt und Bettbezüge werden gewaschen. Plötzlich, vier Jahre später, schwimmen sie in Urin, und es wird zu ihrer morgendlichen Routine, Bettbezüge zu waschen und Gummilaken abzuwischen, so selbstverständlich wie das Zähneputzen. Als er hinzufügte, dass das Urinieren auf dem Bett meistens passierte, wenn er und seine Frau darinlagen, konnten viele Anwesende ihren Ekel nicht zurückhalten, sodass ein hörbares „Iiieeh!" durch den Raum ging. Der Mann fragte, ob ich ihm einen Rat geben oder ihn gleich zu Hause besuchen könnte, aber nicht ohne gleich mehrere Vorbehalte hinzuzufügen wie: „Meine Katzen sind nicht gestresst und sie haben nichts mit ihrer Blase. Ich werde keine abgeben, und ich denke, zwölf Katzentoiletten sind durchaus genug, danke."

Ich sagte: „Rufen Sie mich an", und wandte mich einer anderen Frage zu. Der Mann hat mich bis heute nicht angerufen, aber ich habe das beängstigende Gefühl, dass er es eines Tages tun wird.

Die Geheimnisse eines harmonischen Mehrkatzenhaushalts

- Beginnen Sie von Anfang an mit zwei Katzen, wenn Sie einen Mehrkatzenhaushalt wollen. Das ist immer einfacher, als die „Nummer 2" der „Nummer 1" vorzustellen.
- Wählen Sie zueinanderpassende Persönlichkeiten aus, um mit ihnen ihr Heim zu teilen, wie Wurfgeschwister, vielleicht Bruder und Schwester. Zwei Geschwister im selben Alter und mit demselben Geschlecht streiten eventuell über die Hierarchie, wenn sie sozial reifen.
- Vermeiden Sie extreme Charaktere, wenn sie ein Kätzchen aussuchen, beispielsweise extrem nervöse, selbstbewusste oder aktive Katzen. Dies könnten eventuell potenziell schwierige Katzen sein, um mit ihnen zu leben, oder sie finden es schwierig, mit anderen Katzen zu leben.
- Wenn Sie eine erwachsene Katze aufnehmen wollen, wählen Sie eine, die sozialisiert auf andere Katzen ist. Vermeiden Sie eine, die

wegen früherer Verhaltensprobleme in einem Mehrkatzenhaushalt abgegeben wurde.

- Es gibt keine besonderen Vorteile, Jungtiere aus dem Wurf Ihrer eigenen Katze zu behalten. Sobald der erste Aufzuchtsprozess abgeschlossen ist, wird die Mutterkatze bereit sein, sich von ihren Jungen zu verabschieden.
- Bleiben Sie bei einer angemessenen Anzahl Katzen. Dies ist besonders wichtig, wenn Ihre Katzen ausschließlich in der Wohnung gehalten werden.
- Wenn es viele Katzen in der Nachbarschaft gibt, wird diese Tatsache Ihren Haushalt ebenfalls beeinflussen. Bleiben Sie bei zwei; wenn Sie unter diesen Umständen mehr Katzen halten, könnte sich das Gefühl von Überfüllung in Ihrer eigenen Gruppe verstärken. Auch wenn Ihre Katzen Zugang nach draußen haben, ist es trotzdem anzuraten, im Haus Katzentoiletten bereitzustellen. Denn wenn Ihre Katzen draußen gemobbt werden, haben sie immer die Wahl, die Toilette drinnen in verhältnismäßiger Sicherheit zu nutzen.
- Vermeiden Sie zu viele besonders intelligente und sensible Rassekatzen im selben Haushalt. Obwohl die meisten die perfekten Hausgenossen sind, können sie bei Problemen mit Artgenossen extrem territorial oder empfindlich sein, besonders Rassen wie Burma, Bengal und Siamesen.
- Denken Sie daran, dass Ihr Haushalt immer die Schwelle von „eine Katze zu viel“ haben wird und Sie vielleicht ihr Glück herausfordern, wenn Sie die Anzahl weiter vergrößern. Wenn Sie beispielsweise ein harmonisches Quartett haben, warum es nicht dabei belassen?
- Soziale Themen werden wichtig beim Einsetzen der Reife im Alter zwischen achtzehn Monaten und vier Jahren. Dann werden Sie vielleicht Probleme zwischen Katzen erleben, die vorher freundlich gewesen sind.
- Greifen Sie nicht zu sehr in Streitigkeiten Ihrer Katzen ein. Es ist unmöglich, sicherzustellen, dass Sie der richtigen Botschaft Nachdruck verleihen. Manche Dinge müssen einfach zwischen ihnen gesagt werden, aber das sieht nicht immer nett aus.

- Wenn Sie Ihre Katzen ständig großzügig mit Aufmerksamkeit überschütten, werden Sie selbst zu einer wertvollen Ressource. Das kann gefährlich sein und macht Ihre Katzen gegenseitig aggressiv, wenn Sie da sind.
- Futter, Wasser, Schlafplätze, Rückzugsplätze, hoch gelegene Ruheplätze, Spielsachen, Kratzgelegenheiten und Katzentoiletten sollten in ausreichender Anzahl zur Verfügung stehen, um Konkurrenzkämpfen vorzubeugen. „Eins pro Katze plus eins, an verschiedenen Stellen“ ist die magische Formel!
- Bieten Sie reichlich hoch gelegene Ruheplätze an, um jedem einzelnen Tier zu ermöglichen, Aktivitäten von einem sicheren Platz aus zu beobachten.
- Persönliche Plätze sind also überaus wichtig; jede Katze, egal wie gesellig, braucht eine Auszeit, um Momente des Alleinseins zu genießen.
- Bieten Sie tagsüber Trockenfutter „zum Grasen“ an oder teilen Sie es in verschiedene kleine Mahlzeiten auf, um jeder Art von Konkurrenzdenken vorzubeugen, falls Futter nur zu bestimmten Zeiten verfügbar ist. Katzen mit einer Vorgeschichte von Feliner Harnwegsinfektionserkrankung oder chronischer Blasenentzündung sollte ein Diät-Nassfutter gefüttert werden, da Trockenfutter in diesem Fall nicht geeignet wäre.
- Wasser ist eine wichtige Ressource, und die Näpfe weit weg vom Futter zu positionieren, wird Ihre Katzen ermuntern, diese häufiger aufzusuchen.
- Gehen Sie sicher, dass es reichlich Kratzgelegenheiten gibt, um Ihre Möbel zu schützen. Katzen kratzen sowohl zur Krallenpflege als auch aus territorialen Gründen, und in einem Mehrkatzenhaushalt gibt es einen wachsenden Bedarf, Signale für andere zu setzen. Die Kratzgelegenheiten sollten in der Nähe von Eingängen, Ausgängen, Betten und Futterplätzen positioniert werden, um sicherzustellen, dass in Bereichen möglicher Konkurrenzkämpfe ein angemessenes Angebot verfügbar ist.
- Studien haben gezeigt, dass die Wahrscheinlichkeit von Urinspritzen im Haus im direkten Verhältnis zur Anzahl der Katzen im Haushalt zunimmt. Sie sind gewarnt!

KAPITEL 3

Wo gehst du hin, meine Süße?

Wenn Ihre Katze Zugang zur großen weiten Welt hat, gibt es eine Menge an Aktivitäten, von denen Sie sehr wenig wissen. Wie viele Menschen können aufrichtig behaupten, genau zu wissen, was ihre Katze tut, nachdem sie morgens durch die Katzenklappe hinausgegangen ist? Wäre es nicht großartig, alle unsere Katzen mit kleinen Kameras auszustatten, sodass wir uns einen echten Eindruck von ihrem katzenhaften „Tag im Büro" machen könnten?

Es gibt einiges, das wir durch Forschungen von Biologen wie Roger Tabor in Katzenkolonien und Hauskatzenterritorien wissen. Das zeigt uns, dass die Welt einer Katze in die folgenden drei anerkannten Gebiete aufgeteilt ist: das Kerngebiet oder „die Höhle", das Territorium, der alltägliche Lebensraum.

Das Kerngebiet

Das Kerngebiet ist das Gebiet, in dem sich Ihre Katze am sichersten fühlt; da, wo sie tief schläft, spielt, frisst und alle Vorteile des Zusammenlebens mit Menschen genießt. Es ist so ein sicherer Platz, dass sie die Beute von ihren Jagdausflügen oftmals dorthin bringt, um sie genießen zu können, ohne gestört zu werden. Da wir Menschen solch ein Sicherheitselement darstellen, ist das Kerngebiet fast automatisch das Zuhause. Wenn es eine bewährte Öffnung oder Katzenklappe auf das Grundstück gibt, wird dies vielleicht ein eher etwas verschwommenes Bild einer sichereren Höhle erzeugen. Das Kerngebiet mag dann beispielsweise die erste Etage sein – es ist in der Denkweise einer Katze immer sicherer, nach „oben" zu gehen – oder der Raum, wo die Familie sich am häufigsten aufhält. Auch Streitereien in Mehrkatzenhaushalten werden die Wahrnehmung des Kerngebiets für weniger selbstbewusste Individuen beeinflussen.

Das Territorium

Während das Kerngebiet den Knotenpunkt des Territoriums bildet, gibt es da noch zusätzlich eine ganz andere Welt für die Katze, die auch Zugang nach draußen hat. Das Territorium ist als das Gebiet definiert, das die Katze aktiv gegen eine Invasion von anderen Katzen beschützt. Die Größe dieses Gebiets wird bei jeder einzelnen sehr variieren und hängt von der Jahreszeit, dem Grad des Selbstvertrauens, dem Geschlecht, der Dichte der Population und vielen anderen Faktoren ab. Ihre Katze mag Sooty den Kopf abreißen, wenn er sich auf die Terrasse wagt, aber nicht mit einem einzigen Schnurrbarthaar zucken, wenn sie ihn weiter weg im Garten sieht. Katzen respektieren nicht die Grenzen ihrer Halter zur Grundstücksverteidigung; sie lassen sich von Zäunen, Hecken und Mauern nicht beeinflussen. Territorien beinhalten oftmals Straßen, Brachland, die Gärten anderer Leute und alles Mögliche, was dazwischen liegt.

Der Lebensraum

Dieser beinhaltet das Territorium, aber beschreibt das vollständige Gebiet, das Ihre Katze durchstreifen wird. Ich habe viele „katzenfreundliche" Straßen gesehen, wo einige arme Katzen froh waren, das Ende ihres Gartens ihr Eigen nennen zu können. In Roger Tabors Studie von 1976 bis 1978 in East London fand er heraus, dass, die weiblichen Katzen eingeschlossen, der Lebensraum aus Garten plus irgendeinem weiteren Platz besteht, der ihnen ihr Selbstvertrauen sowie die Populationsdichte erlaubt. Der typische Lebensraum in einem dicht besiedelten Gebiet beträgt für eine kastrierte weibliche Katze ungefähr zweihundert Quadratmeter, obwohl männliche Kastraten oftmals weiter umherstreifen.

***

Ihre Katze wird ihren Tag mit Patrouillieren verbringen, für Duftmarkierungen Gesicht, Körper und Pfoten benutzen und hauptsächlich kontrollieren, wer in der Nähe ist. Die Art der Begegnung mit anderen Katzen draußen wird abhängig davon sein, wie territorial Ihre Katze ist, wie territorial die andere Katze ist und wo der Augenkontakt stattfindet. Viele Katzen können dabei beobachtet werden, wie sie in respektvoller Entfernung voneinander in scheinbarer Harmonie dasitzen, und dennoch werden dieselben beiden Katzen am nächsten Tag in einer anderen Umgebung mit aller Macht kämpfen. Ihre Katze wird ebenso Zeit mit Jagen verbringen – wenn sie dazu neigt –, sich sonnen, in geheimen dichten Büschen schlafen und sich hoffentlich aus Ärger heraushalten. Leider tun manche Katzen das nicht und sie verbringen Zeit damit, in die Häuser anderer Menschen einzubrechen und deren Katzen zu terrorisieren, in Gartenschuppen eingeschlossen zu werden, zu kämpfen, Vögel zu töten oder mit dem Verkehr Fangen zu spielen. Es ist nicht schwer zu verstehen, warum so viele Katzenliebhaber ihre Haustiere im Haus behalten wollen, wo sie sie sehen können.

Ich werde mich in diesem Kapitel nicht mit der Theorie der großen weiten Welt aufhalten, weil ich mich auf die Art von Problemen konzentrieren möchte, die als Ergebnis entstehen, wenn Sie Ihrer Katze ihre Freiheit geben. Ich möchte ganz bestimmt niemandem die Lust daran nehmen, seine Katze nach draußen zu lassen. Dies ist bei Weitem der natürlichste Lebensstil, und Katzen, die sich normal verhalten können, sind wahrscheinlich mental gesünder. Allerdings gibt es eine Menge anderer Katzen, Menschen und Autos da draußen, und einige Probleme und Zwickmühlen sind vielen Katzenhaltern bekannt.

Zu einem früheren Zuhause zurückkehren

Ein Thema, zu dem ich das Jahr über viele Anrufe bekomme, ist das Problem, dass Katzen in ihr früheres Zuhause zurückkehren. Das kann extrem besorgniserregend sein, da sie oftmals verkehrsreiche Straßen überqueren müssen, um dorthin zu gelangen. Es scheint einige gemeinsame Elemente in den meisten Fällen zu geben, wie:

- Die Katze hatte vorher viel Zeit draußen verbracht.
- Die Katze schien, „auf ihrem Stück Land“ territorial zu sein.
- Die Katze lebte mit mindestens einer anderen zusammen, oftmals einem Geschwisterteil.
- Der Umzug erfolgte innerhalb einer Meile (1 Meile = 1 609,33 Meter, *Anmerkung der Übersetzerin*) vom vorherigen Zuhause.

Dies ist eine schwierige Situation, da die fragliche Katze mit ihren Pfoten abstimmt. Es ist äußerst wahrscheinlich, dass hier eine Bindung an die Umgebung und nicht an die Familie bestand und dass der Umzug verwirrend und höchst unerwünscht war. Die Katze mag viel Zeit draußen verbracht haben, als Ergebnis einer armseligen Beziehung zu ihrem Bruder oder ihrer Schwester, und die Aussicht an einem fremden Ort mit jemandem eingesperrt zu werden, den sie nicht mag, ist zu viel, um es ertragen zu können. Die Navigation ist unter diesen Umständen erstaunlich, aber für Katzen machbar. Halter von solchen Wanderern berichten, dass sie nach einigen Tagen einen Anruf von einem früheren Nachbarn erhielten, der sagte, dass sich die Katze, bedauernswert schreiend, im Garten des alten Hauses herumtrieb. Nach meiner Erfahrung kommen diese Katzen selten von selbst „nach Hause“ zu ihrem neuen Wohnsitz. Der Halter liest sie nur auf, um genau dasselbe wieder zu erleben, wenn er die Katze ein weiteres Mal nach draußen lässt. Ich werde oft gefragt, ob die Katze für einen längeren Zeitraum drinnen eingesperrt werden sollte, um sich in dem neuen Haus zu akklimatisieren. Dies ist eine gefährliche Strategie, die nur ihr Verlangen, bei der nächsten passenden Gelegenheit zu entkommen, verstärken kann.

Leider gibt es keine einfache Lösung für dieses Problem. Ein Produkt namens „Feliway“ (synthetische Pheromone der Katze) ist bei Ihrem Tierarzt erhältlich und eine hilfreiche Ergänzung für die neue Umgebung. Es kann als Verdampfer für die Steckdose erworben werden, und die Duftbotschaft, die es ausströmt, kann Ihrer

Katze eine bessere Vorstellung von dem neuen Haus als Zuhause geben. Kleine, häufige, wohlschmeckende Mahlzeiten können manchmal hilfreich sein, zusammen mit vielen Gelegenheiten im Haus, um sich von den anderen Katzen zurückzuziehen. Der Schlüssel beim Zurückholen des Wanderers von Ihrem alten Haus ist Beharrlichkeit, mithilfe eines kooperativen früheren Nachbarn und zusammen mit genauen Instruktionen an alle, die Katze nicht zu füttern. Wenn die Beziehung zwischen Ihren Katzen wirklich nicht gut ist – und die neuen Bewohner des alten Grundstücks zugänglich sind – ist es vielleicht zu ihrem Besten, sie dort bleiben zu lassen.

Der Wanderer wird entlarvt

Einige abwandernde Katzen kehren nicht notwendigerweise zu ihrem früheren Zuhause und zu ihren bevorzugten Trampelpfaden zurück. Denken Sie an die opportunistische Katze, die der Chance nicht widerstehen kann, so viele Heime wie möglich innerhalb des Gebiets, das sie als gegeben ansieht, zu beanspruchen. Eine Katze mit vier Haltern reist zwischen jedem einzelnen, abhängig von ihren eigenen persönlichen Stimmungen, hin und her. Jeder Halter glaubt, dass er eine ausschließlich monogame Beziehung mit seiner Katze hat und sie nur von Zeit zu Zeit zum „Jagen" geht. Diese Katze ist wahrscheinlich bedenklich überimpft und sogar zweifach registriert beim gleichen Tierarzt in einer Stadt – unter verschiedenen Namen natürlich. Ich habe über die Jahre Hunderte von Briefen erhalten, die Probleme schildern, aber viele Halter wollen mir einfach nur ihre Geschichten erzählen – faszinierend. Ein Brief, den ich in den frühen Neunzigern gelesen habe, ist besonders zutreffend.

Wir erwarben Marmalade zusammen mit diesem Haus, das wir vor zwei Jahren gekauft haben. Die vorherigen Halter hatten ihn auf die gleiche Weise übernommen, so wie die Halter davor. Marmalade ist notorisch gut bekannt in der Nachbarschaft. Er streifte offensichtlich in der Vergangenheit durch den größten Teil dieses Tales. Er ist bekanntermaßen achtzehn Jahre alt, aber er wird für viel älter gehalten. Er hat nur ein Ohr und seine Hinterläufe sind sehr dünn und gebeugt vom Alter. Seine Zunge hängt gewöhnlich heraus, weil die wenigen Zähne, die er noch hat, hinten in seiner Schnauze sind. Er scheint nicht mehr miauen zu können. Aber er kann sehr laut schnurren und tut das auch. Seine vorherigen Halter erzählten uns, dass er oft für jeweils einige Tage verschwand und dann wieder erschien. Sie führten das auf Jagdausflüge zurück. Tatsächlich ging dieses Schema für einige Monate so weiter, nachdem wir eingezogen waren. Dann kam eines Tages das Mädchen von nebenan, um uns zu erzählen, sie würden ausziehen und ob wir bitte auf ihren kleinen roten Kater aufpassen könnten, der sehr alt sei und tagelang auf die Jagd gehen würde.

Dies ist einfach eine weitere Darstellung unserer absoluten Leichtgläubigkeit, wenn wir mit einer lieben Katze mit dem offensichtlichen Bedürfnis nach einem guten Zuhause konfrontiert werden; wir *besitzen* niemals wirklich unsere Katzen, oder?

Die nächsten Fälle veranschaulichen die Komplexität des Begriffes Territorium. Man kann mit Sicherheit sagen, dass Situationen dieser Art jedem von uns passieren können.

Billy Bob – der zurückhaltende Verteidiger

Billy Bob und Joey waren zwei Orientalen, die eine großartige Beziehung hatten. Sie beteten einander an und sie beteten ihre Halterin Jackie an, und dieses Dreiecksverhältnis dauerte zwölf glorreiche Jahre an. Jackie wurde zu der Sorte Mensch, die glaubten, dass Katzen andere Katzen liebten und die Gesellschaft eines Artgenossen alles wäre, weil sie diese Erfahrung genossen. Billy Bob folgte Joey gewöhnlich und ging auf große Abenteuer mit ihm durch die angrenzenden Gärten. Sie hatten eine Katzenklappe, und sie kamen und gingen, wie es ihnen gefiel. Es war ein perfekt ausgeglichenes und angenehmes Dasein für alle, bis Joey krank wurde. Bei ihm wurde ein Tumor diagnostiziert, und über einen Zeitraum von vier Wochen verfiel er vollkommen, bis die Zeit für ihn kam, zu Hause friedlich eingeschläfert zu werden. Jackie wählte diese Möglichkeit, um sicherzugehen, dass Billy Bob verstand, dass Joey gestorben war und nicht mehr zurückkommen würde. Sie war ganz überrascht über Billy Bobs Reaktion an diesem Tag; er schien verhältnismäßig unberührt. Nachdem Joeys Körper allerdings fortgeschafft war, begann er seine Trauer zur Schau zu stellen. Er lief auf und ab, heulte wie eine Sirene, suchte und, wenn er all das nicht tat, klammerte er sich an seine Halterin. Sein Elend war offensichtlich. Er hörte auf zu fressen, und die arme Jackie wusste nicht, was sie tun sollte, um sein Leiden zu lindern. Schlimmer wurde es, als Billy Bob eines Morgens auf Jackies Bett sprang und auf ihr Kissen urinierte. Das ist kein Morgengruß, den irgendein Katzenhalter reizvoll finden würde, aber sie machte sauber und vergab ihm seine Taktlosigkeit. Schließlich war er in Trauer und er hatte sich seit Joeys Tod sehr untypisch verhalten. Leider blieb es nicht bei dem einen Mal, und einige Vorfälle später nahm Jackie Kontakt zu mir auf, für Hilfe und Beratung in einer sehr schweren Zeit.

Als ich Billy Bob traf, war ich überwältigt von seiner Anspannung und seiner Not, und sein Verhalten Jackie gegenüber war völlig außergewöhnlich. Er beobachtete sie die ganze Zeit, berührte sie, wann immer er konnte, und immer, wenn sie sich hinsetzte, sprang er auf ihr herum. Wenn er ihre Haut mit einem Reißverschluss hätte öffnen und hineinklettern können, hätte er es getan. Ich fragte Jackie, ob dies normal für ihn sei, und sie berichtete, dass sein anhängliches Verhalten erst mit Joeys Ableben begann. Zuvor hatten die zwei Katzen relativ selbstständig gewirkt und verbrachten lediglich die Abende zusammengerollt auf ihrem Schoß, während sie vor dem Fernseher saß. Sie hatte es vorher wegen einer Katze zu ihren Füßen niemals schwierig gefunden, sich in ihrer Wohnung zu bewegen. Sie hatte es sicherlich auch nie schwierig gefunden, ihr Haus zu verlassen, anders als jetzt, wenn jeder Ausflug sorgfältig geplant werden musste, um den geringsten Zeitaufwand zu benötigen. Jedes Mal, wenn sie zurückkam, befürchtete sie den Anblick eines mit Urin befleckten Bettbezugs oder Kissens.

Um diesen offensichtlichen Wechsel in der Persönlichkeit zu verstehen, war es notwendig, noch einmal die Beziehung zwischen Billy Bob und Joey zu betrachten. Die offensichtliche Zuneigung der beiden Kater zueinander war eigentlich eher etwas, was nicht wirklich funktionierte. Was eine Geselligkeit, geboren aus dem Wunsch, Zeit miteinander zu verbringen, zu sein schien, war in Wirklichkeit Abhängigkeit. Ihre Beziehung basierte auf „brauchen", nicht auf „wollen", und Billy Bob litt an den Symptomen einer Entwöhnung von seiner Abhängigkeit zu Joey.

Über viele Jahre haben Züchter sich bemüht, die ultimativ kontaktfreudige Katze zu erschaffen. Viele Rassen werden mit einem hundeähnlichen Verhalten beschrieben. Ich vermute, dass wir aus emotionalen Gründen Haustiere haben wollen und wir eine Beziehung erwarten, die sich so entwickelt, dass sie uns zurückgibt, was wir einbringen. Hunde sind ideal für diesen Zweck, aber viele von uns arbeiten und können nicht genügend Zeit und Energie für ihre Haltung aufbringen. Darum entwickeln wir eine Katze, die sich wie ein Hund verhält und Simsalabim haben wir den perfekten Kompromiss. Oder etwa doch nicht? Ich wundere mich oft, ob der Versuch, die Natur zu verbessern, wirklich im Interesse der Tiere ist, die wir vorgeben, so sehr zu lieben. Erschaffen wir wirklich ein geselliges Rudeltier im Körper eines territorialen, einzeln lebenden Raubtiers ohne jegliche nachteiligen Konsequenzen oder erreichen wir eigentlich etwas gänzlich anderes?

Ich erklärte Jackie, dass ich es für einige Zeit so empfunden hatte, dass viele scheinbar gesellige Katzen, entweder mit Menschen oder miteinander, lediglich eine Abhängigkeit aufweisen würden. Empfindliche Individuen finden Eigenständigkeit zu entwickeln zu schwierig und sie lernen sehr schnell, dass sich an andere zu klammern, die Sicherheit bringt, die sie ersehnen. Während das großartig in der Zeit funktioniert, in der die zwei Parteien zusammen sind, kommt es zu einem entsetzlichen Dilemma, wenn einer nicht mehr da ist. Billy Bob hatte diesen Punkt erreicht und übertrug seine Abhängigkeit auf Jackie. Das einzige Problem entstand, als es dazu kam, das Territorium gegen eindringende Katzen zu verteidigen. Das war immer Joeys Job gewesen, und er war furchtlos auf Streife gegangen und hatte alle möglichen Gegner ferngehalten – mit Billy Bob einige Schritte dahinter. Die Nachricht, dass Joey nicht mehr da war, hatte sich bald verbreitet, und die mutigeren und opportunistischeren Mitglieder der lokalen Gemeinde hatten damit begonnen, zu ermitteln, was es genau war, das Joey so vehement verteidigt hatte. Was sie fanden, war Billy Bob, ein nettes Gartenstück, eine Katzenklappe und eine Menge Futter. Sein Garten war nicht mehr die sichere Festung, die er mal war, und im Blumenbeet auf die Toilette zu gehen, wurde gefährlich. Billy Bob war einfach nicht in der Lage, Joeys Job zu machen, und er suhlte sich in einem Sumpf von Unsicherheit und Ängsten. Keinerlei Maß an Vokalisieren gegenüber seiner Halterin gelang es, seine Meinung zu übermitteln, dass diese Gefahr präsent war. Ich bin mir sicher, dass Billy Bob Jackie für ziemlich nutzlos hielt, wenn es um den Schutz seiner Burg ging. Wenn er verzweifelt urinieren musste, fand er die weiche, nachgebende Oberfläche des Bettes seiner Halterin und die deutliche, positive Duftbotschaft zu verlockend, um zu widerstehen, sodass er seine Blase an diesem sicheren Ort entleerte. Angesichts seines Charakters und der gegebenen Umstände würde auch ich allem trotzen und es nicht anders machen. Ich empfand gleich viel Sympathie für beide, Billy Bob und Jackie; dies war eine schwierige Situation.

Es ist unmöglich, in den Kopf einer ängstlichen und unsicheren Katze zu gelangen und ihr zu sagen: „Reiß dich zusammen." Ich wünschte, es wäre so einfach. Billy Bob war überfordert und alles ängstigte ihn. Er hatte sich zu einer Zeit für Unterstützung und Führung an Jackie gewandt, als diese am wenigsten fähig oder bereit war, all das zu geben. Nicht nur, dass sie um Joey trauerte, sondern Billy Bob pinkelte auf ihr Bett! Ich musste einen Plan entwickeln, der diese Beziehung zu einer besser umsetzbaren Interaktion zurückführen würde und Billy Bob irgendwie wieder etwas Selbstvertrauen geben würde, sodass er wenigstens relativ unabhängig sein könnte. Es war ein extrem schwieriges Problem, das es anzugehen galt, weil es so viele Komplikationen und praktische Bedenken gab. Wenn wir die Katzenklappe abbauen würden, um die eindringenden Truppen davon abzuhalten, hereinzukommen und Billy Bob zu terrorisieren, würden wir ihn nur weiter in die Arme seiner Halterin treiben. Er wäre vollständig auf sie angewiesen, um das Haus zu verlassen und zu betreten. Das würde seine Unsicherheit zehnfach verstärken und ihn sogar noch unfähiger machen, eine voll entwickelte Katze zu sein. Wenn wir die Katzenklappe allerdings nicht schließen würden, würden seine Gegner fortfahren, sich Einlass zu verschaffen, und er würde zweifellos weiterhin auf Jackies Bettbezug pinkeln.

Die zusätzliche Komplikation, die ich bis jetzt noch gar nicht erwähnt habe, war Billy Bobs vollständige Abneigung gegenüber allen Dingen, die Katzentoiletten ähnelten. Das machte es unmöglich für uns, ihn für einige Zeit drinnen einzusperren, ohne einen Anschlag auf das Kissen zu riskieren. Wir probierten es mit jeder Art von Toilette und Streu, die man sich nur vorstellen kann – sogar mit weichen Inkontinenzeinlagen –, aber er ließ sich durch nichts täuschen und hielt den Urin lieber zurück, bis die Blase fast platzte, als irgendwo anders als auf das Bett seiner Halterin zu pinkeln.

Wie immer rettete Querdenken in diesem besonderen Fall den Tag. Jackie und ich waren beide am Ende unserer Weisheit, und es wurde einige Male erwogen, ihm ein anderes Zuhause zu suchen. Ein Teil von mir spürte, dass dies eine Option war, die es wert war, darüber nachzudenken, aber ich wusste, dass Jackie tief in ihrem Innern alles tun würde, damit wieder alles so wurde, wie es war, als Joey noch lebte. Ich stellte einen Plan auf. Billy Bob ging in diesen Tagen nicht oft irgendwohin. Er patrouillierte widerstrebend draußen etwas herum, aber vermied jegliche Versuchung, sich jenseits des relativ überschaubaren eigenen Hinterhofs zu bewegen. Der Zaun ringsum war hoch, und das gesamte Gebiet hatte den Anschein eines „sicheren Gartens“. Wir stimmten deshalb überein, dass alle Löcher im Zaun repariert werden würden und eine Reihe umgedrehter Pfeiler und Maschendraht auf der Spitze des Zauns befestigt würde, um das Gebiet sicher vor zukünftigen Angriffen zu machen.

Dieser Vorgang wurde von Billy Bob mit großem Interesse beobachtet, und es war bald Zeit für ihn, seinen befestigten Bereich zu erkunden. Ich bat Jackie, die Terrasse zu reinigen, die Pflanzen gründlich zu wässern und den Boden umzugraben, um für Billy Bob eine „unbeschriebene Leinwand“ von Gerüchen zu schaffen, die er erforschen konnte. Jackie war erfreut, innerhalb des ersten Tages berichten zu können, dass sie beobachtet hatte, wie Billy Bob unter dem Feuerdorn uriniert hatte. Was für ein Ergebnis!

Poppy und die Mädels – der Fluch der Katzenklappe

Jeder, der mein letztes Buch gelesen hat, weiß, dass ich kein großer Fan von Katzenklappen bin. Ich verstehe allerdings, dass sie ein notwendiges Übel sind, da viele Katzen der Möglichkeit beraubt würden, nach draußen zu gehen, wenn sie keine Katzenklappe hätten. Nichtsdestotrotz kann ich nicht widerstehen, ein warnendes Beispiel anzubieten, einfach für den Fall, dass Ihre Katzenklappe mehr zu einem Fluch als zu einem Segen wird.

Rachel und ihr Freund lebten mit vier weiblichen Hauskatzen, Poppy, Smudge, Angel und einer ziemlich kleinen Katze namens Belle zusammen. Die ersten drei waren ungefähr im selben Alter, zehn oder elf Jahre, und Belle war das Baby im zarten Alter von drei. Sie lebten in einer freundlichen Sackgasse mit Doppelhäusern in Surrey und sie hatten bis vor einigen Monaten keinerlei Kummer mit ihrer Katzenfamilie gehabt, als Rachel mich anrief. Alle vier Katzen schienen gut miteinander auszukommen; sie kamen und gingen und hatten ihre vollständige Freiheit. Also warum hatte Belle plötzlich begonnen, Urin im Haus zu verspritzen, und Smudge, auf den Teppich zu pinkeln? Das war ein schrecklicher Schock für Rachel und sie versuchte verzweifelt zu verstehen, was geschehen war. Sie meinte, dass es entweder an ihr lag oder ihre Katzen unerklärlicherweise entschieden hatten, unsauber zu werden.

Ich besuchte Rachel, um sie wegen des ganzen „schmutzigen Protests“ zu beruhigen und den jüngsten dramatischen Verhaltensänderungen auf den Grund zu gehen. Poppy, Smudge, Angel und Belle hatten wirklich die vollständige Freiheit, durch eine Katzenklappe zu kommen und zu gehen, die sich in der Wand des geräumigen Wohn-Esszimmers, das zum hinteren Garten führte, befand. Als ich mich mit Rachel unterhielt, war ich umgeben von einer „Katzenbande“, die sich strategisch an verschiedenen Positionen im Raum aufgebaut hatte. Belle war in Lauerstellung vor der Katzenklappe, Poppy war auf dem Tisch im Essbereich, Smudge auf der Lehne eines Sessels und Angel auf dem Fenstersims. Sie versuchten, entspannt und lässig auszusehen, aber ich hatte das Empfinden, dass sie wie aufgerollte Spiralfedern waren, die darauf warteten, beim ersten Anzeichen von Ärger zu handeln. Die Tatsache, dass sie alle ihren Blick auf die Katzenklappe gerichtet hatten, blieb ebenfalls nicht unbemerkt.

Wie ich vermutete, kam seit Kurzem eine neue Nachbarskatze durch die Klappe und stahl ihr Futter. Rachel, wie so viele Halter, meinte, dass dies keine große Sache war, da alle vier Katzen irgendwann Zeugen bei den Überfällen gewesen waren und nur eine, die zierliche Belle, eine Kampfansage gemacht hatte. Rachel war mehr beunruhigt über das Verhalten zwischen den „vier Mädels“, wie sie sie nannte. Eine Spannung war zwischen ihnen aufgekommen, und sie war sicher, dass die unschuldig aussehende Belle hinter allem steckte. Sie hatte sich angewöhnt, vor der Katzenklappe Platz zu nehmen und diese zu bewachen. Als Belles ahnungsloses Opfer in die vermeintliche Sicherheit des Hauses eindrang, wurde es heftig von einer kleinen, aber kraftvollen Pfote geschlagen. Der Empfänger dieses Schlags schrie dann und ging rückwärts wieder heraus oder suchte Zuflucht in einem Kleiderschrank, um über die ganzen Unannehmlichkeiten zu grübeln. Poppy, Smudge und Angel rächten sich laut Rachel allerdings etwas für diese Darstellung von Rowdytum.

Alle vier Katzen hatten vorher nachts auf dem Bett ihrer Menschen geschlafen – ich wundere mich oftmals, ob der zunehmende Verkauf von Betten in Übergröße irgendetwas mit dieser Art von Schlafarrangement zu tun hat –, aber seit Kurzem hatten die älteren drei einen Gefährten, der mit Abwesenheit glänzte. Belle hatte begonnen, allein im Wohnzimmer zu schlafen. War dies eine

Abwehrmaßnahme oder etwas, das Belle freiwillig von selbst beschlossen hatte? Es hatte auch einige Balgereien zwischen den vier Katzen gegeben. Angel hatte sich angewöhnt, in eine ruhige Ecke zu verschwinden, die arme Smudge hatte begonnen, mit ihrem Hinterteil abzustimmen und in die Ecke des Schlafzimmers zu urinieren, und Belle wurde dabei gesehen, wie sie einige Male an verschiedenen Stellen im Wohnzimmer Urin versprühte sowie in der Küche. Poppy schien sich auch ziemlich unbehaglich zu fühlen, und etwas stimmte eindeutig nicht.

Während ich klar die Feindseligkeit erkennen konnte, war ich nicht überzeugt, dass die sich verschlechternde Beziehung zwischen den Mädels der ursprüngliche Grund für das Problem war. Mein Finger des Verdachts zeigte mit Bestimmtheit auf die eindringende Katze von Nummer 6. Wie konnte ein schwerer Einbruch dreimal pro Woche letztendlich *kein* Streitpunkt sein? Während der Beratung erfuhr ich etwas, wonach alle Katzenhalter Ausschau halten sollten, besonders die, die noch nicht die möglichen Folgen einer Katzenklappe erwogen haben. Smudge und Angel besetzten immer noch die sonnigen Stellen im Wohnzimmer, aber Belle war in die Küche gewandert und Poppy war zu dem warmen Vlies an der Heizung im Schlafzimmer zurückgekehrt. Plötzlich klapperte die Katzenklappe durch einen Windstoß und Smudge und Angel sprangen hoch in die Luft. Sie landeten simultan und duckten sich, bereit für den folgenden Überfall. Nichts passierte, aber sie blieben wachsam. Ich versuchte Rachel zu erklären, dass die Katzenklappe nicht länger der praktische „ganztägig geöffnete" Zutritt zur großen weiten Welt war; für ihre Katzengefährten war es nun das Tor zur Unterwelt.

Belle markierte aufgrund einer veränderten Wahrnehmung der Grenzen ihres sicheren Hafens mit Urin. Das Erdgeschoss war Niemandsland geworden, wo Besitzrechte ständig herausgefordert wurden. Es stellte nichts anderes mehr dar als der Garten oder die umliegenden Grundstücke und war es darum wert, dort so viel markiert zu werden wie draußen an Büschen und Zäunen. Belle fühlte sich verpflichtet, so oft wie möglich die Klappe zu bewachen – jemand musste es schließlich tun –, und ihr ständiger

Wunsch, rein- und rauszugehen, hatte mit Patrouillieren und Kontrollieren zu tun und nichts mit einem angenehmen Verdauungsspaziergang. Smudge war wegen der ständig präsenten Bedrohung durch die Bestie von Nummer 6 einfach zu verängstigt, um draußen zu pinkeln, sodass sie den Urin so lange wie möglich zurückhielt und dann den langflorigen Flauschteppich überschwemmte, wenn sie nicht länger einhalten konnte. Die Anspannung war groß, und alle vier Katzen begannen, ihren Unmut mit verzweifelten Handlungen umgeleiteter Aggression aneinander auszulassen.

Die Lösung für diese Art von Problem ist, die Grenzen des Hauses als eine Sicherheitszone neu zu definieren. Katzenklappen signalisieren keine Sicherheit für Katzen – es ist ein bisschen so wie die Haustüre offen zu lassen, wenn man in Urlaub fährt –, sodass sie selten Teil eines Therapieprogramms bilden, um wieder ein Gefühl von Sicherheit herzustellen. Leider ist die Bereitstellung einer Katzenklappe mit exklusivem Zugang durch einen Magnetschlüssel am Halsband selten ausreichend, wenn in ein Haus erst einmal eingedrungen wurde. Sie kann zwar alles, außer einen entschlossenen Eindringling davon abhalten, sich Einlass zu verschaffen, aber das Konzept ist für eine durchschnittliche Katze ein bisschen kompliziert zu begreifen. Jedes Eindringen ändert alles, und keinerlei Magnetismus wird da irgendeinen Unterschied machen.

Wir mussten drastischere Maßnahmen ergreifen, um einen harmonischen Zustand wiederherzustellen, und das erzeugte wiederum andere mögliche Probleme. Wenn wir die Katzenklappe vollständig versperrten, sodass sie nicht mehr zu sehen war, ließ das die dort wohnenden Katzen an der ein oder anderen Stelle zu irgendeinem Zeitpunkt zurück: entweder draußen oder drinnen. Wenige Halter wären glücklich darüber, ihre Katzen plötzlich den ganzen Tag oder die Nacht über draußen zu lassen, und wahrscheinlich zu Recht in dieser geschäftigen Welt. Eingang und Ausgang wären nur mit der Hilfe von entweder Rachel oder ihrem Freund zu erreichen, und die waren nicht immer zu Hause und damit nicht für ihre Katzen verfügbar. Das andere mögliche Risiko ist, dass der Feind sogar mit im Haus ist, wenn die Klappe geschlossen wird, und Kämpfe beginnen, während das Stresslevel seinen Höhepunkt erreicht. Ich besprach die Möglichkeiten ziemlich ausführlich mit Rachel, aber sie war sehr besorgt, dass die Katzen hauptsächlich im Haus eingesperrt wären, abgesehen von den Zeiten, wenn sie da war. Wir einigten uns schließlich auf einen Kompromiss und stellten die formelmäßige Anzahl von Katzentoiletten im Haus auf, um Smudge zufriedenzustellen und sicherzugehen, dass der Teppich nicht länger als die einzig angemessene Toilette angesehen wurde. Rachel war damit einverstanden, die Katzenklappe nachts zu schließen und die Katzen drinnen zu halten, um ihre Reaktion auf dieses neue System beurteilen zu können.

Sie berichtete am Ende der Woche, dass die erste Nacht sehr aufregend war. Alle sechs kauerten zusammengedrängt und lauschten auf das Geklopfe an der Katzenklappe, als die Katze von Nummer 6 versuchte, mit aller Kraft einzubrechen. Belle wagte sich nicht einmal hinunter, so heftig war die Wildheit ihrer Bemühungen. Überall im Wohnzimmer und in der Küche waren Urinspritzer, als Rachel am folgenden Abend von der Arbeit kam. Es lief nicht gut, aber wenigstens hielten Smudge und die anderen nun die neuen Katzentoiletten für eine großartige Idee. Rachel wurde an diesem Abend auch von fast allem begrüßt, was die vier Katzen im Urin- und Fäkalienbereich produzieren konnten, ordentlich in den neuen Toiletten angehäuft. Die Toiletten waren eindeutig ein Erfolg bei den Katzen, aber es stellte leider nur eine weitere lästige Pflicht für Rachel dar. Nach der ersten Woche war sie erschöpft und einverstanden, dass wir die ganze Katzenklappenthematik neu verhandeln müssten. Sie und ihr Freund begannen, ihre Terminpläne abzustimmen und nach sorgfältiger Berücksichtigung von Schichtplänen und Gleitzeit, wurde beschlossen, dass sie ihr Arbeitsleben so anpassen könnten, dass das Haus nur für ein paar Stunden während des Tages leer war. Dies war ein Durchbruch, und es wurden Schritte unternommen, um die Katzenklappe an der Vorder- und Rückseite der Öffnung mit Brettern zuzunageln. Bald wirkte die Wand wieder massiv.

Für die nächsten Wochen waren Rachel und ihr Freund ständig in Bewegung, um alle Katzen bei Bedarf hinein- oder hinauszulassen. Nichtsdestotrotz gab es zunehmend Reibereien zwischen den Katzen und einen auffälligen Anstieg aktiver Kämpfe. Ich war beunruhigt, dass meine schlimmste Befürchtung sich erfüllt hatte und der Feind tatsächlich mit im Haus war. Glücklicherweise wurde von Rachel pflichtbewusst berichtet, dass es ein vorübergehender Rückschlag war und sich die Katzen bald wieder auf das neue System einstellten. Die Katze von Nummer 6 muss verwirrt gewesen sein, mit einer leeren Wand konfrontiert zu werden, wo es einmal die Klappe und eine kostenlose Mahlzeit gab, aber wahrscheinlich verstand sie die Botschaft und wurde nur noch sporadisch gesichtet. Die allerbeste Nachricht war, dass Belle aufhörte, Urin auf den Abfalleimer und das CD-Regal zu spritzen. Der Toaster, das Sofa und die Vorhänge blieben unberührt, und das Haus hörte auf, nach Urin und Angst zu riechen.

Einige Monate später experimentierte Rachel und tat den gefährlichen Schritt, die Katzenklappe wiederherzustellen, zumindest tagsüber, sodass sie zu ihrer vorherigen Arbeitszeit zurückkehren konnte. Sie hatte das mit ihrem Freund besprochen und sie meinten, dass die Katze von Nummer 6 lange genug abwesend war, um es zu versuchen. Sechs Monate später rief sie mich an, um zu berichten, dass alles wieder normal sei. Die Mädels gingen entspannt miteinander um, waren aber froh, aufgrund der nachts verschlossenen Katzenklappe im Haus zu bleiben. Die Katzentoiletten wurden, nachdem sich die anfängliche Neuartigkeit abgenutzt hatte, nur von Smudge und Angel benutzt, sodass Rachel zwei von ihnen entfernt hatte, um die zusätzliche Arbeit und den finanziellen Aufwand zu verringern. Belle hat seit siebeneinhalb Monaten nicht mehr markiert, und – auf Holz klopfen – Rachel meinte, dass wir es geschafft hatten. Ich stimmte zu, wenigstens bis zum nächsten Mal …

Tinker – oder Dschingis Khan für seine Freunde

Wenn Sie „Die Katzenflüsterin" gelesen haben, werden sie sich vielleicht an den Fall von Hercules erinnern, den despotischen Burmakater. Selten sind Fälle frustrierender als die, in die dritte Parteien und ihre Haustiere verwickelt sind. Ich kann kein Kapitel über die Beziehung der Katze zu ihrem Territorium mit allem, was dazugehört, abschließen, ohne noch einmal auf dieses unselige Phänomen hinzuweisen. Alle Katzen sollten territorial sein, denn es ist eine wichtige Überlebensstrategie für ein einzelgängerisches Raubtier. Aber viele domestizierte Katzen reagieren maßvoll, wenn sie dieses natürliche Verhalten üben. Sie mögen sich in ihrem Garten balgen, falls Sooty kommt und Böses im Schilde führt, aber sie sind nicht auf Ärger aus. Leider führen manche Katzen das Konzept des „natürlichen Verhaltens" auf eine andere Ebene.

Tinker war ein wunderschöner zweijähriger schneeleopard-getupfter Bengalkater. Er war ein Meisterstück kreativer Perfektion, sehr muskulös, mit seidigem Fell, und ich konnte auf jeden Fall seine Anziehungskraft verstehen. Seine Halter Anita und Simon waren von seinem Charme und seinem guten Aussehen verzaubert, und er schien das perfekte Haustier zu sein. Natürlich wusste ich, dass er es nicht war, da die einfache Tatsache, dass ich dort war, ein schlechtes Zeichen war. Tinker und seine Halter lebten in einem Wohngebiet in Berkshire. Sie hatten ein großes Haus mit Garten, umgeben von anderen großen Grundstücken, und das hintere Ende des Gartens grenzte an eine ruhige Sackgasse mit Bungalows. Es war eine offensichtliche Oase für Katzen und, für die ersten zwei Jahre seines Lebens, schien Tinker die Freuden des Freigangs und die Annehmlichkeiten des Hauses gleichermaßen zu genießen. Er war ein perfekter, liebevoller Hausgenosse, der meiner Ansicht nach zu einer extremen Beeinflussung von Anita neigte, die absolut Wachs in seinen Pfoten war, aber nichts von alledem würde ein Problem darstellen, das behandelt werden müsste. Viele Katzenfreunde hätten seinen liebevollen, sanftmütigen und etwas unartigen Charakter reizvoll gefunden. Dann ereilte

Anita und Simon leider eines Tages der Schock ihres Lebens. Sie entdeckten, dass ihr wunderschöner, anschmiegsamer Bengalkater Tinker seit einiger Zeit ein Doppelleben führte. Simon bekam einen Anruf von einem älteren Herrn namens John. Der lebte in einem der Bungalows in der Sackgasse hinter dem Haus und hatte ziemliche Detektivarbeit betrieben, um ihre Identität, Adresse und Telefonnummer herauszufinden. Er hatte nach den Haltern von „Dschingis Khan“ gesucht.

Offensichtlich – und das war überraschend für Simon – hatte Tinker vor Ort einen entsprechenden Ruf; daher das Pseudonym. John und einige seiner Nachbarn wussten seit einiger Zeit von seiner Gegenwart. Er war schließlich ein ansehnliches und unverwechselbares Tier, aber sein Aussehen war kein Ausgleich für seine kürzlichen abscheulichen Gewalttaten. Simon hörte zu, als John Geschichten von Schikanen, Einbrüchen und brutalen Attacken erzählte, aber er war nicht auf die nächsten Enthüllungen vorbereitet. Johns Katze Fluffy bezog regelmäßig Prügel von „Dschingis“. Als wenn das noch nicht schlimm genug wäre, hatten die Angriffe alle in der vermeintlichen Sicherheit von Fluffys Zuhause stattgefunden. Tinker kam durch die Katzenklappe gestürzt und hielt Ausschau nach seinem Opfer, während er sich um seine eigenen Angelegenheiten auf dem Küchenstuhl kümmerte. John hatte nur den sich zurückziehenden Schwanz durch die Katzenklappe verschwinden sehen, als er zur Rettung seiner Katze herbeistürzte, aber letzte Nacht war es anders. John schaffte es, sich zwischen Tinker und die Katzenklappe zu stellen und er griff nach ihm, um ihn von der hilflosen Fluffy wegzustoßen. Tinker drehte sich um und stürzte sich mit Zähnen und Krallen auf John, und der arme Mann endete in der Notaufnahme. Alles, was Simon als Antwort darauf geben wollte, war: „Sie sind offensichtlich im Irrtum; das kann nicht unser Tinkielein sein!“, aber irgendwie, tief in seinem Innern, wusste er, dass John ihm die Wahrheit erzählte. Tinker hatte offensichtlich mit Chemikalien und Zaubertränken herumgespielt und brachte eine Verwandlung ähnlich wie Jekyll und Hyde zustande. Es konnte keine andere Erklärung dafür geben.

Simon, ihm gebührt alle Anerkennung, stellte sich dieser ernst zu nehmenden Information sofort. Innerhalb von achtundvierzig Stunden saß ich in seiner Küche, zusammen mit beiden Haltern und einem mit großen Augen schnurrenden Tinkielein. Dieser hatte seit dem Anruf von John Ausgangssperre, um die Entschlossenheit des Paares zu zeigen, diesen Albtraum zu beenden. Sie hofften, glaube ich, ich könnte ihren Verdacht von Tinkers langen Stunden im Labor – bildlich gesprochen – bestätigen und ein Gegenmittel produzieren, das ihn wieder normal machen würde. Ich musste tief Luft holen und erklären, dass dies nichts war, was behoben werden konnte; das war die Natur der Bestie. Vor einigen Jahren beinhalteten Geschichten dieser Art fast immer eine stattliche Burma. Nun, nachdem die Popularität von Bengalen ein unglaubliches Maß erreicht hat, empfinde ich es so, dass sie die neuen Burmas sind – nur mit Punkten oder Streifen. Die Situation muss allerdings aus dem richtigen Blickwinkel gesehen werden; es gibt eine Menge von Burmas und Bengalen da draußen, und die meisten von ihnen sind perfekte Haustiere. Allerdings, wenn sie auf Abwege geraten ...

Anita und Simon hatten genau das gleiche Dilemma wie Ted und Angela mit Hercules. John war vollkommen kooperativ, beharrte aber auf seiner Unfähigkeit, seine Katze einzusperren. Meine Ratschläge, die ich Simon vor meinem Besuch gab, von Absprachen für zeitliche Arrangements sowie die Katzenklappe nachts zu verschließen, waren nicht mit von der Partie, als er das Thema mit John anschnitt. Wir erkundeten Katzenschutzmöglichkeiten im Garten; wir gingen sogar auf das fragwürdige Thema funkgesteuerter Zaunsysteme ein, die Tinker schwache ständige elektrische Schocks verabreichen würden, wenn er sich Fluffys Katzenklappe näherte, aber wir waren ziemlich verzweifelt zu diesem Zeitpunkt. Tinker konnte nicht eingesperrt werden, sodass Anita und Simon begannen, John anzurufen, wenn Tinker draußen war, um ihn auf eine Attacke vorzubereiten. John rief zurück, sobald Tinker seinen Garten betrat, und Anita oder Simon eilten herbei und holten ihren Kater ab, bevor zu viel Schaden angerichtet wurde. Das funktionierte gewissermaßen, aber das gesamte Leben stockte, um Tinkers gewalttätigen Charakterzug zu berücksichtigen, und die Belastung zeigte sich deutlich. So konnte es auf die Dauer nicht weitergehen. Ich erinnere mich an einige tränenreiche Anrufe von Anita am folgenden Wochenende. Tinker hatte gerade begonnen, im Haus mit Urin zu markieren – und angeblich in einigen anderen Nachbarshäusern –, und das brachte Anita wirklich dazu, zu glauben, dass sie einen Kater unter Bedingungen hielt, die diesen wirklich tief unglücklich machten. War sie egoistisch gewesen?

Das größte Dilemma beim Umgang mit diesen Katzen ist ein Zweifaches: die Halter davon zu überzeugen, dass ein neues Zuhause zu suchen, eine mögliche Alternative ist, und ein Zuhause auf einer ziemlich kleinen Insel zu finden, das eine Katze mit solch großzügigen Vorstellungen von einem Territorium beherbergen würde. Anita und Simon waren absolut großartig, und die selbstlose und schmerzvolle Entscheidung, die sie an diesem Wochenende trafen, rührt mich immer noch. Anders als Hercules' Halter hatten sie keine günstig wohnende Tante in der Mitte der Äußeren Hebriden oder den Freund eines Freundes im Yorkshire Moor. Ihre Freunde und die Familie waren nicht besser untergebracht, um Tinker ein Zuhause zu geben, als Simon und Anita selbst. Die Telefonate und E-Mails von ihnen waren herzzerreißend „Können wir ihn nicht einfach unter Medikamente setzen? Müssen wir ihn abgeben?“ Als sie letztlich beschlossen, ihn zu einer ländlichen Katzenrettungsstation zu bringen – mit vorherigem Einverständnis aufgrund der speziellen Umstände –, fuhren sie zweimal zurück zu dem einzigen Zweck, ihn wieder wegbringen zu können. Ich kann mir nur vorstellen, wie herzzerreißend das gewesen sein muss und werde ihren Mut immer bewundern.

So fand sich Tinker in einer Tiervermittlungsstelle wieder mit einer auffallend aushängenden Mitteilung an seinem Käfig, auf der stand:

Tinker ist ein sehr territorialer Kater, so wie es naturgemäß ist für Katzen. Dies ist eine angeborene Charaktereigenschaft, und bei etlichen Katzen in nächster Nähe in seinem Territorium, wird er aggressive Eigeninitiative zeigen. Er wird nicht tolerant mit einer anderen Katze zusammenleben, sodass er ein Zuhause als Einzelkatze braucht. Es wäre ratsam, wenn das Haus keine (!) Katzenklappe hätte.

Ungeachtet seines aristokratischen guten Aussehens hat er die Bedürfnisse einer jagenden, tötenden, fischenden Wildkatze, und eine weite Freifläche wäre ideal, mit vielen Gelegenheiten nach Beute zu suchen, zu erforschen und zu jagen. Ein Kleinbauernhof oder ein ländliches Umfeld wäre perfekt. Er wird fortfahren zu kämpfen, wenn andere Katzen in seinem Lebensraum vorhanden sind, aber das ist die Natur der Bestie. Er wird aber paradoxerweise auch ein wundervolles anhängliches Kätzchen für seinen neuen Halter sein. Tinker ist der echte „Tiger in Ihrem Wohnzimmer“.

Das Gesetz und Ihre Katze

Während der letzten paar Jahre habe ich durch die Art von bei mir eingehenden Anrufen einen beunruhigenden Trend entstehen sehen. Es gab einen alarmierenden Anstieg in den Fällen, die Streitereien zwischen Nachbarn mit sich bringen, die sich durch Streitereien zwischen ihren Katzen ergeben. Tinkers Fall ist ein typisches Beispiel für die despotische Katze, die verheerenden Schaden verursacht. Andere Fälle beinhalten Verletzungen von Nachbarn, Schäden an Eigentum und verlangten Rückerstattungen für Tierarztrechnungen. Ich sträube mich innerlich, in diese Fälle einbezogen zu werden, sodass ich hoffe, die nächsten Abschnitte werden hilfreich sein für all die armen Seelen, die sich selbst in dieser misslichen Lage wiederfinden.

Vor ein paar Jahren gab es einen ziemlich aufwühlenden Artikel in der London Evening Standard-Zeitung über einen fünfjährigen Bengalkater. Dieser aufsehenerregende Artikel beschuldigte ihn, mit jeder Katze in seiner Nachbarschaft zu kämpfen, eine getötet und zwei andere so schwer traumatisiert zurückgelassen zu haben, dass sie eingeschläfert werden mussten. Der Rest der Geschichte bestand aus bekannten Themen, die ich viele Male zuvor erlebt hatte. Die Halter leugneten komplett; sie bestanden darauf, dass ihr geliebtes Haustier nicht bösartig war, aber sie stimmten zu, draußen ein Gehege für ihn zu errichten und ihn tagsüber einzusperren. Die Nachbarn hatten eine Aktionsgruppe gebildet, und die Polizei war hinzugezogen worden. Die Halter der verletzten Parteien bestanden auf die Rückerstattung ihrer Tierarztrechnungen, und die Sprache war gefühlsgeladen und streitlustig. Der Kampfschrei des Bengalen wurde als „markerschütternd" beschrieben und sein Gang als „der eines Leoparden, der auf Beute aus ist". Es gab sogar einen Verweis darauf, der Bengalen eher als wilde Katzen denn als domestizierte Haustiere einordnete. Todesdrohungen wurden von verzweifelten Nachbarn ausgestoßen; einer hatte angeblich gesagt, dass er den Bengalen ein für alle Mal mithilfe eines schweren Gartengeräts erledigen würde.

Ich war selbst von dieser Geschichte schwer traumatisiert, obwohl ich bis jetzt nie in einen Fall von territorialer Aggression involviert war, in dem eine Katze getötet wurde oder aufgrund ihrer Verletzungen eingeschläfert werden musste. Soweit ich von dem Artikel her sagen kann, wurde keine der Attacken bewiesen und die erlittenen Verletzungen könnten sich aus anderen Ursachen ergeben haben. Eine beunruhigende Tatsache ist allerdings, dass jede Katze, vor allem eine große muskulöse wie eine Bengal, absolut fähig ist, eine andere Katze zu töten. Der Grund, warum das nicht öfter passiert, ist das Ergebnis von Generationen von Domestizierung und einer Verdünnung des Territorialinstinktes, der es Katzen ermöglicht, zusammenzuleben, ohne sich gegenseitig zu zerreißen. Die meisten Katzen werden ihr Territorium verteidigen, entweder passiv durch Drohungen und Einschüchterung oder aktiv durch Gewalt. Ich muss einräumen, dass Bengalen und Burmas in Fällen extremer territorialer Aggression überrepräsentiert sind, aber ist das vielleicht nur eine Eigenschaft, die ihnen zufällig angezüchtet wurde?

Ich bin seit einiger Zeit besorgt, dass solche Fälle sehr bald vor Gericht gehen werden. Es wurde immer verstanden, dass Katzen im Gesetz als „Freigeister" klassifiziert wurden, jenseits der Kontrolle ihrer Halter, da sie von Natur aus umherstreunen. Allerdings können wir nicht die Tatsache verleugnen, dass sie Schaden verursachen und kämpfen, was in hohen Tierarztrechnungen resultiert.

Trotz des Schutzes durch den Ausdruck „Freigeist“ scheint es einen wachsenden Druck zu geben, die Schuldfähigkeit von Katzen zu prüfen. Bald wird eines Tages ein frustrierter Katzenhalter vom Halter einer kämpferischen Katze Schadenersatz fordern. Ich bin nicht sicher, ob ich gerne eine Sachverständige wäre, aber ich muss es dafür in der Öffentlichkeit sein.

Ich bin kein Jurist, aber ich frage mich, wie maßgeblich der Animals Act 1971 *(Haftungsrecht für Tiere, Anmerkung der Übersetzerin)* bei einer Diskussion über die Haftbarkeit für Schäden oder Verletzungen wäre, die von einer Hauskatze verursacht wurden, wenn der Gesichtspunkt „Freigeist“ als Entschuldigung außer Kraft treten würde?

Der Animals Act 1971

Auszüge aus Abschnitt 2

Wo ein Schaden von einem Tier verursacht wird, das zu keiner gefährlichen Spezies gehört, ist ein Halter des Tieres für den Schaden haftbar, außer anderweitig vorgesehen in diesem Gesetz, wenn:

- der Schaden von einer Art ist, den das Tier, falls es nicht zurückgehalten wird, wahrscheinlich verursacht oder, falls er vom Tier verursacht wird, wahrscheinlich schwerwiegend ist; und
- die Wahrscheinlichkeit des Schadens oder dass er schwerwiegend war, sich wegen der Charaktereigenschaften des Tieres ergab, welche normalerweise nicht bei Tieren derselben Spezies vorgefunden werden oder normalerweise nicht so vorgefunden werden, außer zu bestimmten Zeiten oder unter bestimmten Umständen; und
- diese Charaktereigenschaften dem Halter bekannt waren oder zu irgendeiner Zeit einer Person, die zu dieser Zeit das Tier in ihrer Obhut hatte, die ein Mitglied des Haushaltes und unter sechzehn Jahren ist.

Auszüge aus Abschnitt 5

Eine Person ist unter Abschnitt 2 bis 4 dieses Gesetzes nicht haftbar für jeglichen Schaden, der ganz und gar auf die Schuld der Person zurückzuführen ist, die geschädigt wurde.

Eine Person ist unter Abschnitt 2 dieses Gesetzes nicht haftbar für jeglichen Schaden von einer geschädigten Person, die freiwillig das Risiko hiervon akzeptiert hat.

Eine Person ist unter Abschnitt 2 dieses Gesetzes nicht haftbar für jeglichen Schaden an einer Person, die unerlaubt ein Grundstück oder Gebäude betritt, der von einem Tier verursacht wurde, das dort gehalten wurde, falls entweder erwiesen ist: dass das Tier dort nicht gehalten wurde zum Schutz einer Person oder eines Eigentums; oder (falls das Tier dort gehalten wurde für den Schutz einer Person oder eines Eigentums), dass die Haltung zu diesem Zweck dort nicht unangemessen war.

Ich habe den Animals Act mehrere Male gelesen und er wirft einige wichtige Fragen für Katzenhalter auf. Kann ein Katzenhalter für das Verhalten seines Haustiers verantwortlich gemacht werden? Die Fragen, die ich bezüglich Abschnitt 2 habe, beziehen sich auf die Interpretation von „normalem“ Verhalten für diese Spezies sowie vorheriger Kenntnis von „Charaktereigenschaften“. Es wird immer eine Debatte darüber geben, was normal oder anormal ist. Man könnte behaupten, dass es anormal für eine Katze ist, *nicht* mit einer anderen in ihrem Territorium zu kämpfen. In der Tat, eine Menge von dem, was die domestizierte Katze heutzutage alles anstellt, ist wohl nicht normal für die Spezies. Wenn Sie wüssten, dass Ihre Katze, wie der Bengale in dem Zeitungsartikel, besonders aggressiv ist und dass es fast unvermeidlich wäre, dass sie jeden Tag in einen Kampf geraten und Verletzungen verursachen würde, würde Sie das haftbar machen für den Schaden, den sie verursacht? Es gibt keine Notwendigkeit, sich als fahrlässig zu erweisen, um nach dem Gesetz haftbar zu sein. Allerdings, wenn ich Abschnitt 5 korrekt interpretiert habe, wären Sie nicht haftbar, falls der Schaden die Schuld der geschädigten Person ist, oder wenn sie freiwillig das Risiko akzeptiert hätte von dem, was ihr zugestoßen ist. Könnten Sie es als „Schuld" beschreiben, wenn ein Halter bei zwei kämpfenden Katzen dazwischengegangen ist und als Ergebnis verletzt wird? „Akzeptieren Sie freiwillig" das Risiko einer Verletzung oder einer Beschädigung Ihres Eigentums, wenn Sie eine Katzenklappe anbringen?

Ich bitte um Entschuldigung, dass ich dieses Kapitel mit Fragen anstatt mit Antworten beende. Soweit ich weiß, gibt es gegenwärtig keinen juristischen Präzedenzfall für Fälle dieser Art. Ich mag vollkommen unnötig beunruhigt sein, aber das Aufkommen von Anrufen, die ich zu diesem besonderen Thema erhalte, steigt täglich. Meine Meinung ist, dass wir alle akzeptieren sollten, dass Katzen einzelgängerische Raubtiere sind, Verteidiger ihres Territoriums und potenziell gefährliche Kreaturen. Das ist die Natur der Bestie. Wir haben als gute Bürger die moralische Pflicht, den Beschwerden von Nachbarn zuzuhören und vernünftige Maßnahmen zu ergreifen, wenn die angeblichen „Attacken" in ihrem eigenen Zuhause stattfinden. Allerdings haben wir auch eine Pflicht unseren eigenen Katzen gegenüber, jede Vorsichtsmaßnahme zu ergreifen, um zu gewährleisten, dass unser Zuhause vor dem Eindringen anderer Katzen angemessen geschützt ist. Darum glaube ich ehrlich, dass es die Verantwortung des Opfers ist, die Sicherheit des Grundstücks zu gewährleisten. Katzen werden kämpfen; es ist ein natürliches Verhalten, und manche Katzen sind natürlicher als andere.

KAPITEL 4
Katzen und andere Tiere

Fische, Hamster, Wüstenrennmäuse, Mäuse, Vögel und Ratten, um nur einige zu nennen, sind alltägliche Haustiere. Viele Familien haben auch Katzen, aber diese Kombination ist natürlich die Paarung eines Jägers und seiner Beute. Es gibt unzählige Anekdoten über ungewöhnliche Beziehungen, die zwischen solch unpassenden Spezies entstehen, aber Vorsicht ist das Schlüsselwort. Sie wollen nicht wirklich, dass Sooty mit dem Hamster Ihres Kindes in einem verrückten Moment davonläuft. Allerdings schließen viele Katzen Freundschaften, die gegen die Natur sind, wenn sie mit anderen Spezies aufgezogen werden. Sie werden alle Lebewesen um sie herum als Teil einer sozialen Gruppe ansehen und sich entsprechend verhalten.

Ich habe einen sehr guten Freund namens Pete, der sich von einem örtlichen Zoo überreden ließ, ein Erdmännchen aufzuziehen. Dieses besondere Wesen wurde von Hand aufgezogen, nachdem es von seiner Mutter abgelehnt wurde, und es hatte sich als unmöglich erwiesen, es wieder in die Gruppe einzugliedern. Ein Erdmännchen ist ein geselliges Wesen, und die Zoowärter meinten, dass die Menagerie meines Freundes – darunter acht Katzen, zwei Hunde, viele Frettchen und noch mehr Wüstenrennmäuse – eine ausreichende Gesellschaft für ein solches Herdentier sein würde. Um eine lange und spannende Geschichte abzukürzen, das junge Erdmännchen lebte sich außerordentlich gut ein. Ich habe mehrere Fotos von ihm mit jeder beliebigen der acht Katzen, wie er ihre Gesichter mit seinen Vorderpfoten in einem schraubstockartigen Griff hält und sie putzt, als gäbe es kein Morgen mehr. Er hat auch die Angewohnheit, auf ihren Rücken zu sitzen und ihr Fell nach Flöhen zu durchsuchen. Die Katzen akzeptierten beide Aktivitäten bereitwillig und mit einem Ausdruck großer Zufriedenheit. Diese Katzen waren daran gewöhnt, ihr Zuhause mit Hunden, Frettchen, Schildkröten, Möwen, Lämmern und anderen heimatlosen Geschöpfen zu teilen, die Petes Aufmerksamkeit brauchten. Sie begrüßten nur die Verhaltensweisen des Erdmännchens, die ihnen gefielen, und ließen den kleinen Kerl nicht im Zweifel über die, die es nicht taten. Ich höre niemals auf, überrascht zu sein, dass Katzen jede Situation zu ihrem Vorteil wenden können.

Wahrscheinlich ist der populärste Gefährte für unser Lieblingshaustier ein Hund. Da gibt es das, was ab und zu wie eine Hass-Liebe zu sein scheint, aber beide Partner können uns mit ihrer Loyalität überraschen, wenn alle Stricke reißen. Es können aus der Not geboren Bindungen zwischen Katze und Hund entstehen, die ihre Beziehung für immer verändert. Eine solche Geschichte gibt es von einer rundlichen grau-weißen Katze namens Dusty, die einem Freund von mir gehört. Dusty lebte seit zwölf Jahren bei Gill und ihrer Familie, als ein lebhafter Golden Labrador namens Holly sich dem Haushalt anschloss. Dusty war etwas entsetzt, aber wählte den Weg des geringsten Widerstands, um mit der neuen Situation fertigzuwerden. Sie streckte ihre kleine Nase in die Luft und tat einfach so, als ob der Hund nicht existierte. Nach einer Weile neugierigen Schnüffelns fand Holly, dass das runde graue pelzige Ding doch nicht so interessant war, und ihre parallelen Leben begannen.

Auf diesem Stand der Dinge blieb diese Beziehung, bis Dusty nach vier Jahren einen etwas schlechten Tag hatte. Sie sonnte sich oft auf dem Deckel der großen Regentonne beim Gartenschuppen. Sie entschied, dass ein paar Stunden Sonne zu tanken, genauso gut war wie jeder andere Plan an diesem Morgen, sodass sie aufsprang, um es sich auf der hölzernen Plattform bequem zu machen. Leider saß der Deckel gerade nicht richtig fest, und das ganze Ding kippte nach oben und beförderte sie in drei Fuß *(Längenmaß, 1 Fuß = ca. 30,48 cm, Anmerkung der Übersetzerin)* tiefes Wasser, bevor es zu seiner horizontalen Position zurückkehrte als wäre nichts geschehen. Niemand hatte ihren Sturz gesehen ... außer Holly. Gill bereitete in der Küche das Essen zu, als Holly hereinstürzte, heftig bellte und auf und ab sprang. Gill hatte überhaupt keine Ahnung, dass Dusty in Gefahr und wahrscheinlich zum dritten Mal untergegangen war – sie war nicht fürs Schwimmen gemacht –, sodass sie über Hollys beharrliches Verhalten leicht irritiert war. Sie sagte ihr mit Nachdruck, dass sie nicht mit ihr spielen könne und sie in den Garten zurückgehen solle. Gill hatte ihren Hund gut trainiert und war verwirrt, als Holly weiter „unartig“ war, in die Küche hinein- und wieder herausrannte, bellte und hinter sich schaute. Schließlich beschloss Gill, ihr zu folgen, um zu sehen, warum sie einen solchen Aufstand machte. Holly führte sie geradewegs zur Regentonne, und dann hörte Gill die schwachen Planschgeräusche der durchnässten Dusty. Die arme Katze wurde schnellstens aus dem Wasser geholt und eiligst in die Küche zum Trocknen, für zärtliche, liebevolle Pflege sowie zum Kuscheln gebracht. Holly hatte ihr Leben gerettet. Seitdem hat sich die Beziehung zwischen dem Labrador und der Mieze erheblich verändert. Sie können nicht durch die Diele gehen, ohne sich Nase an Nase zu begrüßen. Dusty rollt sich neben Holly in ihrem Bett zusammen, und jede starrt voller Verehrung in die Augen der anderen. Holly ist ziemlich mütterlich in ihrem Verhalten gegenüber der kleinen grau-weißen Katze geworden, und man kann sie oft dabei beobachten, wie sie Dusty aus einer diskreten Entfernung bewacht, während diese friedlich unter den Büschen im Garten schläft.

Ich hatte mehrere Male während meiner Laufbahn die Gelegenheit, die symbiotische Natur mancher Beziehungen zwischen verschiedenen Spezies zu bestaunen. Ein kleiner dreibeiniger roter Kater namens Stumpy kam gewöhnlich in die Praxis, als ich als Tierarzthelferin arbeitete. Er kam aus einem Haushalt mit einer sehr erlesenen Mischung an Bewohnern, von chinesischen Schopfhunden bis zu afrikanischen Graupapageien, Persern und Strumpfbandnattern. Als Individuum war er wahrscheinlich allen pelzigen und gefiederten Tieren gegenüber genauso ungezwungen wie jede beliebige der acht Katzen meines Freundes Pete. Wenn Stumpy die Praxis für seinen jährlichen Check-up besuchte, äußerten sich die Mitarbeiter häufig zum Zustand seiner Zähne. Ich erinnere mich, bei einer Gelegenheit gefragt zu haben, ob er Trockenfutter fraß, da es eine anerkannte Tatsache ist, dass diese Ernährungsart dazu tendiert, den Ausbruch von Zahnbelag und Zahnstein zu verzögern. Die Antwort der Halterin kam etwas unerwartet. „Stumpy frisst etwas Trockenfutter“, sagte sie, „aber ich glaube, dass es der Papagei ist, der überaus hilfreich ist.“ Anscheinend flog der Papagei, ein frei fliegendes Familienmitglied mit wenig Beachtung für seinen Käfig, Stumpy an, wenn dieser ruhte, und begann sanft, in seinem Gesicht herumzupicken. Stumpy rollte sich dann mit geöffneter Schnauze auf die Seite, und der Papagei verbrachte einige angenehme Momente damit, vorsichtig Futterpartikel von den Zähnen seines Katzenfreundes zu picken. Ist die Natur nicht genial?

Eine meiner eigenen persönlichen Favoriten, wahrscheinlich weil es solch einen Gegensatz darstellt, ist die Beziehung, die zwischen Katzen und Kaninchen bestehen kann. Trotz des offensichtlichen Potenzials von Jäger und Beute kann es eine bereichernde Freundschaft für beide Parteien sein. Vor einigen Jahren hielt ich gewöhnlich einige Kaninchen. Ich hatte sie alle dem örtlichen RSPCA *(Tierschutzvereinigung in England, Anmerkung der Übersetzerin)* abgenommen, unter dem Druck „ihnen ein gutes Zuhause zu geben“; Kaninchen sind in großer Zahl Opfer von Vernachlässigung und Grausamkeit, machen aber selten Schlagzeilen. Über die Jahre betreute ich Harvey und Pooka – sie waren Teil eines ungewollten Wurfes aus der Vereinigung zweier angeblicher „Weibchen“ laut des Heimtierverkäufers –, Mr. Murphy und Elwood – zurückgelassen in kleinen Kaninchenställen, nachdem ihre Halter umgezogen waren – und Barrie – ein flauschiges Angorakaninchen mit widerspenstigem Fell, das verfilzt und mit Maden bedeckt gefunden wurde. Leider starben Pooka und Elwood nach einigen Jahren, aber Harvey, Mr. Murphy und Barrie schafften den Wechsel von Kaninchen im Freien – in geräumigen Kaninchenställen und Auslauf – zu stundenweisen Hauskaninchen. Sie waren außergewöhnliche Wesen, und ich kann nicht beschreiben, was für eine Freude und ein Vergnügen sie Peter und mir bereiteten. Sie mittels einer Katzentoilette stubenrein zu bekommen, war ein Kinderspiel; sie dazu zu bringen, die Katzenklappe zu benutzen, war eine Kleinigkeit. „Warum halten nicht mehr Leute Hauskaninchen? Sie sind so leicht zu handhaben“, dachte ich – bis ich erkannte, dass sie einen großen Hausbrand planten, indem sie an jedem elektrischen Kabel in Sichtweite nagten. Wir behoben dieses ziemlich ernsthafte Problem, indem wir die ungeschützten Drähte mit Schutzhüllen versahen und davon absahen, die Kaninchen unbeaufsichtigt zu lassen.

In dieser Geschichte geht es darum, dass ich zu dieser Zeit mein Heim auch mit sieben Katzen teilte. Sie waren – und einige von ihnen sind es immer noch – große Jäger, und ein Teil ihrer Grundnahrung waren junge, saftige Kaninchen. Es erscheint vielleicht etwas töricht, Futter im Wohnzimmer anzubieten und zu erwarten, dass die Katzen der Versuchung widerstehen, an einem Ohr oder zwei zu knabbern, aber ich hatte bereits im Freien den Wandel von Futter zu einem Familienmitglied beobachtet, als sich die Katzen an das Herumtollen der Kaninchen sowie normale, alltägliche Aktivitäten gewöhnten. Alle meine Kaninchen waren gut gehändelt und sozialisiert, und ich erlaubte den Katzen, ihren umzäunten Garten zu betreten und sich an sie zu gewöhnen. Sie schienen ganz genau zu verstehen, dass diese Kaninchen zuerst einmal groß waren – keine ganz so leichte Beute. Sie gerieten nicht in Panik oder erstarrten, als sie die Katzen sahen, und sie rochen in gewissem Maße wie ich. Nach einer Weile sah ich sie überhaupt nicht mehr als Beute- und Raubtiere.

Mancher Abend wurde in häuslicher Harmonie verbracht; zwei Menschen, sieben Katzen und drei Kaninchen lebten alle zusammen, während einige fernsahen, einige spielten, zwei schliefen und einer Stöckchen neu ordnete – Harvey hatte es mit Zweigen und verbrachte Stunden damit, sie aufzuheben und in parallele Reihen zu sortieren. An einen Abend erinnere ich mich voller Zärtlichkeit. Meine Katze Bakewell, die leider nicht mehr unter uns ist, saß auf dem Sofa neben mir mit Barrie, dem Angorakaninchen. Barrie lag gegen die Polster gelehnt auf dem Rücken und streckte die Beine in die Luft. Dies hätte sehr leicht das Rezept für ein Unglück sein können – oder für Kaninchengulasch –, aber irgendwie wusste ich, als Bakewell sich über seinen ungeschützten Bauch beugte, dass alles gut gehen würde. Mit großer Entschlossenheit begann meine schöne schwarze Katze Barries unglaublich langes und ungepflegtes Fell zu putzen; die ganze Unordnung ärgerte sie eindeutig, und sie versuchte, möglichst Ordnung in das Chaos zu bringen. Barrie schien es nicht übel zu nehmen und fuhr fort, fernzusehen. Aber Bakewell sah bald ihr Fehlverhalten ein. Nach einigen Sekunden wandte sie sich mir zu, mit einem Ausdruck von Verlegenheit und einer Schnauze voll weißen Flaums; wenn sie doch gar nicht erst mit dieser guten Tat begonnen hätte. Dieses Unterfangen war viel zu viel für sie! Eine törichte Geschichte, ich weiß, aber eine, die hervorhebt, wie natürliche Feinde unter den richtigen Umständen Freunde werden können. Es ist allerdings eine Geschichte, mit der eine große Warnung verbunden ist. Die Situation funktionierte für mich und meine Katzen. Aber es ist absolut möglich, dass unter den entsprechenden Bedingungen in Bakewell etwas wie eine angeborene Reaktion ausgelöst worden wäre, und Barrie wäre nicht mehr. Wahrscheinlich rettete ihn seine Größe; ich würde es nicht mit kleinen Kaninchen versuchen. Ich würde auch bestimmt nicht empfehlen, dass eine Katze und ein Kaninchen ohne Beaufsichtigung zusammengelassen werden. Die Konsequenzen könnten zu schockierend sein, um sie in Worte zu fassen.

Allerdings erinnere ich mich an eine Gelegenheit in der Tierarztpraxis, als eine gewisse Dame mit den besten Absichten alle Regeln brach. Sie hatte auch ein Hauskaninchen und eine Einzelkatze, und sie führte die beiden vorsichtig und mit einer sicheren Distanz zusammen. Abgesehen davon, dass die Katze sich ein- oder zweimal unbeholfen auf das Kaninchen stürzte, ging alles gut, sodass sie der Meinung war, dass beide nun die besten Freunde wären. Die Zeit kam für beide, dass sie für ihre jährlichen Impfungen zum Tierarzt mussten, die Katze gegen Katzenschnupfen sowie Katzenseuche und das Kaninchen gegen die Kaninchenpest. Die Halterin war allerdings in einer Zwickmühle, da sie nur einen kleinen Weidenkorb hatte. Aber das Problem war bald gelöst, wie wir herausfanden, als sie das Wartezimmer der Praxis mit einem sehr verdutzten Kaninchen und einer Katze, zusammengepfercht im selben Transportkorb, betrat. Bis zum heutigen Tag weiß ich immer noch nicht, ob der Ausdruck in ihren Gesichtern Verlegenheit oder Entsetzen bedeutete. Ich könnte mir vorstellen, dass der Ausflug ohne Vorkommnisse war, weil beide Tiere über andere Dinge nachzudenken hatten. Bitte versuchen sie das nicht zu Hause, besorgen Sie sich einfach einen zweiten Korb.

Ich kann Ihnen wirklich nur meine eigenen Erfahrungen mit zwischenartlichen Beziehungen weitergeben. Einige funktionieren und andere nicht, aber es ist wichtig, sich zu merken, dass die Bedürfnisse unterschiedlicher Lebewesen nicht notwendigerweise kompatibel sind. Das offensichtliche Problem ist das Verletzungspotenzial, sollte Ihre Katze verwirrt werden und plötzlich ein Familienhaustier als Mahlzeit betrachten. Ich werde darum nur ein paar Tipps vermitteln, um sicherzustellen, dass das Zusammenleben für alle Parteien so sicher und angenehm wie möglich verläuft.

Fische und Reptilien

Jede Kreatur, die im Haus in einem Wasserbecken gehalten wird, könnte möglicherweise von Interesse für Ihre Katze sein, einfach für den Unterhaltungswert. Ich würde niemals jemandem ein Aquarium empfehlen, um seine Katze zu unterhalten, ungeachtet der Tatsache, dass viele dies faszinierend finden. Ein verantwortungsvoller Haustierhalter möchte, dass alle seine Schützlinge zufrieden sind, sowohl körperlich als auch seelisch, und Zufriedenheit wird vermutlich selten von einem Fisch oder Reptil erreicht, das ständig von einer sabbernden Katze angestarrt wird, die wiederholt gegen die Glasscheibe schlägt. Viele Katzen finden Schlangen und Echsen ziemlich langweilig, da ihre Bewegungen gewöhnlich träge und uninteressant sind, sodass es selten Einschüchterungsversuche gibt. Allerdings sind die Wasserbecken warm und die Anziehungskraft eines warmen Plätzchens sollte nicht unterschätzt werden. Das wesentlichste Risiko für jedes Reptil ist eine schlechte armselige Haltung und, obwohl ich nicht grundsätzlich behaupten kann, dass Katzen sie traumatisieren würden, möchte ich meine Katze von jeder möglichen Stress auslösenden Aufmerksamkeit dem Wasserbecken gegenüber abhalten.

Wichtige Regeln zum Schutz von Aquarium und Terrarium

- Bedecken Sie jeden Teich draußen mit einem Netz.
- Sorgen Sie dafür, dass die Beckenabdeckung sicher ist und Ihre Katze sie nicht bequem als einen warmen Ruheplatz nutzen kann.
- Positionieren Sie Wasserbecken und Terrarien an Stellen, wo Ihre Katze nicht direkt Kontakt mit den Glasscheiben aufnehmen kann.
- Terrarien sollten sich besser an einer Stelle befinden, die Ihre Katze nicht häufig aufsucht.
- Die Säuberung von Terrarien sollte in einer sicheren Umgebung *ohne* die Anwesenheit der Katze durchgeführt werden.
- Ermöglichen Sie Ihrer Katze keinen Zugriff auf irgendwelches Fisch- bzw. Reptilienfutter oder entsprechende Medizin.

Frettchen, Hamster, Mäuse, Ratten, Chinchillas

Diese Tiere sind möglicherweise von allen möglichen Haustieren am meisten gefährdet, da ihre Größe und Bewegung am besten die natürlichen Beutetiere der Katze nachahmt. Viele von ihnen *sind* die natürlichen Beutetiere Ihrer Katze! Es ist einfach zu viel verlangt, ihre Katze zu bitten, die Tatsache zu respektieren, dass diese spezielle Maus zur Familie gehört. Ich möchte noch einmal eindringlich empfehlen, dass jedes Nagetier aus den richtigen Gründen angeschafft wird und nicht nur zur Unterhaltung für die Katze. Viele Tiere dieser Art werden unter sehr armseligen Bedingungen gehalten, und die halbe Freude sie zu besitzen ist, etwas über ihren natürlichen Lebensraum zu lernen und zu versuchen, eine Nachbildung davon im eigenen Zuhause zu kreieren. Jedes Tier, dem es erlaubt ist, in einer naturnahen Umgebung zu leben, wird potenziell gesünder sein als seine weniger begünstigten Verwandten. Nagetiere werden die Katze als ein natürliches Raubtier ansehen. Darum noch einmal: Ihrer Katze zu erlauben, nahe an Ihren Hamster heranzugehen ist unfair. Täuschen Sie sich auch nicht, indem Sie denken, dass Ihre Katze nicht interessiert ist; viele Nagetiere sind nachtaktiv, sodass vieles von der Einschüchterung vielleicht im Schutze der Dunkelheit erfolgt, wenn Sie schlafen.

Wichtige Regeln zum Schutz von Nagern und Kleinsäugern

- Jeder Auslauf Ihres Haustieres, Maus, Ratte, Hamster etc., sollte unter strenger Beobachtung erfolgen und in einem sicheren Raum. Ihre Katze sollte definitiv nicht anwesend sein, egal wie vertrauenswürdig sie ist.
- Käfige und Gehege brauchen einen sicheren Verschluss, um zu verhindern, dass sich kleine Hände oder Pfoten Zutritt verschaffen.
- Sie sollten sich in einem Bereich befinden, den Ihre Katze nicht häufig betritt, idealerweise an einem Platz, zu dem Ihre Katze nicht direkt Zugang hat.
- Es ist nicht gut für Ihre Katze, auf dem Käfig zu sitzen, egal unter welchen Umständen!
- Käfige und Gehege sollten in einem sicheren Raum, entfernt von Ihrer Katze, gereinigt werden. Ihre Maus, Ratte, Hamster etc. sollte zu ihrer eigenen Sicherheit besser in einem Ersatzkäfig untergebracht sein.

Papageien und alle Käfigvögel

Es ist wichtig, zu beachten, dass Vögel leicht gestresst sind und krank werden können oder sogar sterben, wenn sie einem ernsten Schock ausgesetzt werden. Vögel, die mit Katzen zusammenleben, verkraften das besser, wenn sie gezüchtet und handaufgezogen sind, anstatt importiert und wild. Wie in vielen Fällen, können seltsame Freundschaften gedeihen, wenn die Tiere zusammen aufgezogen wurden. Papageien sind extrem intelligente und anregende Haustiere, aber sie brauchen genauso viel Aufmerksamkeit wie

Katzen oder Hunde. Sie können sehr gut die Anwesenheit von Katzen verkraften, aber frühe Erfahrungswerte sind für beide Tierarten notwendig.

Wichtige Regeln zum Schutz von Papageien und Käfigvögeln

- Platzieren Sie den Käfig an einer höher gelegenen Stelle in der Ecke des Raumes, um dem Vogel ein Gefühl von Sicherheit zu vermitteln. Stellen Sie einen zugedeckten Bereich am Käfig oder Pflanzen zusätzlich zur Tarnung zur Verfügung.
- Stellen Sie sicher, dass es keine geschickten Routen gibt, die Ihre Katze zum Käfig nehmen kann – denken Sie an Sylvester und Tweety Pie, und Sie werden nichts falsch machen.
- Sorgen Sie dafür, dass die Türe des Käfigs jederzeit sicher ist.
- Jeder Ausflug außerhalb des Käfigs sollte in einem sicheren Umfeld, ohne die Anwesenheit der Katze unternommen werden, egal wie lässig sie hinsichtlich der ganzen Angelegenheit wirkt. Unfälle können geschehen.
- Die Vögel sollten in Sicherheit sein, wenn der Käfig oder die Voliere gereinigt wird, indem sie in einem kleinen sicheren Ersatzkäfig untergebracht werden. Ausflüge können während dieser Zeit in einem sicheren Umfeld unternommen werden, falls (!) Ihre Katze draußen mit etwas anderem beschäftigt oder sich in einem anderen Teil des Hauses aufhält.

Kaninchen und Meerschweinchen

Meerschweinchen können im Haus gehalten werden, aber sie sind nicht so populär wie die aufstrebenden Hauskaninchen. Jeder Rat, der nachfolgend gegeben wird, trifft auf beide Spezies zu, da viele Halter immer noch Meerschweinchen und Kaninchen zusammen halten, ungeachtet der Tatsache, dass es für Meerscheinchen besser ist, unter ihresgleichen zu leben.

Katzen und Hauskaninchen

▸ Wählen Sie Ihre neuen Haustiere weise, wenn Sie beabsichtigen, eine harmonische Beziehung zwischen Katze und Kaninchen zu haben. Die idealen Gefährten wären eher große, selbstsichere und gesellige Kaninchen als eine scheue Mini-Rasse.

▸ Setzen Sie Ihre Kaninchen in ein großes Gehege im Haus, anfangs, ohne sie der dort residierenden Katze auszusetzen.

▸ Wenn Ihr Kaninchen sich eingelebt zu haben scheint und glücklich ist, kann Ihre Katze den Raum betreten und den Neuzugang in seinem Käfig erforschen, ohne ein Schadensrisiko.

▸ Der Käfig kann in andere Räume gebracht werden, in denen Sie beabsichtigen, es Ihren Kaninchen zu erlauben, aber es ist immer klug, Schlafquartiere im Haus zum Schlafen einzurichten – entfernt von der Katze –, zu denen sich Ihre Kaninchen einfach und schnell Zugang verschaffen können.

▸ Kaninchen gehen oftmals auf Katzen zu, wenn sie einmal ein Gefühl von ihrem eigenen Territorium entwickelt haben, um zu ermitteln, wer der Chef ist. Wenn Ihre Katze wegrennt – machen wir uns nichts vor, einige Kaninchen sind riesig –, reicht das häufig, um die Hierarchie im Kopf Ihres Kaninchen zu etablieren, und alles wird gut gehen.

▸ Lassen sie beide niemals unbeaufsichtigt zusammen; aufgrund der eindeutigen Jäger-Beute-Beziehung kann jede Spezies der anderen Schaden zufügen.

▸ Katzen erkennen Hauskaninchen bald als Teil ihrer sozialen Gruppe an und umgekehrt.

▸ Dass Sie Hauskaninchen haben, wird Ihre Katze nicht vom Jagen wilder Kaninchen und dem Mitbringen zum Abendessen abhalten – leider.

Katzen und Hauskaninchen draußen

▸ Kaninchen brauchen Ausläufe im Garten, aber diese sollten unbedingt bedeckt sein, um Ihre Katze daran zu hindern, in sie hineinzusteigen.

- Ihrer Katze beizubringen, dass Kaninchen, die draußen gehalten werden, Teil des Haushaltes sind, braucht länger, wenn Sie wenig Zeit mit ihnen verbringen, und solche Kaninchen zeigen wahrscheinlich eher normale Reaktionen auf die Anwesenheit von Katzen, besonders wenn sie bestimmten Individuen nicht regelmäßig ausgesetzt werden.
- Lassen Sie die Tiere niemals unbeaufsichtigt!

Hunde

Ich glaube schon seit einigen Jahren, dass der perfekte Gefährte für eine Katze ein Hund ist! Wenn zu Beginn eine sorgfältige Planung hinsichtlich der Hunderasse durchgeführt wird, gibt es jede Chance, dass Harmonie herrschen wird, und die Katze wird den Hund für alle Zeiten locker in die Tasche stecken. Viele Halter, die den Fragebogen 1995 für die Umfrage zur älteren Katze beantwortet haben, sprachen von der Zuneigung zwischen ihrem Hund und ihrer Katze und dem Leid, das durch den Tod des einen oder anderen Tieres verursacht wurde.

Die Auswahl des Hundes

Mit Welpen kann man leichter arbeiten, da sie jung und formbar sind, sich bald an die Anwesenheit einer anderen Spezies gewöhnen und sie einfach wie ein anderes Familienmitglied behandeln werden. Einen erwachsenen Hund mit einer erwachsenen Katze zusammenzubringen, kann schwierig sein, weil viele Hunde, mit einer verschwindenden Katze konfrontiert, ihr automatisch hinterherjagen werden, auch wenn sie nicht die Absicht haben, ihr etwas zu tun, wenn sie sie fangen sollten. Wenn Ihre Katze keine Erfahrung mit Hunden hat, kann dies eine belastende Erfahrung sein, und viele Katzen werden bei nächster Gelegenheit ihr Zuhause für eine Weile verlassen, bis sie diese drastische Veränderung in ihrem Haushalt aufgearbeitet haben. Die ausgewählte Hunderasse wird ebenfalls die Zukunft der Beziehung zwischen Hund und Katze in

Ihrem Zuhause beeinflussen. Terrier, Greyhounds und andere Rassen, die dafür gezüchtet wurden, kleine pelzige Objekte zu jagen, werden besser gemieden – eine von diesen auszuwählen bedeutet wahrscheinlich, den Ärger regelrecht herauszufordern. Rassen, die als gut für Kinder angesehen werden, wie Golden und Labrador Retriever oder Cavalier King Charles Spaniel, sind wahrscheinlich für ein Zusammenleben mit verschiedenen Spezies sinnvoll ausgewählt. Leider können sie wohl auch mal von der gerissenen Katze gnadenlos verfolgt werden und müssen ihr Bett, Wassernapf sowie bevorzugte sonnige Plätze mir nichts, dir nichts aufgeben ...

Über die Jahre haben Briefe von Klienten oft diese Tendenz zum Quälen offenbart. Hier ein Beispiel:
Einer unserer Nachbarn bekam einen Deutschen-Schäferhund-Welpen, nicht lange nachdem Tigger und Suki sich uns angeschlossen hatten – sie terrorisierten ihn, stahlen ihm seine Knochen vor der Nase weg. Sie gewöhnten sich ebenfalls an, ihm aufzulauern, wenn er an unserem Vorgarten vorbeiging, kamen fauchend und mit einem Bürstenschwanz unter verschiedenen Pflanzen hervor – sodass der Hund mit etwa neun Monaten nicht mehr an unserem Haus vorbeilaufen wollte.

Und noch ein anderes klassisches Beispiel von der Fähigkeit eines Katers, Hunde zu frustrieren:
Eine seiner hauptsächlichen Lebensinhalte schien das Quälen des Hundes unserer Nachbarn von nebenan zu sein. Stundenlang saß und putzte er sich genau vor dessen Glastüre und nahm nicht die leiseste Notiz davon, wenn der Hund sich in einen Rausch von Wut und Frustration steigerte.

Aber lassen Sie sich von solchen Berichten nicht entmutigen, wirklich gute Beziehungen zwischen Katzen und Hunden können ebenfalls entstehen.

Ein Kitten mit einem Hund zusammenführen

- Die anfängliche Zusammenführung ist am sichersten, wenn das Kitten in einem Gehege ist. Dieses kann gemietet oder angeschafft werden und misst ungefähr 100 x 100 x 100 Zentimeter.
- Erlauben Sie dem Hund, das Kitten kennenzulernen und umgekehrt, aber ohne Verletzungen oder eine anschließende Verfolgungsjagd zu riskieren, falls das Kitten rennt.
- Das Gehege kann in jedem Raum aufgestellt werden, zu dem der Hund Zugang hat.
- Dieser Prozess sollte für einige Wochen fortgesetzt werden, besonders wenn Ihr Hund beispielsweise sein Futter verteidigt und aggressiv reagiert, wenn das Kitten an seinen Napf geht.
- Das Kitten kann sich in der Nähe des Hundes aufhalten, wenn dieser an der Leine ist, um eine Jagd zu verhindern, bis beide in der Gegenwart des anderen entspannt wirken.
- Stellen Sie sicher, dass das Kitten die Möglichkeit hat, wegzugehen, falls es sich bedroht fühlt.
- Dem Hund können zur Belohnung Leckerbissen gegeben werden, wenn er nicht versucht, zu jagen.

Einen Welpen mit einer Katze zusammenführen

- Stellen Sie sicher, dass es genügend höher gelegene Plätze im Haus gibt, wo die Katze sich vor dem Neuankömmling zurückziehen kann.
- Erwägen Sie, ein Schutzgitter unten vor der Treppe aufzustellen, um der Katze die erste Etage als Zufluchtsort zu überlassen.
- Führen Sie Ihren Welpen in sein neues Zuhause ein, indem Sie ein Welpengehege oder eine Transportbox verwenden.
- Planen Sie im Voraus und beginnen Sie, Ihre Katze an einer Stelle zu füttern, die entfernt von den Örtlichkeiten ist, wo Sie beabsichtigen, das Welpengehege zu platzieren. Das ist wichtig, um zu vermeiden, dass Ihre Katze nicht mehr an ihr Futter geht.

- Versuchen Sie, das Gehege entfernt von dem Durchgang, der zur Katzenklappe führt, oder von der Stelle, wo die Katze normalerweise nach draußen geht, zu platzieren.
- Wenn Katzentoiletten drinnen bereitstehen, stellen Sie sicher, dass diese diskret an Stellen platziert sind, die Ihr Welpe nicht erreichen kann.
- Führen Sie den neuen Welpen mit Ihrer Katze in einem Raum zusammen, wo die Katze leicht entkommen kann.
- Halten Sie Ihren Welpen fest, und erlauben Sie Ihrer Katze, sich anzunähern, falls sie will.
- Ihre Katze mag fauchen oder knurren, aber wenn Sie den Welpen halten, können Sie ihn vor jeglichen aggressiven Annäherungsversuchen beschützen.
- Erlauben Sie der Katze in dem Raum zu sein, wo das Welpengehege aufgebaut ist.
- Wenn Ihr Welpe außerhalb des Geheges ist, wäre es empfehlenswert, eine lange Leine an seinem Halsband zu befestigen, um ihn daran zu hindern, Ihre Katze zu jagen.
- Erlauben Sie keine unbeaufsichtigten Begegnungen, bis beide Parteien in der Gegenwart des anderen entspannt sind und der Welpe gelernt hat, nicht zu jagen.

Amber und Rascal – eine Geschichte zur Warnung

Ich sehe nicht viele Fälle, wo ein Hund die Wurzel des Problems ist, aber es kann passieren. Amber war eine hübsche weiß getigerte Katze und lebte mit Debbie und ihrer Familie in einer Stadt an der Küste von Sussex. Seit sie ein Kitten war, hatte sie ihr Heim mit Maggie, einer Deutschen Schäferhündin, geteilt. Ihre Beziehung war ziemlich gut gewesen: Amber benutzte Maggie als ein großes Kissen, und Maggie fraß Ambers Futter. Es schien sehr gut zu funktionieren. Leider starb Maggie, und die Familie war so verzweifelt, dass sie die Lücke, die sie hinterlassen hatte, mit einem kleinen Hund aus dem Tierschutz füllen wollten. Sie wählten schließlich einen mittelgroßen hellbraunen Mischling namens Rascal. Diese Entscheidung wurde beeinflusst durch die Tatsache, dass die Mitarbeiter des Tierzentrums sagten, er wäre sehr gut mit der Katze ausgekommen, die auf dem Bewegungsplatz ein und aus ging. Nach einer sanften Einführung schien die Beziehung zwischen Amber und Rascal angenehm fortzuschreiten. Rascal wurde das perfekte Familienhaustier, und die Kinder liebten es, mit ihm im Garten zu spielen und einen Wirbel um ihn zu veranstalten.

Nach ein paar Monaten geschah etwas, das die Familie schockte. Amber begann, im Haus unsauber zu werden, kackte hinter den Fernseher und pinkelte unter das Bett. Sie hatte immer eine Katzentoilette gehabt, weil sie nachts drinnen gehalten wurde, und Debbie konnte nicht verstehen, warum sie nun unsauber wurde, da sie doch vorher so sauber war. War sie eifersüchtig auf die Aufmerksamkeit, die Rascal bekam? War sie verärgert und fühlte sich abgelehnt? Benutzte sie einfach eine schreckliche Methode, um nach Aufmerksamkeit zu suchen?

Debbie suchte bei ihrem Tierarzt Hilfe, der sie an mich überwies. Als ich sie besuchte, war klar, dass die arme Amber so etwas wie ein Außenseiter in ihrem Zuhause geworden war. Als ich ankam, saß sie mit großen Augen oben auf der Treppe, während die Kinder und Debbie mit Rascal spielten und lachten. Ihr wurde wegen den abscheulichen Taten in den letzten paar Monaten nicht länger erlaubt, das Wohnzimmer zu betreten, und sie wusste, ihre Annäherungen würden zurückgewiesen.

Als unsere Unterhaltung fortschritt, kam Amber leise in die Diele, und Rascals Kopf hob sich, als er beobachtete, wie sie sich vorwärtsbewegte. Er war ein guter Hund, er jagte sie nicht, und die Familie berichtete, dass sie sich absolut miteinander wohlzufühlen schienen. Der Hund neigte dazu, ihr manchmal zu folgen, aber Debbie meinte, das wäre kein besonderer Grund, um sich Sorgen zu machen. Amber verbrachte einfach nur ein bisschen mehr Zeit oben auf dem Durchlauferhitzer in der Küche. Nichtsdestotrotz war die arme Amber niedergeschlagen; wie es viele Katzen sind, wenn sie sich in das Urinieren und Koten an Stellen flüchten, die normalerweise nicht als geeignet angesehen werden. Ich musste herausfinden, warum das geschah, und ich begann zu vermuten, dass der nicht so wirklich unschuldige Rascal hinter dem unakzeptablen Verhalten steckte.

Manchmal werde ich mit einer Nachricht merkwürdiger Herkunft gesegnet, wenn ich versuche, die Geheimnisse eines besonderen Falles zu enträtseln. Der kleine Ben, Debbies jüngster Sohn, fand wohl Gefallen an mir und spielte zu meinen Füßen, als ich mit seiner Mutter sprach. Als Debbie den Raum verließ, um die Kaffeekanne nachzufüllen, zerrte Ben an meinem Hosenbein, um mir zu verstehen zu geben, dass er dabei war, etwas zu sagen, das meine ungeteilte Aufmerksamkeit erforderte. „Ich lasse Rascal nicht mein Gesicht ablecken, weil ich gesehen habe, wie er Katzen-Aa gegessen hat." Gut für Ben – dies war nicht nur eine vernünftige Strategie, sondern es war auch das Puzzleteil, das mein Puzzle vervollständigte. Als Debbie zurückkam, erklärte ich die Situation.

Hunde lieben es, Katzenexkremente zu fressen. Dies mag nicht die liebenswerteste Eigenschaft unserer befreundeten Hunde zu sein, aber leider passiert es. Debbie hatte berichtet, dass Amber der Katzentoilette und ihren gewohnten Blumenbeeten den Rücken gekehrt hatte, zugunsten der spärlichen Plätze unter dem Bett und hinter dem Fernseher. Ich könnte mir vorstellen, dass Rascal, in gespannter Erwartung eines warmen und wohlschmeckenden Leckerbissens – Entschuldigung –, Amber unbarmherzig mit sabbernden Lefzen belästigt hatte, als sie versuchte, ihre normalen Einrichtungen zu benutzen. Das kann einen tief greifenden Abneigungseffekt für eine Katze darstellen, was kaum überrascht. Und die Katze muss folglich Maßnahmen ergreifen, um abgelegene Stellen zu finden, wo sie ihre notwendigen Körperfunktionen in Ruhe verrichten kann. Amber tat gut daran, zwei Plätze zu finden, wo nur sie hinkam, aber diese waren bei der Familie aus offensichtlichen Gründen unerwünscht.

Die Antwort lag also darin, sichere und akzeptable Toiletten für Amber zu finden, und zwar solche, zu denen der Zutritt für Rascal verboten war. Ein schmales Gebiet im hinteren Teil des Gartens war mit dichten Büschen abgezäunt, um Amber vor neugierigen Blicken zu schützen. Ihre Katzentoilette wurde durch eine schöne neue ersetzt, die innerhalb eines Schranks mit einem Katzenklappen-Zugang platziert war. Die verunreinigten Stellen wurden gereinigt und für Amber unzugänglich gemacht, nun da sie bequeme Alternativen hatte.

Wir hatten ein Problem, als Rascal sich beinahe seinen Kopf in der Schrank-Katzenklappe eingeklemmt hatte, aber die Anbringung einer magnetischen Klappe und ein etwas strenges, aber faires Training erfüllten ihren Zweck. Amber ging wieder zu akzeptablen Toilettengewohnheiten über und wurde wieder im Schoße ihrer Familie aufgenommen.

***

Haushalte mit verschiedenen Spezies können funktionieren; Katzen sind in der Lage, mit den meisten anderen Spezies eine Bindung einzugehen, wenn etwas für sie dabei herausspringt. Ich persönlich glaube, dass Katzen manchmal besser dran sind, wenn sie mit allem anderen leben, *außer* mit einer anderen Katze. Allerdings ist es sehr verlockend, anzunehmen, dass alles einfach in Ordnung sein und die Katze schon in der Lage sein wird, ihre natürlichen Instinkte zu unterdrücken sowie einen Unterschied zwischen einem weiteren Mitglied des Haushalts und einem Beutetier zu machen. Wenn Sie diese Einstellung haben, mag es vielleicht in Tränen enden. Die Antwort ist, die Vielfalt in Ihrem Heim zu genießen, sich kundig über jede Spezies zu machen, mit der sie es teilen und ständig an Sicherheit zu denken – zum Wohle aller!

KAPITEL 5
Das Dreiecksverhältnis

Manche von uns brauchen heutzutage länger, um den idealen Partner zu finden. Wenn wir eine Partnerschaft eingehen, sind wir eher bereit, uns scheiden zu lassen. Wir werden zusehends eine Nation mit einem beträchtlichen Anteil an Singles, die alleine leben. Das bedeutet, dass wir unser eigenes Ding machen, unsere Katzen haben und alles gut ist, bis wir, gewöhnlich aus romantischen oder finanziellen Gründen, entscheiden, wieder eine Partnerschaft einzugehen. Bis 2010 werden laut staatlichen Umfragen überwältigende vierzig Prozent von uns alleine leben. Ich persönlich glaube nicht, dass all diese Singles auch Singles bleiben werden, und so, wie sie sich darauf einstellen müssen, die Gedanken und Gefühle eines anderen zu berücksichtigen, so müssen es ihre Katzen auch!

Oscar, Tabitha und Suki – ein eher höllisches Dreiecksverhältnis

Es wäre allzu einfach zu sagen, dass alle Dreiecksverhältnisse in der Form: „Frau mit Katze trifft Mann“ auftreten. Das Leben ist selten so geradeaus. Männer mögen Katzen wirklich ebenfalls, egal was *sie* sagen, und ich wurde in viele Situationen einbezogen, die sich aus der Verbindung einer Frau mit Katze und einem Mann mit Katze ergaben. Das kann gelinde gesagt interessant sein; Oscars Geschichte ist ein typisches Beispiel.

Oscar und Andrew lebten seit acht Jahren zusammen. Andrew arbeitete viele Stunden, und Oscar machte sein eigenes Ding, war aber immer erfreut, wenn sein Gefährte zurück in die Sicherheit seines Heims kam. Oscar war eher ein vorsichtiger Kater und ganz und gar nicht der Draufgänger, den Andrew sich wünschte –, und viele Auseinandersetzungen im Garten endeten in Tränen, in

Abszessen und einem immer mehr nachlassenden Gefühl von Selbstsicherheit. Als Oscar ungefähr vier Jahre alt war, beschloss er, dass es nichts für ihn war, nach draußen zu gehen, und er traf die Entscheidung, Platzangst zu bekommen. Andrew war außergewöhnlich einfühlsam und eingestimmt auf Oscars Launen und Gefühle – es ist eigentlich eine Anklage des männlichen Geschlechts, so etwas zu sagen, aber es ist völlig außergewöhnlich –, sodass er diese Entscheidung seines Katers akzeptierte und ihn mit einer diskreten Katzentoilette versorgte, Spielsachen und einer Kratzgelegenheit. Es folgten vier Jahre freiwilliger Gefangenschaft, bis Andrew und seine Freundin Sarah beschlossen, ein gemeinsames Zuhause zu gründen. Sie hatten sich zwei Jahre zuvor kennengelernt und waren beide erfreut, zu erfahren, dass sie eine gemeinsame Vorliebe für Katzen hatten. Sarah hatte zwei sechsjährige Geschwisterkatzen namens Tabitha und Suki, und sie schloss Oscar sofort in ihr Herz. Er schien so ruhig und sanft zu sein. Er war zwar nicht gerade freundlich zu ihr, aber sie vermutete, dass er schüchtern war. Er reagierte nicht sehr positiv auf ihre üblichen Annäherungsversuche – knuddeln, an sich drücken, streicheln und küssen –, aber sie war überzeugt davon, ihn schließlich für sich zu gewinnen.

Andrew und Sarah besprachen die möglichen Folgen einer Zusammenlegung der zwei Katzenhaushalte, besonders, da sie ursprünglich planten, in Sarahs bestehendes Zuhause zu ziehen. Aber sie glaubten, dass Oscar ruhig wäre und die Mädels freundlich genug und dass sie es bestimmt genießen würden, einen „Mann" im Haus zu haben. Dann kam der Tag, an dem Andrew und Oscar einzogen. Im Nachhinein wurde offensichtlich, dass dies keine perfekte Konstellation war. Sarah hatte ganz einfach nicht die schwelende Spannung zwischen den beiden Katzenschwestern wahrgenommen. Suki hatte die Oberhand. Tabitha ging ihr aus dem Weg und bemühte sich, ihr Tagesgeschehen ohne viel Aufhebens in Angriff zu nehmen, um nicht den Zorn ihrer Schwester auf sich zu ziehen. Sie waren beide Freigänger, aber ihre gewählten Aktivitäten waren sehr unterschiedlich. Suki schlug alles zusammen, was in Sicht kam, und Tabitha entschuldigte sich für ihre bloße Existenz bei jeder Katze, die bereit war, zuzuhören. Das Letzte, was beide wirklich wollten, war eine weitere Katze, die sich in den Haushalt drängte. Das würde die Dinge einfach komplizieren.

Die Zusammenführung war angespannt. Oscar zog sich augenblicklich in die scheinbare Sicherheit eines kleinen Spalts hinter den Küchenschränken zurück und blieb dort, soweit Andrew sagen konnte, für drei Tage. Als er nach vielen Schmeicheleien seines Halters wiederauftauchte, wurden seine schlimmsten Ängste bald real: Er war in eine Umgebung gebracht worden, die einer anderen Katze gehörte und diese war gemein, angriffslustig und würde ihn unzweifelhaft zerstören. Während der nächsten Wochen war die Spannung zwischen den drei Katzen offensichtlich. Tabitha und Suki begannen, aktiv zu kämpfen, und beide Weibchen schikanierten Oscar, wann immer sie ihn finden konnten. Er taumelte nur von einem Versteck zum anderen in dem verzweifelten Versuch, seinen Gegnern zu entgehen. Die Kriegsführung wurde psychologisch, als die beiden Schwestern die Bedeutung der neu erworbenen Katzentoilette im Haus erkannten. Sie waren beide immer nach draußen gegangen, aber der arme Oscar würde sicherlich nicht den Garten erforschen, sodass seine gewohnte Toilette in seinem neuen Zuhause aufgestellt worden war. Tabitha begann, sie augenblicklich zu benutzen, als sie erkannte, wie extrem sicher und bequem eine Toilette im Haus war. Suki erkannte ihr anderes Potenzial, und indem sie sich beiläufig in der Diele putzte, blockierte sie jeden möglichen Gebrauch der Toilette sowohl für ihre Schwester als auch für den männlichen Eindringling.

Oscar entwickelte eine Blasenentzündung, was wirklich kaum überraschte. Sarah und Andrew waren noch relativ ahnungslos über das Ausmaß des Problems. Sie bekamen etwas von einer Balgerei und Knurren mit, aber war es wirklich so schlimm? Allerdings zeigte Sarah verstärktes Interesse, als zwei bestimmte Dinge geschahen. Oscar begann, überall im Haus zu pinkeln und sie in der Diele sowie auf dem Treppenabsatz zu attackieren. Als wenn der Urin nicht genug wäre, meinte er es wirklich ernst, wenn er ihre Fußknöchel angriff, und die arme Sarah mochte Oscar wirklich nicht mehr. Sie hatte Angst, in ihr eigenes Haus zu kommen, denn dort war ein schrecklicher Geruch, und sie versuchte immer noch, sich damit zu arrangieren, ihr Heim mit einem anderen Menschen zu teilen, ganz zu schweigen von einem bösartigen und inkontinenten Kater.

Leider war die Beziehung zwischen Andrew und Sarah zu der Zeit, als ich herbeigerufen wurde, etwas aus dem Ruder gelaufen. Ich sprach ausschließlich mit Andrew, da Sarah nichts mehr davon wissen wollte. „Es ist dein ... Kater, Du kannst dich darum kümmern!“, hatte sie anscheinend gesagt. Ich hatte gehofft, dass beide Halter während meines Besuchs anwesend wären, aber verstand durchaus die Tiefe der Emotionen, die Sarah davon abhielten. Nach vielen Jahren problemloser Haustierhaltung wurde sie mit einem Kater konfrontiert, der sich von ihr nicht anfassen ließ, auf das Sofa pinkelte und sie bei jeder Gelegenheit attackierte. Warum sollte man sich das bieten lassen? Andrew andererseits war der Leidtragende. Er liebte Oscar von ganzem Herzen und sah eher eine aufgewühlte Seele als einen ungezogenen und widerwärtigen Kater. Wir vereinbarten, dass er sich darauf konzentrieren sollte, seine Beziehung zu Sarah wiederherzustellen, und ich würde sehen, was ich wegen des schrecklichen Trios tun könnte.

Neue Zusammenführungen in einem Mehrkatzenhaushalt sind oftmals schwierig. Wenn bereits schwelende Spannungen existieren, kann dies häufig das Problem noch verstärken und Mitglieder einer bewährten Gruppe gegeneinander aufbringen. In diesem Fall war der arme Oscar Suki sicherlich in keiner Hinsicht gewachsen. Aber die Leichtigkeit, mit der sie ihn schikanieren konnte, brachte sie erst recht dazu, es häufiger zu tun. Katzentoiletten zu bewachen, ist ein übliches Problem und eine schreckliche Tortur für jemanden mit einer vollen Blase, und Oscars Blasenentzündung mag wohl als Ergebnis davon aufgetreten sein. (Schauen Sie in meine anderen Bücher „Die Katzenflüsterin“ und „Neues von der Katzenflüsterin“, um mehr über Stress und eine Blasenentzündung zu erfahren.) Oscar konnte nicht nach draußen gehen, sodass er auf das Sofa oder das Bett pinkelte, was beides eine sehr weiche Oberfläche hatte und nach seiner „Sicherheitsbettdecke“ Andrew roch und somit eine logische Alternative zu der bewachten Katzentoilette darstellte. Die Aggression gegen Sarah war ganz und gar ein anderes Problem. Es musste nicht unbedingt bedeuten, dass er sie als komplett verantwortlich für sein Missgeschick ansah. Aber er war in solch einer angespannten Atmosphäre unzweifelhaft adrenalingesteuert und bereit zum Handeln. Sich in einem engen Korridor auf sie zu stürzen, mag ihm als einzige Gegenwehr gegen einen drohenden Angriff erschienen sein. Sarahs Erwiderung und ihre darauffolgende Angstreaktion in seiner Gegenwart mögen ihn angespornt haben, damit fortzufahren. Im Grunde genommen war dies wahrscheinlich das erste Mal, dass er tatsächlich einen erfolgreichen Anschlag auf jemanden verübt hatte. Ich war überzeugt, dass wenn wir die Katzenthematik lösten, sich der Rest automatisch beruhigen würde.

Ich entwickelte einen Plan für Andrew, von dem ich hoffte, er würde das Problem verringern. Wir mussten die Tatsache akzeptieren, dass die Mädels, mit der Einrichtung einer Katzentoilette im Haus konfrontiert, sich verpflichtet fühlten, diese zu benutzen oder zu missbrauchen – Sukis Bewachungsmasche. Wir machten uns daher die magische Formel zunutze und stellten drei weitere Toiletten an diskreten Plätzen auf. Andrew war beunruhigt, ob diese Ergänzungen von Sarah nicht entschieden abgelehnt würden, aber ich musste es ihm überlassen, sie zu bearbeiten, um sie auf unsere Seite zu bekommen. Alle diese Toiletten waren ein wesentlicher Teil der Behandlung. Leider ist es selten, dass wenn erst einmal Probleme aufgetreten sind, alles jemals wieder so werden kann, wie es einmal war. Es gibt immer einen Kompromiss, aber manchmal kann die Lösung eines Problems selbst ein Problem sein. Wir fuhren mit dem Programm fort und bezogen mehr Aufmerksamkeit für Oscar von Andrew mit ein, in Form von Spielzeiten – entfernt von Tabitha und Sukis drohenden Blicken – sowie synthetischen Pheromonen aus der Tierarztpraxis, um ein wesentliches Gefühl von Ruhe auf einer sehr fundamentalen Ebene zu vermitteln. Außerdem stellten wir Oscar mehrere neue

Rückzugsmöglichkeiten sowie höher gelegene Plätze zur Verfügung, damit er eher beobachten als sich am Aufruhr beteiligen konnte. Bevor ich Sarahs Haus an diesem Tag verließ, fragte ich Andrew, ob ich wenigstens am Telefon mit ihr sprechen könnte. Ich fühlte mich nicht wohl, sie um all diese Dinge zu bitten, wenn sie so negativ über die ganze Angelegenheit dachte. Ich hatte ein Gespräch mit ihr – ich denke, sie freute sich über das Gefühl, ein Mitspracherecht zu haben – und erklärte ihr die Notwendigkeit dieser mäßigen Unannehmlichkeiten, um wieder Harmonie herzustellen.

Andrew war entschlossen, alles zu tun, damit es funktionierte. Er war schrecklich hin und her gerissen zwischen den beiden „Personen", die er am meisten auf der Welt liebte, Sarah und Oscar. Sobald ich das Haus verlassen hatte, machte er sich auf zum örtlichen Heimtiermarkt, um Mengen an Katzentoiletten, Streu und Spielsachen zu kaufen. Die Einführung der drei neuen Toiletten im Bad, in der Diele und im Gästezimmer zeigte einen sofortigen Effekt. Alle vier Katzentoiletten wurden regelmäßig benutzt, und die Anspannung verschwand von Oscars Gesicht. Andrew liebte ihn und spielte mit ihm, und Sarah wurde überredet, ihn aus der Hand mit Schinken, seinem Lieblingsleckerbissen, zu füttern. Als die Wochen vergingen, wurde Sarah optimistischer. Oscar hatte seit meinem Besuch nirgendwohin uriniert, wo er es nicht sollte, und er hatte sie auch nicht aus dem Hinterhalt überfallen. Sie war sich nicht sicher, ob das Hexerei war oder nicht, aber der Grund für Oscars Verwandlung war für sie unbedeutend. Ich versuchte auf die Wirkung von vielen Katzentoiletten und einer Spieltherapie hinzuweisen, aber sie war sich absolut nicht sicher, ob ich nicht während meines Besuches irgendetwas Merkwürdiges getan hatte.

Ich kann nicht sagen, dass in diesem Haushalt jemals perfekte Harmonie herrschte. Es hatte sich beruhigt. Andrew und Sarah schienen ihre Differenzen beigelegt zu haben, und Oscar war definitiv glücklicher, aber es war ein enormer Kompromiss für ihn. Tabitha ignorierte ihn, und Suki konnte ihn mit einem Blick aus dem Raum verbannen, aber es war ein erträglicher Lebensstil.

Sollte jemand in einer ähnlichen Situation mich jemals fragen, was er tun soll, würde ich sagen, er solle im Voraus planen und sich Rat holen, bevor er einfach versucht, zwei Katzenhaushalte zu einem zusammenzuschließen, besonders wenn eine Gruppe in einen bestehenden Wohnsitz einzieht. Sich auf die Freuden und Fallgruben des Zusammenlebens mit einem anderen Menschen einzustellen, ist schwer genug, ohne mit den gleichen Problemen in den Beziehungen unserer Haustiere fertig werden zu müssen.

Sandra trifft Gary, und Blue wird sauer

Sandra und ihr vierjähriger grauer Kater Blue erlebten ein ähnliches Dilemma, aber der Ausgang war nicht ganz so befriedigend. Sandra hatte Blue, seit er ein winziges Kitten war, und sie lebten seitdem zufrieden zusammen. Sie ging zur Arbeit, und er ging hinaus, um sein Territorium zu kontrollieren und den befreundeten, getigerten Kater George zu besuchen, der auf der anderen Straßenseite wohnte – ja, gelegentlich freunden sich Katzen an. Er machte dort für eine Weile Rast oder streunte durch die Staudenrabatten, bis er das Geräusch von Sandras Auto hörte. Wenn sie ausstieg, begrüßte er sie, indem er um ihre Beine strich und seinen Kopf an ihren Händen rieb. Sie liebte es, nach Hause zu kommen und so herzlich begrüßt zu werden. Blue tröstete sie, wenn sie traurig war, und entspannte sie, wenn sie angespannt war. Ist das nicht eine der Gründe, warum wir Katzen haben, wenn wir alleine leben? Drei Jahre später in ihrer Beziehung traf Sandra Gary und verliebte sich in ihn. Innerhalb der ersten zwölf Monate wussten sie, dass sie dazu bestimmt waren, zusammen zu sein, und Gary zog ein.

Blue war Männern gegenüber vorsichtig, seit er ein Kitten war. Wann immer Sandra männliche Besucher hatte, verschwand Blue durch die Katzenklappe und kam erst wieder zurück, wenn der Mann gegangen war. Leider bildete seine Reaktion auf Gary keine Ausnahme, und beim ersten Anblick drehte er sich um und raste durch die Katzenklappe. Das große Problem war, dass er bei dieser

Gelegenheit nicht zurückkam. Er hatte eine sofortige Abneigung gegen Gary entwickelt, und Sandra musste ihn an dem Tag austricksen, damit er nach Hause kam. Als Gary einzog, wurde es noch schlimmer. Er versuchte verzweifelt, Freundschaft mit Blue zu schließen – immerhin führt der Weg zum Herzen einer Frau über ihre Katze –, aber das machte dem armen grauen Kater erst recht Angst. Sandra versuchte sogar, die Katzenklappe zu vernageln, um Blue zu zwingen, seiner Phobie ins Gesicht zu schauen, aber seine Pfoten wurden zu zwei Tischlerhämmern, als er die Nägel herauszog, die Abdeckung der Katzenklappe zerbrach und in Panik flüchtete. Die ersten paar Wochen ihrer gemeinsamen Zeit im selben Haus bestanden aus einem niedergeschlagenen Gary, der alleine fernsah, während Sandra draußen hockte und versuchte, Blue unter den Koniferen hervorzulocken. Tränen flossen, die Anspannung stieg, und sie einigten sich schließlich darauf, dass die Situation unhaltbar geworden war. Blue war gewissermaßen zu George gezogen, seinem getigerten Freund, und Sandra fühlte sich, als wenn sie einen Partner gewonnen, aber einen Kater verloren hätte.

Bevor ich Sandra besuchte, einigten wir uns, dass Gary vorübergehend aus dem Haus verbannt würde. Ein Signal über Sandras Handy würde ihn nach Hause rufen, aber die Türe würde von Sandra geöffnet werden, sodass er seinen Schlüssel nicht benutzen müsste – Blues Signal, um einen Abgang zu machen. Ich verbrachte eine angenehme Stunde mit Sandra und Blue, der mit ein paar Garnelen nach Hause gelockt wurde, während wir ihr Problem besprachen. Er war ein entzückender Kater, wenn auch anfänglich etwas skeptisch mir gegenüber, aber die Verlockung meiner magischen Tasche brachte ihn dazu, sich über den Boden zu wälzen und allgemein entspannt auszusehen. Sandra war zutiefst verzweifelt, weil sie durch ihre unterschiedlichen Zusammengehörigkeitsgefühle hin und her gerissen war. Sie fürchtete sich davor, nach Hause zu kommen und fand es sehr schwer, mit allem klarzukommen. Leider wirkte sich ihre Stimmung auf Blue aus, was ihn erst recht davon überzeugte, dass Gary eine große Bedrohung darstellte, da seine Halterin scheinbar auch nervös durch ihn wurde. In Vorbereitung auf Garys Ankunft hatten wir die Katzenklappe ziemlich umfassend mit einer kleinen Kommode, einem großen Weiden-Picknickkorb, einem Schuhregal und einer Gemüsekiste verbarrikadiert – ich wollte Blues Motivation zu flüchten testen. Ich hatte vor seiner Ankunft mit Gary gesprochen und ihn gebeten, leise mit gesenkten Augen in den Raum zu kommen und sich auf einen Stuhl zu setzen. Der Anruf war getätigt, Gary parkte sein Auto um die Ecke und ging zum Haus. Sandra ließ ihn ein, und er kam genau wie besprochen herein und setzte sich. Zeitgleich sprang Blue auf und verließ sogleich den Schauplatz, schleuderte die Gegenstände, die die Katzenklappe blockierten, in verschiedene Richtungen, als ob er wie wahnsinnig Schnäppchen im Ausverkauf suchen würde. Innerhalb von dreißig Sekunden war er draußen; dies war ein motivierter Kater!

Gary war ein sehr bereitwilliger Teilnehmer unseres Therapieprogramms. Er wollte wirklich, dass es funktionierte, denn er verstand, dass das Problem fast einen Keil zwischen ihn und seine hübsche Freundin trieb. Ich bat Gary, das Haus zukünftig so zu betreten, wie ich ihn während der Beratung instruiert hatte. Er sollte zunächst flüsternd sprechen – er hatte normalerweise eine laute, tiefe Stimme – und sich so leise wie möglich verhalten, ohne Augenkontakt zu Blue. Sandra musste sich entspannen, sodass ich sie bat, sich zu beruhigen, da ihre Unruhe für Blue alles noch schlimmer machte. Ein großes Holzbrett wurde an der Hintertüre befestigt, um die Katzenklappe auf eine Weise zu blockieren, die Blue unter keinen Umständen entfernen konnte, und das sollte für zunehmende Zeitabschnitte so bleiben, um ihn seinem Feind in einer ruhigen und positiven Atmosphäre auszusetzen. Sandra spielte mit ihm und gab ihm seine Lieblingsleckerbissen Käse und Marmite *(ein Hefeextrakt, Anmerkung der Übersetzerin)*, aber nur, wenn Gary im Raum war. Eine der wichtigsten Aufgaben für Sandra war, mit all den Beschwichtigungsversuchen gegenüber Blue aufzuhören. Wann immer Gary zu Hause war, hatte sie viel Aufhebens um Blue gemacht sowie ihn laufend getröstet, und das war überhaupt nicht gut. Sie musste signalisieren, dass Zeit mit Gary zu verbringen, sicher und angenehm war.

Sandra und Gary befolgten das Programm für die nächsten Wochen gewissenhaft. Sandra kämpfte damit, sich zu entspannen, und sie war etwas niedergeschlagen, dass Blue immer noch durch die Katzenklappe ausriss, sobald das Brett entfernt wurde. Gary war ebenfalls frustriert, weil er nicht erkennen konnte, dass seine Bemühungen Früchte trugen. Nach ein paar Monaten schließlich hatten sie einen Durchbruch. Blue begann, Sandra in ihrem Bett zu besuchen, während Gary da war. Das war vorher undenkbar gewesen, aber vorausgesetzt, Gary blieb still liegen, schien Blue sich recht wohlzufühlen, auch wenn Gary es nicht tat. Blue hatte auch fünfzehn Minuten im Wohnzimmer in seinem Katzenkorb verbracht, während Gary und Sandra fernsahen. Dies war ein Triumph, und es schien von diesem Tag an aufwärtszugehen. Die regelmäßigen Telefonberichte von Sandra waren überaus positiv, und ich hätte die Akte fast mit einem großen „Erledigt" darauf abgelegt. Leider hatte ich nicht die vollständige mentale Verwirrung vorhergesehen, die der arme Gary in der folgenden Woche erlitt. Er war vor Sandra nach Hause gekommen und fand Blue zusammengerollt in seinem Korb. Er war wirklich erfreut zu sehen, dass der Kater einfach aufstand und sich faul streckte, anstatt sofort zu verschwinden, und er fühlte etwas so Überwältigendes in sich aufsteigen, das er scheinbar nicht kontrollieren konnte. Er ging zu Blue und versuchte, ihn hochzuheben und zu knuddeln. Er hätte es nicht schlimmer machen können, wenn er einen Holzhammer und eine Kettensäge genommen hätte.

Blue geriet in Panik. Er schrie und sprang aus Garys Armen und stieß mit dem Kopf hart gegen die Wand bei seinen verzweifelten Versuchen, durch die Katzenklappe zu entkommen. Gary wusste, dass er in Schwierigkeiten war und rief als Erstes mich an, um zu erzählen, was er getan hatte. Ohne Frage konnte er es nicht anders als mit einem Moment von Wahnsinn erklären, aber der Schaden war angerichtet. Wir waren in einem sehr sensiblen Stadium des Therapieprogramms. Blue hatte gerade begonnen, seine Meinung über Gary neu zu definieren und war täglich vertrauensvoller geworden. Es war *nicht* an der Zeit, körperlichen Kontakt auszuprobieren, da die zerbrechliche Beziehung, die erschaffen worden war, durch eine falsche Bewegung unwiderruflich zerbrechen konnte. Diese eine Aktion brachte Blue zum Ausgangspunkt zurück und darüber hinaus, und seine erste Reaktion war, bei George eizuziehen und das Haus seines Freundes für nichts zu verlassen. Glücklicherweise waren Sandra und Georges Halter gute Freunde, und wenigstens war er an einem sicheren Platz, aber das hielt Sandra nicht davon ab, sich wegen der ganzen Ungerechtigkeit in den Schlaf zu weinen.

Die Zeit verging, und die gute Sandra blieb beharrlich. Sie brachte Blue nach Hause, und Blue ging, sobald er Gary sah, erneut weg. Sie fand sich fast damit ab, die nächsten Jahre damit zu verbringen, ihren Kater jeden Tag von einem Haus zum anderen zu bringen. Leider wurde die Situation noch komplizierter, als Georges Halter umzogen. Ihr Grundstück hatte für einige Zeit zum Verkauf gestanden, aber als ein Barzahler vorbeikam, entwickelte sich alles plötzlich sehr schnell. Sandra war besorgt darüber, dass Blue seinen Freund verlieren könnte, und über die offensichtliche Verwirrung, die ihr kleiner grauer Kater empfinden würde, wenn er seinen Zufluchtsort nicht mehr betreten konnte. Sie sprach mit der neuen Familie, als diese eintraf, erklärte ihre Zwangslage, und sie waren gerne einverstanden, damit fortzufahren, Blue zu erlauben, hereinzukommen. Ihre Katze Buttons hatte jedoch andere Pläne und wollte nichts davon wissen. Blue verbrachte daraufhin die meiste Zeit unter einer Hecke im Nachbarsgarten oder noch schlimmer auf dem Fenstersims und schaute in das Haus, das einmal sein Zuhause war. Wenn Sandra versuchte, das Fenster zu öffnen und ihn hereinzulassen, rannte er weg. Es brach ihr das Herz. Es war für uns drei an der Zeit, eine ernsthafte Entscheidung zu treffen. Wir mussten sicher sein, dass wir aus den richtigen Gründen versuchten, Sandra, Gary und Blue zusammenzuhalten. Alle drei waren derzeit unglücklich: Blue vermisste George, Sandra vermisste Blue, und Gary vermisste seine glückliche, entspannte Freundin. Ich hatte einen Plan, aber ich war nicht sicher, wie Sandra darüber denken würde. Ich wusste, dass alles, was sie jetzt wollte, war, dass Blue glücklich war. Was, wenn Blue und George wieder zusammen sein könnten? Sandra hatte mir bei einer früheren Gelegenheit erzählt, dass Georges Halter berichtet hatten, dass dieser in seinem neuen Zuhause Trübsal blies, und sie vermuteten, dass er Blue vermisste. Ein paar Telefonate später waren George und Blue wieder vereint. Blue passte sich seiner neuen Umgebung gut an, wanderte bald durch den Garten und erkundete sein Territorium. Blue und George wurden oft dabei gesehen, wie sie sich abends gegenseitig putzten oder zusammen spielten.

Ich denke oft an diesen Fall, weil ich glaube, dass ich noch niemals mit einer Katze gearbeitet habe, die so entschlossen war, eine Person zu hassen. Ich bin absolut davon überzeugt, dass Gary ihm niemals in irgendeiner Weise etwas getan hat. Blue hatte lediglich eine sofortige Abneigung gegen ihn entwickelt. Es ist traurig, dass sich die Dinge vor dem Rückschlag begonnen hatten, zu verbessern, aber ich vermute, dass seine feste Entschlossenheit hinterher auf die wahre Natur seiner Gefühle hinwies. Sandra besucht Blue ab und zu – immer alleine – und sie weiß, dass er glücklich ist. Sie würde verzweifelt gerne ihr Heim mit ihrem Freund und einer Katze teilen, aber sie wird es jetzt wahrscheinlich niemals tun, nach dem, was mit Blue geschah. Das ist schade, weil sie und Gary ein liebevolles Zuhause bieten könnten, aber man kann ihren Standpunkt wirklich verstehen.

Horace – manchmal sind sie nicht so beunruhigt, wie wir denken!

Wenn Paare zusammenkommen und ihre jeweiligen Haustiere mitbringen, ist das immer eine leicht traumatische Zeit. Werden Sie miteinander auskommen? Wird die ansässige Katze ihr Zuhause voller Empörung verlassen? Marion hatte vor Kurzem ein anmutiges Britisch-Kurzhaar-Kitten erworben. Ihr alter Kater Tom war gestorben, und sie hatte schon immer gedacht, dass es wundervoll wäre, eine Rassekatze zu haben. Tom war großartig, aber er war ihr als Streuner zugelaufen, und sie fand immer, dass er eine sehr unabhängige, selbstständige Katze war. Vielleicht würde eine Rassekatze sie mehr lieben? Sie nannte ihr Kitten Horace, es zog ein und alles lief einfach gut. Sie wusste, dass sie ihn verwöhnte, aber er war es ihr wert! Horace war sehr neugierig, und sie verbrachte die ersten paar Wochen damit, hinter ihm herzulaufen, nach Luft zu schnappen, wenn er versuchte, den Kamin hochzuklettern und panisch zu werden, wenn er auf hohe Flächen sprang. Sie hätte ihn eigentlich am liebsten in Watte gepackt, um ihn vor allen Gefahren des Lebens zu beschützen. Sie hatte bereits entschieden, dass die freie Natur viel zu gefährlich für so eine empfindliche Seele wäre. Einige Jahre vergingen, und das Band zwischen Horace und Marion wuchs. Er wartete an der Türe auf ihre Rückkehr von der Arbeit, folgte ihr überall hin und schien an ihren Lippen zu hängen. Marion war erfreut und meinte, dass eine Rassekatze offensichtlich die richtige Wahl gewesen war. Horace liebte sie offensichtlich sehr. Sie fand zwar, dass er etwas nervös und überempfindlich war, aber sie vermutete, dass dies eine Folge seiner Aufzucht wäre.

Während Marion und Horace sich näher kennenlernten, gab es Entwicklungen in ihrem Liebesleben. Als Horace ungefähr zwei Jahre alt war, kündigte Marions langfristiger Freund Patrick plötzlich an, dass er aus ihrer Beziehung eine stärkere Bindung machen wollte. Er meinte, es wäre Zeit für ihn, bei Marion einzuziehen – natürlich zusammen mit seinem Hund. Marion war erfreut; es war genau das, was sie hören wollte. Aber sie sorgte sich wegen Horace. Sie fragte sich, wie er mit einem großen Hund klarkommen würde. Zugegeben, Patch war sehr alt, langsam und sanft, aber er sah wohl fürchterlich beängstigend aus. Marion verbrachte während der nächsten Wochen viele schlaflose Nächte mit Horace zusammengerollt an ihrer Seite und betrachtete die Zukunft mit einiger Beklommenheit. Die Zeit für Patricks Einzug kam, und Marion war voller gemischter Gefühle. Sie war aufgeregt, mit ihrem Freund zusammenzuleben, aber besorgt, dass Horace nicht damit klarkommen würde. Der kleine Kater bekam an diesem Morgen einige Streicheleinheiten extra.

Patrick kam mit Patch an, und die erste Begegnung war ermutigend. Horace war bei seinem Züchter mit einem Hund aufgewachsen, sodass seine erste Reaktion eher Neugier als Angst war.

Trotzdem konnte Marion nicht widerstehen, jedes Mal nach ihm zu greifen, wenn er sich Patch näherte und ihn in ihre Armen zu nehmen. Nachdem sie das einige Male getan hatte, rannte Horace weg und verkroch sich unter dem Bett, und Marion spürte, dass ihr kleiner Kater die Eindringlinge hasste. Zwei Wochen später hatte sich die Lage nicht wirklich verbessert. Horace mied die Neuankömmlinge, und bei der Ankunft verschiedener Möbelstücke aus Patricks Haus verunreinigte er ein Bett und einen Stapel Bücher mit einer Flut von Urin. Marion war völlig außer sich, und ich wurde angerufen, um Horace zu helfen, sich mit dieser neuen Situation zu arrangieren.

Ich hörte Marions Geschichte aufmerksam zu und beobachtete den jungen Kater, wie er um die Füße seiner Halterin herumspielte. Einmal näherte er sich vorsichtig dem offenen Kamin, und gerade als er den Schornstein beschnüffelte, sprang Marion von ihrem Platz auf und schrie: „Nein, Horace, das ist gefährlich!" Der Kater legte sich flach auf den Boden und schaute erschrocken, bevor er gepackt und von seiner Halterin gedrückt wurde. Patch kam in den Raum – ein lieber alter Hund – und legte sich vor den Kamin. Marion hielt Horace noch fester, während sie den Hund misstrauisch beobachtete.

Es gibt Zeiten, wenn wir wirklich Opfer unserer eigenen Ängste werden können. Seit Horace Ankunft hatte Marion ihr kleines Kitten mit intensiver, beschützender Fürsorge überschüttet. Sie hatte ihren Schützling mit äußerster Vorsicht umsorgt. Immer, wenn der arme Horace versuchte, etwas zu erkunden und sich selbst herausforderte, um sich zu entfalten und emotional zu wachsen, wurde seine Bemühung vereitelt. Letztlich lernte er, hilflos und abhängig von Marion zu sein, die ihn vor all diesen unsichtbaren Gefahren beschützte. Er stellte sich auf sie ein und reagierte auf jede kleinste Bewegung von ihr. Er dachte wahrscheinlich anfangs, dass Patch nach großartigem Spaß aussah, aber als er Marions Körpersprache sah und ihren Wunsch, ihn zu beschützen, befürchtete er das Schlimmste. Als Patrick die Möbel und Bücher mit ihren herausfordernden Gerüchen hereinbrachte, wurde ihm alles zu viel, darum der Zusammenbruch seiner vorher beispielhaften

Toilettengewohnheiten. Die Dinge waren ihm über den Kopf gewachsen.

Ich glaube eigentlich nicht, dass Horace beunruhigt wegen Patrick *oder* Patch war. Patrick arbeitete gelegentlich tagsüber von zu Hause aus, und Horace schien die Gesellschaft zu genießen. Patrick berichtete, dass Horace sich oft zusammengerollt, in tiefem Schlaf neben Patch befand, wenn Marion bei der Arbeit war. Die Lösung dieses Problems lag bei Marion, nicht bei Horace. Wenn sie sich dazu bringen könnte, zu akzeptieren, dass Horace absolut fähig war, sein eigenes Leben im Griff zu haben, wären die Dinge erheblich anders. Der kleine Kater verbrachte viele Stunden damit, sehnsüchtig aus dem Küchenfenster zu starren. Er rannte oft aus der Hintertür, wenn seine Halterin nicht aufpasste, nur um von einer von Panik ergriffenen Marion erwischt und wieder zurückgeholt zu werden. Sie lebten in einer ruhigen Sackgasse mit einem großen und sicheren Garten. Wo war das Problem, Horace zu erlauben, die freie Natur zu erkunden? Als ich Marion diese Frage stellte, fand sie es schwierig, eine passende Antwort zu finden. Ich erklärte, dass wenn sie sich zurücknahm und Horace erlauben würde, seine eigenen Entscheidungen zu treffen, was sicher ist und was nicht, er davon überaus profitieren würde. Ich gab ihr Unterlagen von geeigneten Produkten, um das Bett zu reinigen und schlug vor, dass sie die stinkenden Bücher wegwerfen sollte. Sie stellte zwei diskrete Katzentoiletten an versteckten Stellen auf – einfach für den Fall, dass Patch etwas zu interessiert an den Toilettengewohnheiten des Katers war –, um sicherzustellen, dass Horace immer einen angenehmen und sicheren Platz für seine Ausscheidungen im Haus hatte. Und dann bat ich Marion, sich zu entspannen und Horace seine Fähigkeiten alleine erproben zu lassen.

Während der nächsten Wochen war Marion sehr tapfer. Sie führte Horace in den Garten ein; überflüssig zu sagen, dass er ihn annahm wie eine Ente das Wasser. Sie erlaubte Patch, Horace zu beschnüffeln und seinen Kopf zu lecken und ging nicht dazwischen, wenn Horace über ihn kletterte, um in die Küche zu gelangen. Horace unterliefen keine weiteren Missgeschicke mehr, und

Marion erkannte bald, dass er weniger ängstlich geworden war, sobald sie aufgehört hatte, so viel Aufhebens zu machen. Sie war glücklicher, und Horace hatte offensichtlich eine tolle Zeit. So weit es ihn betraf, war die Ergänzung durch einen Mann und seinen Hund ein Bonus! Einige Monate später musste ich lachen, als ich eine Karte von Marion und ihrer Familie öffnete. Es war ein Foto dabei, das Patch vor dem Kamin sitzend zeigte, während er gespannt in die leere Feuerstelle starrte. Marion hatte ihn etwas umkreist, und bei genauerem Hinsehen konnte ich deutlich Horaces Schwanz sehen, während der Rest seines Körpers im Schornstein verschwand.

* * *

Ich möchte dieses Kapitel mit einem aufrichtigen Geständnis beenden. Ich bin momentan mitten in einem kleinen Chaos mit meinem eigenen persönlichen Dreiecksverhältnis. Nachdem ich einem Zusammenleben für sieben Jahre widerstanden habe – alles ein großer Spaß, muss ich sagen –, habe ich nun einen Mann getroffen, mit dem ich glücklich bin, mein Haus zu teilen. Während ich schreibe, leben wir seit einigen Monaten zusammen, aber meine liebste Mangus, meine kleine Devon Rex, ist nicht glücklich. Bestimmte Privilegien wurden gekürzt – wie das eben typisch ist –, seitdem Vicky sich entschieden hat, auf jemanden hereinzufallen, der Angst vor Katzen hat und auch noch allergisch darauf ist. Ich habe die letzten Monate damit verbracht, alle meine eigenen Ratschläge zu befolgen: Ich dränge ihm Mangus weder auf noch mache ich ihm Vorhaltungen wegen seiner lächerlichen und unbegründeten Angst vor bzw. Abneigung gegen Katzen. Ich habe mich in allergrößter Geduld geübt, während ich Mann und Katze beobachtete, gefangen in einem psychologischen Kampf um meine Zuneigung. Mangus hat gelernt, dass sie – wenn sie sehr schnell ist – abends in einer Weise auf mir liegen kann, die es für eine dritte Partei unmöglich macht, mir irgendwie nahe zu kommen, ohne das Risiko einzugehen, sie zu berühren. Ich sitze an das Sofa „genagelt“, mit Mangus' Schwanz in meinem Gesicht und ihren

Vorderbeinen über meine gelegt, und beobachte, wie sie sich gegenseitig niederstarren. Ab und zu überrumpelt sie ihn und leckt seine Hand oder sein Gesicht. Das ist garantiert, um sich bei mir beliebt zu machen („Oh, schau sie an, sie mag dich, und sie versucht, sich mit dir zu anzufreunden.“). Aber das lässt ihn heißes Wasser und Seife holen. Ich bin nicht so einfach zu täuschen, aber ich glaube, ihr Unfug funktioniert bei ihm. Erfolge sind bis jetzt unter anderem:

- Er reinigte Mangus' Katzentoilette, als ich eine Grippe hatte.
- Er gab ihr heimlich ein Stück von seinem Steak, als er glaubte, ich sähe es nicht.
- Er begrüßt sie vor mir, wenn er von der Arbeit kommt.

Was wir Katzenliebhaber beachten müssen, ist, dass nicht jeder gleich ist. Man kann ein guter Mensch sein und Katzen nicht „verstehen“, weil man einfach nicht die persönliche Erfahrung hat, wie viel Freude es macht, mit einer zusammenzuleben. Wenn eine Allergie das Problem ist, dann ist man einfach weniger gewillt, sich auf eine Heimtierhaltung einzulassen. Alles, was diese Menschen brauchen, ist, Katzen sanft, kontrolliert und positiv ausgesetzt zu sein, ohne jemanden, der ruft: „Ich habe es dir gesagt!“, wenn sie beginnen, dem offensichtlichen Charme der Katzen zu erliegen.

In diesem Sinne erzielt meine Situation nach und nach immer größere Erfolge. Mein Partner musste seit einiger Zeit nicht mehr niesen, und vor Kurzem vergaß er, völlige Abscheu zu zeigen, als Mangus ihn leckte. Er hat mein erstes Buch „Die Katzenflüsterin“ von der ersten bis zur letzten Seite gelesen, und ich glaube wirklich, meine kleine Devon Rex schleift ihn ab. Die Zeit wird es zeigen.

KAPITEL 6
Eine nervöse Katze lieben

Ich habe Hunderte von Anrufen über die letzten zehn Jahre erhalten, in denen ich nach Rat wegen nervöser oder scheuer Katzen gefragt wurde. Alle Halter hatten Probleme mit Besuchen beim Tierarzt, medizinischer Behandlung und den üblichen täglichen Praktiken, mit einer Katze umzugehen, die nur unter sehr besonderen Bedingungen angefasst werden will. Das sind die Katzen, die nicht hochgehoben werden wollen, und deren Erwiderungen auf Annäherungen von Menschen durch einen Adrenalinstoß angeheizt werden. Sie flüchten entweder so weit wie möglich, erstarren – und nässen sich gelegentlich ein – oder kämpfen mit Zähnen und Krallen, mit oder ohne Vorwarnung. Sogar die letzte Gruppe besteht nicht aus Katzen, die von Natur aus aggressiv sind. Sie haben Angst, und ihre gewählte Strategie, mit einer Gefahr umzugehen, ist, das Hindernis so schnell und wirksam wie möglich zu entfernen. Wenn Sie sich jemals einer Katze nähern, die mit zurückgelegten Ohren und erweiterten Pupillen flach am Boden liegt, ist es wahrscheinlich eine sehr ängstliche Katze. Wenn Sie die Warnung ignorieren, tun Sie es auf eigene Gefahr und verstärken lediglich den Glauben der Katze, dass alle Menschen etwas Schlimmes bedeuten.

Ständig ängstliche Katzen wurden wahrscheinlich bis zu einem gewissen Grad so geboren. Die Persönlichkeit einer Katze ist eine komplizierte Mischung aus Genetik und Erfahrung, aber wenn man ängstlich geboren worden ist, würde einen auch die beste frühe Sozialisierung der Welt wahrscheinlich als Erwachsener immer noch süchtig nach Routine machen und ängstlich vor allem, was auch nur annähernd eine Herausforderung darstellt. Man kann sicherlich sagen, dass man die Katzen, die sich vor einem verstecken, besser umgehen kann, wenn man sich einen Wurf Kitten anschaut – vor allem, wenn man eine entspannte Schoßkatze sucht. Die wesentlichste Periode in der Verhaltensbildung einer

Katze ist zwischen zwei und sieben oder acht Lebenswochen. Wenn sie bis dahin keinen positiven Kontakten mit Menschen ausgesetzt waren – so wie das der Fall mit den meisten wilden Katzen ist –, werden sie ihnen gegenüber mit Misstrauen aufwachsen und oftmals extrem ängstlich sein. Wenn ihnen allerdings später der richtige Kontakt vermittelt wird, ist es absolut möglich, sie durch sehr viel Geduld und sorgsames Handling umzuerziehen.

Während einige auf diese Weise geboren wurden, sind andere nervöse Katzen mit der Zeit durch übereifrige oder überbesorgte Halter dazu gemacht worden. Das sind diejenigen, mit denen gearbeitet werden kann und die durch eine Veränderung der menschlichen Signale und des Verhaltens manipuliert werden können, was zu sehr lohnenden Ergebnissen für alle Beteiligten führen kann. Aber auch wenn Ihre Katze scheu geboren wurde, gibt es immer noch Strategien, die angewendet werden können, um das Leben so einfach wie möglich zu machen. Mein eigener Angsthase Spooky lebte für zehn Jahre mit mir, nachdem sie als junge erwachsene Katze von einem örtlichen Tierasyl gerettet wurde. Sie war immer noch ängstlich vor manchen Dingen, als sie starb, aber ich kann ehrlich sagen, dass die Liste erheblich kürzer war als bei unserem ersten Kennenlernen.

Nicht alle nervösen Katzen profitieren einfach von interaktiven Veränderungen. Einige umgehen die Bedeutung einer Beziehung zwischen Mensch und Katze vollkommen und konzentrieren sich auf die Umgebung, um ihren Ängsten und Phobien neue Nahrung zu geben. Ein Brief, den ich vor einigen Jahren von einem Katzenhalter bekam, erläutert die Bedeutung der richtigen Umgebung für viele Individuen perfekt:

Sie war immer sehr nervös und konnte nie überredet werden, nach draußen zu gehen. Sie blieb nie im selben Raum wie die Familie, obwohl sie mir ziemlich zugeneigt war. Eigentlich verbrachte sie die meiste Zeit in ihrem Leben hinter dem Heizkessel. Sie war unter Betten und in allen anderen Arten von Winkeln und Spalten, die sie finden konnte. Das Klingeln an der Türe, das einen Besucher signalisierte, ließ sie wie verrückt ein sicheres Versteck suchen! Doch als wir vor drei Jahren in unser derzeitiges Haus gezogen sind, hat Twiggy bedeutende Verhaltensänderungen durchgemacht! Sie bleibt nun sogar im selben Raum – auf dem Sofa –, toleriert Besucher nahezu, bewegt sich nur widerwillig, wenn ich Staub sauge und hat diesen Sommer viel Zeit im Garten verbracht – bittet sogar um Freigang.

Wenn alles sonst keinen Erfolg für Sie und Ihre nervöse Katze bringt, können Sie immer einen Umzug erwägen!

Die nächsten Geschichten beziehen sich auf verschiedene Aspekte von Nervosität. Ich hoffe, dass sie helfen, zu verstehen, wie viel Druck wir manchmal auf Katzen ausüben.

Daisy – ein Fall unerwiderter Liebe

Eine Infektion der unteren Harnwege kann ein wirkliches Problem für ständig ängstliche Katzen werden. Einige Individuen scheinen empfänglich für eine Blasenentzündung zu sein, wenn der Stresslevel hoch ist. Viele fortschrittliche Tierärzte empfehlen heute eine geeignete Diät und die Verabreichung von Medikamenten, aber richten ihr Augenmerk auch auf eine Verhaltenstherapie, um die notwendigen Veränderungen in der Lebensweise einzubeziehen. Diese Probleme treten gewöhnlich in Zyklen auf, sodass es möglich ist, ein symptomfreies Leben zu führen, wenn Stressauslöser entfernt werden. Ich besuchte Daisy und ihren Halter Mark genau aus diesem Grund. Daisy war eine kleine schwarz-weiße Katze mittleren Alters, bei der eine Idiopathische Zystitis diagnostiziert wurde und die die notwendige Behandlung erhielt. Die sogenannte Idiopathische Blasenentzündung bezeichnet einen Zustand, von dem angenommen wird, dass er stressbedingt ist, in Verbindung mit anderen Faktoren. Daisys wesentliches Symptom war Blut im Urin, aber weil sie auf das Bett ihres Halters oder auf den Teppich urinierte, empfahl der Tierarzt einen Besuch von mir, um zu sehen, was in ihrer Welt verkehrt war.

Mark war ein liebenswerter, begeisterter und fürsorglicher, aber etwas unordentlicher Insektenforscher. Er lebte in einer kleinen

Zweizimmerwohnung mit seinen zwei Freunden Tony und Brian. Dadurch war alles ziemlich vollgestopft. Aber das Sofa im Wohnzimmer wurde zu entsprechenden Zeiten zu einem Doppelbett umfunktioniert, und die drei schienen ohne allzu viel Ärger miteinander auszukommen. Seit Mark die Universität verlassen hatte, hatte Daisy über die Jahre in vielen Umgebungen gelebt, und er hatte es immer so empfunden, dass sie sich gut anpasste. Sie verbrachte die meiste Zeit schlafend, aber sie genoss die Aufmerksamkeit von Mark, vorausgesetzt, er wartete darauf, dass sie ihn darum bat. Er war sehr verständnisvoll gegenüber ihren Bedürfnissen und hatte bald herausgefunden, dass er gekratzt wurde, wenn er zu ihr ging; wenn sie dagegen zu ihm kam, war die Interaktion zärtlich und innig. Sie hatte während eines Jahres hin und wieder unter einer Blasenentzündung gelitten, und Mark wusste, wann sie krank war. Denn dann begann sie, auf sein Bett zu pinkeln. Während meines Besuchs bat ich, sein Schlafzimmer sehen zu dürfen, da ich verstanden hatte, dass alle ihre körperlichen Bedürfnisse (Futter, Wasser, Katzentoilette) in diesem kleinen Raum befriedigt wurden. Zwei Dinge entsetzten mich, als ich den Raum betrat: zuerst der Geruch und zweitens, dass jede verfügbare Stelle auf dem Fußboden vollgestellt war, und ich nicht wusste, wohin ich meine Füße setzen sollte, als ich hineinging. Ich fragte Mark, so diplomatisch wie möglich, wie er mit dem beißenden Gestank von Ammoniak durch Daisys Indiskretionen zurechtkäme. Der arme Mark hatte das Stadium erreicht, wo er es nicht mehr riechen konnte. Ich bin immer noch nicht ganz sicher, ob dieser Zustand gut oder schlecht ist, wenn man jemals Freunde um sich hat, aber unter diesen Umständen akzeptierte ich, dass Mark Glück hatte.

Als wir das Schlafzimmer verließen, fügte Mark hinzu, dass es ein weiteres Problem gab, bei dem er Rat brauchte. Brian ignorierte Daisy vollkommen und verursachte ihr keinerlei Probleme, aber Tony war ein großer Katzenliebhaber. Leider hasste Daisy Tony leidenschaftlich und attackierte ihn, wenn sie ihn sah, oder pinkelte auf sein Bett, wann immer sie die Chance dazu hatte. Könnte ich dafür sorgen, dass sie ihn mehr mochte? Tony erschien genau in diesem Moment und erklärte, dass er ständig versuchte, mit ihr zu sprechen und sie zu streicheln, aber es endete jedes Mal damit, dass er mit Pfoten und Krallen attackiert wurde. Daisy verbrachte so wenig Zeit wie möglich im gemeinschaftlichen Teil der Wohnung, sondern konzentrierte sich stattdessen auf den überfüllten Zufluchtsort von Marks Schlafzimmer.

Eine Idiopathische Blasenentzündung ist ein relativ verbreitetes Problem bei den modernen Katzen und wurde in einiger Ausführlichkeit in meinen beiden anderen Büchern „Die Katzenflüsterin" und „Neues von der Katzenflüsterin" besprochen. Die Entstehung dieser Krankheit wird immer noch unzureichend verstanden, aber Stress spielt eine bedeutende Rolle bei der Auslösung des zeitweisen schmerzhaften Urinierens. Katzenverhaltensberater arbeiten an der Seite von Veterinären, um die spezielle psychologische Fixierung des Individuums zu behandeln, indem sie versuchen, sicherzustellen, dass Stressfaktoren auf ein Minimum begrenzt werden. Wenn ich um eine Beratung in diesen Fällen gebeten werde, tendiere ich dazu, verschiedene vorher festgelegte Aspekte des Katzenlebens zu analysieren. Zusammen mit einer Diät und der Lebensweise sind die häufigsten Probleme andere Katzen, der Zugang zu akzeptablen Toilettenanlagen – drinnen und draußen – und die Beziehungen zwischen Mensch und Katze. In Daisys Fall konnten wir die Bedeutung anderer Katzen unberücksichtigt lassen, weil sie das Glück hatte, einen eigenen Platz für sich zu haben. Die Toilettenanlage war sicherlich ein Problem. Mark hatte pflichtbewusst eine kleine Toilettenschale auf den einzigen verfügbaren Platz zwischen Nachttisch und Wand gestellt. Um diese bequem benutzen zu können, musste sich Daisy von vorne nähern und sie rückwärts verlassen oder umgekehrt. Es gab keinen Platz, um sich umzudrehen oder überhaupt zu scharren; doch die Tatsache, dass sie zum Bersten voll war, als ich zu Besuch kam, war ein Beweis ihrer Entschlossenheit, diese unbequeme Toilette so oft wie möglich zu benutzen. Der Rest des Raumes war voll gestellt mit dem Bett, Daisys Futter und Wasser, einem Kratzpfosten, Marks Schuhen, CDs, Büchern und schmutziger Wäsche. Kaum überraschend, dass es an etwas Bodenfläche fehlte oder dass Daisy es angenehmer fand, auf dem Bett zu urinieren, wenn ihre Blase ihr

Schwierigkeiten bereitete. Dies war ein offensichtliches Problem und zwar eines, das so bald wie möglich behoben werden musste.

Allerdings gab es noch einen anderen Aspekt, von dem ich glaubte, dass er Daisy einigen Kummer bereitete. Ich denke, wir sollten niemals den Stress unterschätzen, den Katzen durch unerwünschte menschliche Aufmerksamkeit erleiden. Viele Menschen müssen alle Katzen einfach berühren und drücken, ohne Rücksicht darauf, ob das Vergnügen beidseitig ist oder nicht. Nicht alle Katzen sind gleich, und einige verstehen einfach die plumpe Art nicht, in der wir kommunizieren. Es kann sogar als Bedrohung wahrgenommen werden; deshalb Daisys abwehrende Aggression, wann immer Tony sich näherte, und ihr Meideverhalten ihm gegenüber, wann immer es möglich war. Könnte das genauso belastend für Daisy sein wie ihre unangemessene Toilettenanlage?

Ich besprach das Problem mit Mark diplomatisch. Es war klar, dass er ein sehr harmonisches Verhältnis mit seiner Katze hatte und ihre Beziehung aufgeblüht war, weil er ihren persönlichen Raum respektierte und ihren Wunsch nach Rückzug ab und zu. Er verstand die Einschränkungen seines Schlafzimmers und räumte ein, dass er Daisy oft dabei gesehen hatte, wie sie rückwärts aus der Katzentoilette kam. Er bemerkte auch, dass sie jammerte, für eine Weile darin schnüffelte und herumtrat, bevor sie sie benutzte; ziemlich verständlich unter diesen Umständen. Ich hasse es, zwischen einen Mann und sein Schlafzimmerchaos zu kommen, aber die Dinge mussten sich ändern. Es war eine akzeptierte Tatsache, dass für Daisys Bedürfnisse innerhalb seines einen Raumes gesorgt werden musste, sodass drastische Maßnahmen erforderlich waren. Ich schlug vor, Plastikbehälter zur Lagerung zu benutzen, und wir dachten uns einen Plan für eine ernsthafte Chaosbeseitigung aus; es war nicht das erste Mal, dass ich eine „Hausverschönerung“ vorschlug.

Ein minimalistisches Heim kann ein Albtraum für Katzen sein – so wenig Anregungen –, aber es gibt einen Kompromiss zwischen Minimalismus und einem kompletten Chaos. Alle Sachen von Mark wurden in stapelbare Kisten gepackt, die in einer kompakten, wenn auch hohen Säule in der Ecke angeordnet waren.

Der Nachttisch wurde entfernt und durch eine Ablage an der Wand für seinen Wecker und verschiedene Kleinteile ersetzt. Daisys Futter- und Wassernäpfe wurden auf der breiten Fensterbank platziert, wo sie es genoss zu sitzen und die Straße draußen zu beobachten. Dies legte zum allerersten Mal den Teppich am Fußende des Bettes frei. Wir stellten eine neue große Toilette an der Wand am Ende des Bettes und eine am ursprünglichen Platz auf. Eine angenehme fein gekörnte Katzenstreu ersetzte das ursprüngliche Granulat, und die Mischung aus Schlafraum und Daisys Zimmer war komplett.

Dann lenkten wir unsere Aufmerksamkeit auf Tony, der etwas pikiert war, dass er die Situation so falsch gedeutet und Daisy so viel Angst gemacht hatte. Ich bat ihn, sie für die vereinbarte Zeit von zwei Wochen als Experiment zu ignorieren, um den Einfluss dieses Mangels an Aufmerksamkeit einschätzen zu können. Wenn Daisy positiv zu reagieren schien, würden wir das als eine Strategie auf Lebenszeit anwenden. Ich bat Tony seinen Tätigkeiten nachzugehen, ohne mit ihr zu reden, sie zu berühren oder Augenkontakt mit Daisy aufzunehmen. Wenn sie eine gesellige Annäherung machen sollte – Wunder geschehen – wurde er gebeten, dies flüchtig anzuerkennen und einfach die Lebensgemeinschaft mit ihr zu genießen, anstatt sie grob zu behandeln.

Ich verließ die Männerwohnung mit großen Hoffnungen für Daisys Aufschwung. Mark, Tony und Brian waren einsatzfreudige, junge Männer, und sie wirkten, als ob sie die Verantwortung für Daisys Wohlbefinden sehr ernst nehmen würden. Nach zwei Wochen erhielt ich einen Anruf von Mark, der von einer wunderbaren Verbesserung berichtete. Marks Schlafzimmer wurde in eine Oase der Ruhe mit geräumigen sanitären Einrichtungen für Daisy umgewandelt. Die Bettwäsche, das Daunenbett und die Matratze waren nach meinen Anweisungen gereinigt worden, um den abstoßenden Geruch ihrer früheren Indiskretionen zu beseitigen. Tony und Brian berichteten, dass ihre Augen nicht länger tränten, wenn sie an Marks Türe vorbeigingen, sodass ich annahm, dass dies ein gutes Zeichen war. Tony hatte in der Zwischenzeit seine Herausforderung gut gemeistert und Daisy völlig ignoriert. Nach nur vier Tagen begann Daisy, sich wieder zurück in das Wohnzimmer zu wagen und schien zufrieden zu sein, in einiger Entfernung zu den Männern zu sitzen und deren Interaktionen zu beobachten. Seit meinem Besuch hatte Daisy beide Toiletten regelmäßig benutzt und viel Zeit damit verbracht, sich zu drehen, zu scharren und sich darin zu bewegen, einfach so zum Spaß.

Es ist unmöglich, einzuschätzen, wie bedeutsam Tonys Rolle bei Daisys Stress war, aber es war ganz eindeutig, dass eine Veränderung seines Verhaltens sich mit einer entspannten und geselligen Katze deckte. Daisy gedeiht immer noch gut in ihrer kleinen Welt, soweit ich weiß, ohne weitere Harnwegsprobleme.

Saphie und Minnie – die nervösen wilden Katzen

Andrea war eine viel beschäftigte berufstätige Frau in den frühen Dreißigern, die immer schon Katzen geliebt hatte. Als sie das Haus ihrer Familie verließ, nahm sie ihren geliebten Alfred, einen getigerten Hauskater von ansehnlicher Statur, mit. Er war immer ihr zuverlässiger und treuer Gefährte für sieben wunderbare Jahre gewesen, bis er im Alter von siebzehn Jahren krank und friedlich eingeschläfert wurde. Andrea litt unter dem Verlust und hatte keine Ahnung, wie sie damit fertig werden sollte. Sie fühlte sich schrecklich alleine, aber war völlig unfähig, eine andere Katze zu sich zu nehmen, da dies sicherlich ein Akt der Untreue gewesen wäre. Letztendlich entschied sie nach zwei Jahren, dass es an der Zeit war, sich nach der Gesellschaft einer Katze umzuschauen. Als Anerkennung für Alfred wollte sie einer Katze – oder Katzen – ein Zuhause geben, die wirklich eine Chance im Leben brauchten. Vielleicht einem kleinen Würmchen, das niemand wollte und das ansonsten vernachlässigt werden würde und einer unsicheren Zukunft entgegensah. Sie besuchte eine örtliche Londoner Katzenstiftung, die auf die „Resozialisierung" wilder Katzen spezialisiert war. Andrea wählte zwei Schwestern aus, zehn Wochen alte Kitten, die zusammen mit vielen anderen auf einem Gebiet hinter einem stillgelegten Gebäude eingefangen worden waren. Andrea war so motiviert von ihrem Wunsch, zu retten, zu verbessern und zu resozialisieren, dass sie der Tatsache, sie nicht anfassen zu können, wenig Beachtung schenkte. Sie missachtete auch das Fauchen und Spucken und die voller Angst weit geöffneten Augen beider Katzen, als sie sie durch die Gitterstäbe ihres Käfigs anstarrte; so stark fühlte sie ihre Berufung.

Sie nahm die Kitten, nun Saphie und Minnie genannt, mit nach Hause in ihre Zweizimmer-Erdgeschosswohnung mit dem hübschen gemauerten Hinterhof. Sie hatte sich entschieden, dass es das Beste für die Kitten wäre, ausschließlich drinnen zu leben; auf diese Weise könnte sie sie beschützen, hegen und Schaden von ihnen abwenden. Ihre ersten Lebenswochen waren hart gewesen, und sie glaubte, dass ihre Wohnung einen sicheren Ort voller Wärme und Sicherheit darstellen würde. Leider entwickelten sich die Dinge nicht ganz so, wie erwartet, als sie nach Hause kam. Für zwei Monate igelte sich das pelzige Duo hinter den Einbauschränken in der Küche ein. Wie sie das unglaublich schmale Loch gefunden hatten, war ein Rätsel für Andrea, aber sie musste den Zugang offen lassen, weil sie nur herauskamen, wenn sie weg war oder fest schlief. Sie begann zu glauben, dass die Belohnung für die Resozialisierung wilder Katzen dünn gesät war; sie gab ein Vermögen für Futter und Katzenstreu für zwei Katzen aus, die sie niemals sah. Viele ihrer Freunde vermuteten, dass sie zu hart gearbeitet hatte und die Katzen lediglich ein Produkt ihrer Fantasie waren.

Nach den ersten Monaten gab es einen Durchbruch. Saphie und Minnie verließen ihren offenbaren Zufluchtsort in der Lücke hinter dem Küchenschrank in den frühen Morgenstunden und verlegten ihr Lager in einen noch kleineren Zwischenraum hinter Andreas Bett. Sie war aufgeregt; dies musste ein großer Schritt vorwärts sein und eine offensichtliche Geste von Vertrauen gegenüber ihrer neuen Betreuerin. Ich befürchtete, ich sah das eher mehr als den einzigen anderen schmalen und unzugänglichen Platz in der Wohnung, aber ich war froh, mich Andreas Erklärung beugen zu können. Für weitere sechs Monate behielten die Katzen ihre Routineaktivitäten bei, wenn Andrea weg war – die Anzeichen waren überall, dass sie eine gute Zeit hatten, wenn Andrea bei der

Arbeit war – oder schlafend im Bett. Den Rest der Zeit blieben sie eng umschlungen hinter dem Kopfende des Bettes. Am Ende des ersten Jahres bewegten sich beide Kitten, nun gut über ein Jahr alt, in Andreas Anwesenheit frei in der Wohnung. Allerdings sprangen sie immer noch beim leichtesten Geräusch weg und blieben dabei, ihren Annäherungsversuchen zu widerstehen. Saphie tolerierte gerade einmal eine leichte Berührung unter dem Kinn, wenn Andrea ruhig im Bett lag, aber Minnie wollte davon nichts wissen.

Andrea hatte einen langsamen Fortschritt gemacht, aber sie meinte, sie hätte ein Plateau erreichen müssen, und fragte ihren Tierarzt nach einer Überweisung, um mich zu treffen und zu sehen, ob ich etwas Licht in ihren scheinbaren Misserfolg bringen könnte. Das Erste, was mir auffiel, als ich Andrea traf, war ihre enorme Energie. Sie sprach außerordentlich schnell und laut und bewegte sich in ihrer Wohnung, als ob sie in unglaublicher Eile wäre. Am Ende der ersten Stunde in ihrer Gegenwart, fühlte ich mich ausgesprochen nervös. Ich sah nichts von Saphie und Minnie während meines Besuchs, bis auf einen flüchtigen Blick, als ich mich auf das Bett kniete und mich über das Kopfende beugte. Ich sage Menschen immer, dass sie Katzen nicht in ihren persönlichen Rückzugsplätzen stören sollen, aber ich machte an diesem Tag eine Ausnahme. Andrea war versessen darauf, dass ich sah, wie wunderschön die Katzen waren, und sie gehörte nicht zu der Sorte Menschen, die ein Nein als Antwort akzeptieren. Keiner ihrer Freunde und Besucher hatte jemals die Katzen gesehen, außer auf Fotos, sodass sie wirklich wollte, dass ich die Erste von vielen war.

Ich lobte Andreas Geduld und Beharrlichkeit beim Versuch, ihr Dilemma zu meistern, aber ich glaubte, dass eine neue und andere Herangehensweise für die zwei Schwestern nötig wäre, um sie auf die nächste Stufe ihrer Einführung in die Freuden eines domestizierten Lebens zu führen. Die beiden Katzen hatten sich mittlerweile an Andreas Gegenwart gewöhnt. Nach einem Jahr war das unvermeidlich. Allerdings ließ Andrea Angst mit einer leichten Spur Panik durchblicken, und das musste eine Atmosphäre ständiger Spannung sowie potenzieller Gefahr geschaffen haben, wenn sie zu Hause war. Wenn Andrea sich fürchtete, dann meinten die

Katzen wahrscheinlich, dass es ihre beste Strategie wäre, hinter dem Kopfende zu bleiben, bis sich die Dinge wieder beruhigten. Das ist unzweifelhaft der Grund, warum sie die positivsten Fortschritte machte, wenn sie entspannt war und im Bett lag. Saphie und Minnie mussten mehr Erfahrungen machen; sie brauchten mehr Anregungen in ihrem Leben, die sie herausforderten und ermutigten, alles das zu tun, was Katzen tun sollten. Zweifellos unterhielten sie sich nachts und wenn das Haus leer war selbst, aber wir mussten sie an eine Art von Aktivität heranführen, die so unterhaltsam war, dass sie sogar dazu bereit wären, wenn Andrea im Raum war.

Ich schlug Andrea vor, in ein System zu investieren, das ihren kleinen gemauerten Hinterhof sicher machte. Er war voller aufregender Pflanzen und Insekten und würde den beiden Katzen unzweifelhaft eine umfangreiche Stimulation verschaffen. Andrea hatte sich immer Sorgen über die Gefahr gemacht, dass ihre Katzen hinausgingen und für immer verschwinden würden, sodass dies ein Kompromiss zu sein schien, mit dem sie eigentlich leben konnte. Wir sprachen auch darüber, sie besser nach Futter und Leckerchen suchen zu lassen, als dass sie es in einer langweiligen Schüssel erhielten. Mit Hilfe von zweiundvierzig Papptoilettenrollen, geschenkt von Freunden, Familie und Kollegen, konstruierte Andrea zwei pyramidenförmige Fütterungsgelegenheiten – das Design wird in meinem letzten Buch „Neues von der Katzenflüsterin“ beschrieben. Dadurch wurden die Leckerchen beliebig verstreut, und jede Katze musste dann ihre Pfoten benutzen, um die Leckerchen herauszuholen, wenn sie einmal entdeckt waren. Es würde sie unterhalten, während das Selbstvertrauen gefördert wurde, wenn eine Mahlzeit als das Ergebnis ihrer Initiative und Geschicklichkeit erworben wurde. Wir sprachen über viele andere Stimulationsquellen, wie Kletterbäume nach dem Baukastenprinzip, Wasserplätze und Spielsachen, aber ich musste noch immer über das wichtigste Element des ganzen Programms sprechen: Andrea selbst. Sie sandte wirklich nicht die richtigen Schwingungen aus, und wenn sie mit ihnen körperlich kommunizieren wollte, musste sie ihre Methodik verändern. Die eindringliche Stimme und die starrenden Augen mussten verschwinden, zusammen mit den ausgestreckten Händen und der Tendenz, zu ihnen über den Boden zu kriechen. Wir mussten Andrea so attraktiv machen, dass sie sich selbst entscheiden würden, dass sie vollkommen unwiderstehlich und einer näheren Erforschung wert war.

Ich bat Andrea, sich jeden Abend Zeit zum Entspannen und Meditieren zu nehmen. Das wäre nicht nur für sie zur Entspannung am Ende des Tagens gut, sondern die Katzen würden ihr Auftreten in dieser Zeit weitaus liebenswerter finden. Ich sagte ihr, sie solle direkten Augenkontakt oder Annäherungen vermeiden und mit einer weicheren und sanfteren Stimme sprechen. Ich schlug vor, sie solle sie „wunderschön" nennen, wobei sie jede Silbe mit einer ruhigen Stimme betonte, während sie langsam mit ihren Augen blinzelte. Dieses Wort kann aus irgendeinem Grund einen hypnotischen Effekt auf einige Katzen haben, und ich dachte, es wäre eine gute Übung für Andrea, um ihre Schnellfeuer-Sprache zu vermeiden, die die Katzen so bedrohlich fanden. Besonders hochwertige, schmackhafte Leckerbissen wie Schinken oder Krabben sollten als Bestechung dienen, um zu Annäherungen zu ermutigen. Andrea sollte das Konzept mit kleinen, aufregenden, neuartigen Futterhäppchen im Napf einmal am Tag einführen. Wenn sie erst einmal die neue Erfahrung reizvoll zu finden schienen, würde Andrea auf dem Boden oder im Bett sitzen oder liegen, mit einem Leckerbissen in der ausgestreckten offenen Hand, und dann Löcher in die Luft starren in Erwartung eines kleinen pelzigen Mäulchens, das sich näherte und die schmackhafte Gaumenfreude verschlingen würde. Wir würden dann darauf aufbauen, bis sie mutig genug sein würden, den Leckerbissen direkt aus ihrer Hand zu nehmen in allernächster Nähe zu ihrem Körper. Spielen war ein anderer wichtiger Teil des Bindungsprozesses, und ich ermutigte Andrea, Katzenangeln zu benutzen, um es so möglich zu machen, das Spiel aus einer sicheren Distanz zu genießen.

Andrea war sehr angespornt davon, endlich einen Plan zu haben, der hoffnungsvoll klang. Ich ging und schlug vor, sie solle sich etwas Zeit nehmen, um die neue Routine zu etablieren und mich dann anrufen. Was für eine wundervolle Frau! Sie rief mich zehn

Tage später an, hatte alle meine Empfehlungen in die Tat umgesetzt, und ihr erster Bericht zeigte eine anfängliche Verbesserung auf. Der Hinterhof war abgesichert worden, und am selben Tag hatte sie den beiden Katzen erlaubt, ihn abends zu erkunden. Die vorherigen Besitzer der Wohnung hatten bereits eine Katzenklappe installiert, sodass ich Andrea ermutigte, sich keine Sorgen zu machen, wenn sie die Katzen nicht wieder hineinbekam. Die Katzenklappe für einige Tage leicht geöffnet zu halten, würde ausreichen, um ihnen die Eingangsstelle beizubringen. Alle Spiel- und Fütterungsformen wurden angenommen, und Saphie hatte bereits eine Krabbe von ihrer flach ausgestreckten Hand genommen – die arme Andrea hatte für eine ganze Stunde dort gelegen, bevor sie es tat.

In der fünften Woche war Andrea schließlich ziemlich interessant geworden. Sie hatte sich das „Ignorieren" sehr gut angewöhnt und war erfreut, berichten zu können, dass beide, Saphie und Minnie, begannen, auf ihrem Bett zu schlafen. Dies waren wundervolle Nachrichten, und Andrea war überglücklich. Ich fuhr fort, Andrea über die gewöhnlichen acht Wochen hinaus zu unterstützen, weil wöchentlich ein Fortschritt erzielt wurde, und ich wollte nicht einen davon verpassen! Mittlerweile hatten wir den fünften Monat erreicht, die beiden gingen beständig im Hinterhof ein und aus, wurden täglich von Andrea gestreichelt und schliefen weiterhin als nächtliches Ritual auf ihrem Bett. Als wir uns einigten, getrennte Wege zu gehen, da Andrea in der glücklichen Lage war, es alleine zu schaffen, kam der letzte Bericht. Beide, Saphie und Minnie, waren ins Zimmer gekommen, als Andrea einen Besucher hatte, als ob sie das schon ihr ganzes Leben getan hätten.

Ich empfinde immer, dass die Aufgabe, eine wilde Katze aufzunehmen, voller Gefahren und Komplikationen ist. Ich bin nicht sicher, ob es sinnvoll für beide Parteien ist, da ein domestiziertes Leben für die Katzen Stress sein kann, die nicht an die Gewohnheiten von Menschen oder den Sinn von Beschränkungen gewöhnt sind. Allerdings, wenn die fraglichen Katzen junge Kitten sind, dann können sie, mit viel Geduld und sanfter Entschlossenheit, akzeptable Haustiere werden.

Sophokles und Demetrius – Angst auf Burmakatzenart

Angst ist ansteckend, und wenige Fälle erläutern diesen Punkt besser als der von Sophokles und Demetrius. Sie waren achtzehn Monate alte Brüder: hübsche Chocolate-Burma-Kater mit glänzendem Fell. Sie lebten bei Jennifer, und ich besuchte sie, nachdem sie mich eines Nachmittags angerufen hatte, um zu erzählen, dass sie ein schlimmes Problem hätte. Sophokles und Demetrius waren bebende Wracks geworden und hatten Angst vor ihrem eigenen Schatten. Jennifer wusste nicht, was sie am besten machen sollte. Sie konnte nicht verstehen, warum so selbstsichere Jungs so nervös geworden sein sollten. Innerhalb einer Woche nach unserem Gespräch saß ich in ihrem Wohnzimmer, von den Burmakatern wie von einer Überwachungskamera beobachtet, da beide Jungs gebeugt oben auf dem hohen Bücherregal saßen und die geheimnisvolle Fremde in ihrer Mitte begutachteten. Ich versuchte, sie zu ignorieren, da dies offenbar freundlicher wäre, als die Aufmerksamkeit auf ihren sicheren Beobachtungsposten zu richten, und hörte Jennifer zu, als sie die Geschichte darüber, wie sie allmählich in Ängstlichkeit verfielen, wiedergab.

Sie lebte in einem großen Apartment im Erdgeschoss in einem weitläufigen viktorianischen Gebäude in einem ländlichen Dorf. Die Straße, die zu ihrem Haus führte, war ziemlich verkehrsreich, aber eine lange, beeindruckende Auffahrt führte zum Haus, und die Rückseite des Gebäudes war umgeben von einer weitläufigen Anlage, die mit vielen Rasenflächen und dichtem, stattlichem Strauchwerk durchsetzt war. Wirklich ein Katzenparadies, und Demetrius und Sophokles hatten es die ersten Monate nach ihren Impfungen mit fröhlichem Herumtollen im Unterholz auch genossen. Jennifer war allerdings nicht glücklich. Einer ihrer Nachbarn hatte sich einen Hund angeschafft, und sie war besorgt, dass ihre Kater eines Tages dieses Biest treffen würden, mit schrecklichen Konsequenzen – und obwohl Cocker Spaniel nicht dafür bekannt sind, Katzen zu töten, war dies eine echte Befürchtung von ihr. Sie begann, ihre Ausflüge draußen zu beaufsichtigen und führte sie im Garten herum, mit einem Auge ununterbrochen auf dem Eingang ihres Nachbarn wegen möglicher Anzeichen einer Annäherung des Hundes. Nach einer Weile begannen die Katzen, die Schwingungen ihrer Halterin aufzunehmen und wurden zögerlich und unruhig – was war es genau, wovor sie solche Angst hatte? Nach einigen Monaten konnte Jennifer es nicht mehr aushalten. Sie traf die Entscheidung, ihre Jungs als Wohnungskatzen zu halten. Immerhin empfehlen dies viele Züchter für ihre Sicherheit sowie ihr Wohlbefinden, und die Straße draußen war sehr verkehrsreich, und Hunde sind gefährliche Kreaturen.

Demetrius und Sophokles blieben für die nächsten sechs Monate im Haus. Sie zerstörten einige Möbel, wurden ziemlich anhänglich gegenüber Jennifer, aber vor allem waren sie wachsam und angespannt. Jennifers neue Sorge war, wie sie sie ausreichend stimulieren konnte, um Langeweile zu vermeiden, und sie opferte viel Zeit und Energie, um sie zu unterhalten. Ihr Benehmen in der Wohnung wurde gelinde gesagt ziemlich ungewöhnlich. Sie schien nie zu entspannen. Jeden Tag wollte sie sichergehen, dass sie alles für ihre geliebten Katzen richtig machte. Die nervliche Anspannung war so groß, dass alle drei vollkommen die Fassung verloren, sobald auch nur ein Nachbar laut die Treppe herunterkam, Post in den Briefkasten fiel oder das Telefon klingelte. Jennifer war keine Närrin, und sie erkannte, dass einiges nicht stimmte. Sie beschloss, einen großen Schritt zu tun und die Katzen wieder in den Garten einzuführen, den sie vorher so sehr geliebt hatten. Sie hatte den Cocker Spaniel ihres Nachbarn bei verschiedenen Gelegenheiten seit der „Einkerkerung" der Burmakater getroffen und hatte sich rückversichert, dass er vollkommen harmlos war. Sie begann, die Jungs mit einem Geschirr hinauszulassen, aber der Prozess war nicht besonders erfolgreich. Sie trat aus der Türe, umklammerte beide Leinen fest in ihrer Hand und ging langsam und vorsichtig, während sie den Katzen ununterbrochen versicherte, dass alles gut war und jeglicher Lärm oder Bewegung kein Grund zur Beunruhigung war. Demetrius und Sophokles, zurückgehalten und unfähig, jeglicher potenziellen Gefahr zu entfliehen, lösten sich auf in zwei Häufchen erstarrter Panik. Jennifers

Beschwichtigungsversuche bestärkten sie nur darin, dass hinter jeder Ecke eine Gefahr lauerte. Dies war kein Spaß, und Jennifer verstand an diesem Punkt, dass sie Hilfe brauchte.

Ich bestätigte schnell ihren Verdacht, auf die netteste Weise, die möglich war, dass Sophokles' und Demetrius' Angst ein Produkt ihres Verhaltens war. Die Burmakater wurden von ihr abhängig für Anregungen, Unterhaltung und Sicherheit, was oft geschieht, wenn Katzen der Fähigkeit beraubt werden, sich natürlich zu verhalten. Jennifers Signale von Anspannung bedeuteten Gefahr für die Kater, und sie waren froh, sich hinter ihrem Rockzipfel verstecken zu können, bis das große schlimme Monster verschwunden war.

Die Lösung dieses Problems war sehr einfach. Jennifer musste loslassen, sich entspannen und akzeptieren, dass die Kater vollkommen in der Lage waren, ohne ihre Einmischung zu überleben. Sie würden unter diesen Umständen wahrscheinlich erfolgreicher damit klarkommen, wenn sie ihre Halterin nicht immer mit einem Auge im Blick hatten, um ihre Reaktion auf jede Herausforderung abzuschätzen. Ich schlug vor, dass es Sophokles und Demetrius erlaubt werden sollte, jeden Tag länger nach draußen zu gehen – ohne das Geschirr. Jennifer könnte mit ihnen gehen, aber nur, wenn sie bei allem entspannt bleiben könnte. Sie sollte der Versuchung widerstehen, sie zu beruhigen, wenn sie zurück ins Haus rannten, weil sie etwas entsetzlich Harmloses gesehen hatten. Sie mussten lernen, dass Jennifer nicht länger beunruhigt war. Katzen sind nicht dumm. Ich habe Haltern viele Male den Rat gegeben, zu „entspannen“ oder „souverän zu wirken“, abhängig von dem Problem, das sie versuchten, zu bewältigen. Ich sollte wohl besser sagen: „Bemühen Sie sich nicht, bis Sie wirklich entspannt oder zuversichtlich sind, weil Sie sofort durchschaut werden.“ Menschen erkennen nicht, dass sie, wenn sie nur so tun, einfach lächerlich auf ihre Haustiere wirken – und für das trainierte Auge eines Katzenverhaltensberaters! – und den Anschein erwecken, als würden sie wie ein defekter Roboter laufen und sprechen. Es muss authentisch sein, und das kann manchmal außerordentlich schwer sein.

Jennifer war aus hartem Holz geschnitzt, und sie beriet sich während der nächsten Tage leise selbst, um sicherzugehen, dass sie *wirklich* entspannt war, bevor die Jungs sich nach draußen trauten. Sie ließ sie anfangs dann raus, wenn sich die Teezeit näherte, immer ein guter Trick, um sicherzugehen, dass sie eher Lust auf Futter hätten als auf längere Erkundungen in der freien Natur. Sie öffnete die Türe auf eine geistesabwesende Art, pflückte beiläufig einige verwelkte Rosenblüten, bevor sie ins Haus schlenderte und das Ergebnis dieses ersten Experimentes abwartete. Ich bin sicher, ich wäre stolz auf sie gewesen, wenn ich dabei gewesen wäre. Sie spionierte den Katzen diskret durch das Küchenfenster nach und beobachtete, wie sie mit ihren Bäuchen auf dem Boden von Busch zu Busch schlichen. Nicht gerade kühn und frech, aber es war ein Anfang. Sie schüttelte die Schachtel mit den Leckerchen kurz darauf – sie war nicht sicher, wie lange sie „*wirklich* entspannt" bleiben konnte –, und die Jungs kamen hereingerannt. Sie sahen an diesem Abend etwas kräftiger und männlicher aus; Jennifer beschrieb sie sogar als in der Wohnung herumstolzierend. Es ist erstaunlich, wie etwas „Haltermanipulation" auf die Psyche einer Katze wirken kann! Sophokles und Demetrius – und Jennifer – erzielten nach und nach immer größere Erfolge, und alle drei sind nun glücklich und verbringen zwanglos nach Belieben Zeit draußen. Jennifer hat ihre Katzen weiterhin ermutigt, selbstständig zu sein, und sie blühten auf zu den übermütigen Burmas, die sie immer sein sollten.

Flower – die Katze, die Angst vor Gewittern hatte

Es gibt verschiedene Arten, wie wir als Halter von ängstlichen Katzen etwas falsch machen können; hier ist ein anderes Beispiel. Kathy und Andrew hatten eine kleine Katze namens Flower; sie war drei Jahre alt, als ich sie traf. Sie hatte zusammen mit dem Paar gelebt, seit sie ein Kitten war, aber sie war immer scheu und schreckhaft gewesen. Sie mochte Kathy sofort, und oft verbrachte sie die Zeit, in der sie wach war, in ihrer Gesellschaft. Andrew hatte eine Katzenklappe in die Hintertüre eingebaut, sodass sie tagsüber hinausgehen konnte, wenn das Paar zur Arbeit war. Stattdessen zog sie es vor, tagsüber hauptsächlich zu schlafen und ließ Kathy abends die Hintertüre öffnen, damit sie ihren Spaziergang machen konnte. Kathy und Andrew begannen, Flower nachts in der geräumigen Wohnküche einzusperren, aber sie fing an, an der Türe zu kratzen und am Teppich zu zupfen. Kathy fand es wahrscheinlich grausam, sie einzuschließen, wenn sie unglücklich war, und so stand sie eines Morgens um zwei Uhr auf, um sie herauszulassen und niemals wieder einzusperren.

Flower hatte nie Stürme oder plötzlichen Lärm gemocht, und Kathy tröstete sie immer, wenn sie einen lauten Knall hörte. Während eines Sturms wiegte sie Flower in ihren Armen oder bedeckte sie mit einer Decke, um ihr ein Gefühl von Sicherheit zu geben. Ein paar Monate vor meinem Besuch, hatte es einen heftigen Sturm gegeben, und Kathy hatte entschieden, Flower mit ins Schlafzimmer zu sich und Andrew zu nehmen, um sie zu besänftigen. Seitdem ging Flower jede Nacht zu Kathy, trampelte auf ihr herum, miaute und schnurrte und störte überhaupt jeden Schlaf während dieser Zeit. Kathy war besorgt wegen Andrew – er brauchte seinen Schlaf, um arbeiten zu können –, und es endete damit, dass sie ihre Nächte auf dem Sofa verbrachte, mit Flower zusammengerollt auf ihrer Brust, um sicherzugehen, dass Andrew nicht gestört wurde. Überflüssig zu sagen, dass dies keine gute Strategie war, da Flower begonnen hatte, Kathy mehrere Male in der Nacht für Unterhaltung, Futter oder worauf auch immer sie Lust hatte, aufstehen zu lassen. Es wurde bald klar, warum die arme Kathy so müde aussah. Sie stand morgens auf und fühlte sich schrecklich, während Flower sich gerade tagsüber, nach einer Nacht wilder Aktivitäten, zum Schlafen niederließ.

Hier gab es zwei Probleme. Erstens hatte Flower einen auf den Kopf gestellten Schlaf-Wach-Rhythmus, der geändert werden musste. Zweitens, was noch wichtiger war, all die Beruhigungsversuche und das Trösten hatten Flower zu einer abhängigen Kreatur gemacht, die in allem total abhängig von Kathy war. Nicht zufrieden damit, total abhängig von ihrer Halterin zu sein, hatte sie ein unglaublich effektives Aufmerksamkeit heischendes Verhalten entwickelt, was Kathy zu einer enormen Spiel- und Unterhaltungsquelle machte. Man kann Flower nicht dafür tadeln, dass sie schlau war und dies als eine gute Strategie entwickelt hatte. Wir mussten zugeben, dass Kathy offensichtlich „ein Narr war", weil sie klein beigab.

Kathy konnte ihre Fehler einsehen, aber sie hatte die uralte Vorstellung, dass wenn sie nicht tat, was Flower wollte, ihre kleine Katze sie nicht mehr lieben würde. *Dies ist ein Mythos!* Ich verhandelte mit Kathy und sagte, dass wir es für einen Monat auf meine Weise versuchen würden, und falls das nicht funktionierte, würde ich eingestehen, dass ich unrecht hatte. Ich machte diplomatisch klar, dass etwas geändert werden musste und dass wir eigentlich bezüglich besserer Ideen stecken geblieben wären. Das Prinzip hinter dem Ignorieren dieser Art von Aufmerksamkeit heischendem Verhalten ist, dass diesem zu erliegen, nicht im besten Interesse der Katzen ist. Je mehr sie bekommen, umso mehr wollen sie, und es wird ziemlich stressig, ihnen immer mehr zu geben – das wird in Kapitel 8 detaillierter beschrieben. Wenn Kathy sich von der Beziehung zurückziehen und Flower ermutigen würde, unabhängig zu sein, würden die Dinge sich definitiv für jeden verbessern.

Ich bat Kathy, ihre Schlafzimmertüre nachts zu schließen. Wir befestigten ein schmales Stück Teppich an der Stelle neben der Türe, sodass jedes zwangsläufige Kratzen ignoriert werden könnte. Kathy und Andrew mussten standhaft bleiben; jegliches Schreien nach Aufmerksamkeit in der Nacht sollte vollkommen ignoriert werden. Nach einigen Tagen nachzugeben, weil sie es nicht mehr aushalten konnten, wäre das Schlimmste, was passieren könnte. Ich schlug in der Anfangszeit Ohrstöpsel als angemessene Maßnahme vor. Das Gästezimmer wurde mit einer Hängematte an der Heizung und einem kleinem Napf mit Trockenfutter verlockend gemacht, um Flower zu ermutigen, dort zur Abwechslung zu ruhen. Kathy würde aufhören, die Hintertüre für Flower zu öffnen und sie noch einmal durch das Katzenklappen-Training führen, um sicherzugehen, dass sie die Botschaft verstand. Jeder Sturm würde in Zukunft vollständig ignoriert werden, und Kathy und Andrew würden ihrer Beschäftigung nachgehen, als wenn nichts passiert wäre. Dies ist immer eine weitaus effektivere Herangehensweise als Beschwichtigung; diese zeigt der Katze nur, dass sie absolut recht hat, Angst zu haben.

Ein Brief erreichte mich acht Wochen später:
... nur, um Sie wissen zu lassen, dass es Flower gut geht. Sie hat sich an die Katzenklappe gewöhnt und uns nachts nicht mehr belästigt. Sie scheint auch selbstsicherer zu sein. Sie verbringt viel Zeit draußen, hat etwas an Gewicht verloren und ist viel aktiver.

Es ist erstaunlich, was ein klein wenig Vernachlässigung bewirken kann.

* * *

Ich werde wohl weiterhin unzählige Anrufe wegen nervöser Katzen erhalten. Es ist möglich, wie Sie gesehen haben, das Leben so angenehm wie möglich zu machen, aber es wird immer Probleme geben. Wann immer ich mit Haltern spreche, warne ich sie davor, zu viel von ihren Schützlingen zu erwarten. Diese Katzen können selten vollständig aus ihrer Haut heraus.

Durch eine Veränderung in der Beziehung Angst bekämpfen

- Stellen Sie keinen direkten Augenkontakt her; schauen Sie Ihre Katze aus dem Augenwinkel oder mit halb geschlossenen Lidern an. Langsames Blinzeln signalisiert Geselligkeit und einen Mangel an aggressiven Absichten.
- Vermeiden Sie ausgestreckte Hände, da dies, wie eine erhobene Pfote, bedrohlich wirken kann.
- Sprechen Sie in der Anwesenheit Ihrer Katze normal, da eine gedämpfte Stimme Ihre eigene Anspannung und Angst signalisieren kann, und diese Emotionen sind übertragbar.
- Sprechen Sie mit einer sanften Stimme zu Ihrer Katze, in einer leicht höheren Tonlage als normal.
- Benutzen Sie Ihre Stimme auf diese Weise, wenn sie auf positive Art Futter und Interaktivitäten anbieten.
- Vermeiden Sie eine direkte Annäherung, da dies eine Kampfansage und potenzielle Gefahr signalisiert; sogar, wenn Sie nur beabsichtigen, an Ihrer Katze vorbeizugehen, versuchen Sie einen weniger direkten Weg zu nehmen.
- Finden Sie heraus, was Ihre Katze motiviert – Spielen, Spielsachen, Futter, Leckerbissen – und benutzen Sie das, um eine positive Assoziation mit Ihnen zu erzeugen.
- Bieten Sie sichere Versteckmöglichkeiten an, wo Ihre Katze Zuflucht suchen kann, und stören Sie sie nicht, während sie dort ruht.
- Beruhigen Sie Ihre nervöse Katze nicht, da dies die Angst verstärken kann und Ihre Katze zu abhängig von Ihnen als Aufpasser macht.
- Berühren Sie Ihre Katze sanft, während des Fütterns oder Spielens anfangs nur für kurze Augenblicke. Vermeiden Sie verletzliche Stellen wie den Bauch und die Beine um jeden Preis, und konzentrieren Sie sich zunächst auf die Wangen und das Kinn.

Die traurige Geschichte von Billy

Abgesehen von der Tatsache, dass wir uns auf die Vorteile konzentrieren, die eine Veränderung in unserer Beziehung zu unseren Katzen bringt, um Nervosität zu bekämpfen, muss ich jeden an einen wichtigen Punkt erinnern. Es gibt immer noch keinen Ersatz dafür, einen Tierarzt einzubeziehen, da das Verhalten viel zu oft von Schmerz oder Krankheit beeinflusst wird. Ich möchte Ihnen die traurige Geschichte von Billy erzählen. Billys Halterin Angie rief mich eines Abends im letzten Jahr an. Sie hatte meinen Namen und die Kontaktdaten von ihrem Tierarzt bekommen. Sie war außerordentlich niedergeschlagen, weil sich Billys Persönlichkeit nach einem Aufenthalt in der örtlichen Katzenpension dramatisch verändert hatte. Er war ein siebenjähriger Hauskater und vorher ein vorbildliches Haustier gewesen. Er war selbstsicher, anhänglich, verspielt, passiv gegenüber den Nachbarskatzen, häuslich und redselig. Er hatte einen Gefährten zu Hause, Ted, einen jungen kastrierten Kater, mit dem er eine akzeptable Beziehung führte. Er war nicht begeistert, als das Kitten ankam und war allgemein etwas ruhiger geworden, aber im Großen und Ganzen spielten sie zusammen, putzten sich gegenseitig und wurden oft vorgefunden, wie sie in unmittelbarer Nähe zueinander ruhten.

Im Januar dieses Jahres, hatten die beiden Kater die Katzenpension für eine Woche besucht, während Angie und ihr Mann in Urlaub waren. Als sie die Katzen abholten, bemerkte Angie, dass Billy deutlich verärgert aussah: Seine Pupillen waren erweitert, und er knurrte leise. Das Paar dachte, er wäre ärgerlich, dass sie ihn zurückgelassen hatten. Aber als sie ihn nach Hause brachten, hatte er Heißhunger, war jedoch zu schwach, um auf die Arbeitsplatte in der Küche zu springen. Er wirkte sehr nervös, sodass Angie ihn in die Tierklinik brachte, wo sie ihm Antibiotika und Schmerzmittel gaben, obwohl sie ziemlich verblüfft über die Art seiner Beschwerden waren. Ein Bluttest führte zu keiner Diagnose, und am Ende der Woche schien Billy wieder mehr der Alte zu sein. Dann, ungefähr eine Woche später, wachte er in der Nacht in einem sehr aufgewühlten Zustand auf; er alarmierte Angie und ihren Mann mit seinen lauten gestressten Schreien und wirkte entsetzlich verängstigt, rannte herum und suchte nach Versteckmöglichkeiten, in dem verzweifelten Versuch, dem zu entkommen, was auch immer ihm Angst machte.

Die Tierarztpraxis empfahl, dass sie Ted von Billy trennen sollten, da sie glaubten, es hätte einige soziale Probleme während ihres Aufenthalts in der Tierpension gegeben. Während der nächsten zwei Wochen hatte Billy gute und schlechte Tage; er schwankte zwischen normalem Verhalten und offenbarer Panik, wenn er Angie oder ihren Mann sah. Er schien völlig verunsichert zu sein, wenn er hoch- oder hinunterspringen wollte und wirkte unbeholfen. Eines Morgens nässte er sich sogar ein, als Angie sich ihm näherte. Weitere Bluttests wegen Katzenleukämie (FeLV), Feline Immunschwäche (FIV) und Feline Infektiöse Bauchfellentzündung (FIP) erwiesen sich alle als negativ. Billy miaute weiterhin jämmerlich an den Fenstern, und sein rastloses Herumlaufen war voller Momente kompletter Panik.

In der vierten Woche zeigte der Finger des Verdachts immer noch auf Billys Gefährten, sodass Ted für eine Woche in der Tierpension untergebracht wurde, um zu sehen, ob dieser Umzug sich auf Billys Geisteszustand auswirkte. Es gab keine bemerkenswerte Veränderung, und seiner Rückkehr eine Woche später begegnete Billy eher mit Neugier als mit sonderlicher Ablehnung. Woche fünf brachte eine weitere Verschlechterung, als Bill urinierte und kotete, wenn er seine Halter sah. Der Tierarzt hatte Amitriptyline (ein starkes trizyklisches Antidepressivum) verschrieben, und Billy schien wieder etwas munterer und aufgeschlossener für Kontakt und Zuneigung zu werden. Das war, als ich in den Fall einstieg, und nach sorgfältiger Prüfung der Fakten, konnte ich nicht akzeptieren, dass dies ein Verhaltensproblem war. Ich informierte Angie, dass ich an dem Fall dran war, aber ihn mit Kollegen besprechen wollte, bevor ich ihre Zeit und ihr Geld für eine Verhaltensberatung beanspruchen wollte.

Der Mann, zu dem ich immer gehe, wenn ich mit so einem Fall konfrontiert werde, ist ein pensionierter Tierarzt und praktizierender Tierverhaltensberater namens Robin Walker. Der Mann ist wirklich ein Genie, und es gibt wenig, was er meiner Meinung nach nicht weiß. Nachdem er den bisherigen Verlauf verstanden hatte, ging er eher in die Richtung einer physiologischen als einer psychologischen Diagnose und erwähnte ein mögliches Key-Gaskell-Syndrom (Feline Dysautonomie). Dies ist ein verhältnismäßig seltener Zustand, aber ich konnte auf jeden Fall seinen Standpunkt nachvollziehen. Er deutete ebenfalls ein Trauma am Kopf an, das eine Gehirnschädigung verursacht hatte, und ich war in diesem Stadium ähnlicher Meinung.

Ich überredete Angie, einen Spezialisten aufzusuchen. Ich wollte keine Diagnose durch Besuche und Suchen nach einer Verhaltensmotivation verzögern, ohne zuerst alle medizinischen Möglichkeiten zu überprüfen. Billy verhielt sich weiterhin sehr seltsam, weckte Angie in der Nacht auf, und es schien, als solle sie ihm folgen, aber er hielt dann oben auf der Treppe an und heulte. Der Spezialist machte Tests bezüglich der Leberfunktion und Blutparasiten. Er informierte Angie, dass die nächste Stufe ein MRI Scan *(Kernspintomografie)* wäre. Er machte sich Sorgen über Billys kauernde Haltung; Angie hatte das als Angst interpretiert, aber es konnte genauso auf ein Problem mit dem Gehirn hinweisen.

In Woche sieben schwankten die Tierärzte zwischen einer neurologischen und einer Verhaltensdiagnose. Angie war immer noch davon überzeugt, dass das Kitten und der Aufenthalt in der Tierpension entscheidend für Billys derzeitiges Problem waren, aber als sein Zustand sich verschlechterte, wurde sie von einem der Tierärzte überredet, dem MRI zuzustimmen. Vier Tage später hatte Billy die Untersuchung, und schwupps wurde ein Tumor mit einem Durchmesser von ungefähr fünf Zentimetern hinter seiner Augenhöhle gefunden. Der Spezialist war sicher, dass dieser Zustand operabel war, da der Tumor ungefährlich und gut erreichbar war. Er hatte vorher schon viele solcher Operationen durchgeführt, sodass Angie Billy zu dem Eingriff mit großen Hoffnungen auf eine vollständige Genesung brachte. Leider überlebte Billy die Operation nicht; die Entfernung des Tumors ging gut, aber Billy erlangte nie mehr das Bewusstsein. Ich begegnete Billy, während der drei Wochen, in denen ich in seinen Fall involviert war, nicht, aber sein

Tod bekümmerte mich sehr. Manchmal scheint es so logisch, dass Verhaltensveränderungen als direktes Ergebnis einer schlechten Erfahrung auftreten. Angst bei Katzen wird immer als eine berechtigte Erwiderung auf Gefahr angesehen, sogar wenn die Bedrohung eher vermeintlich als real ist. Allerdings war in Billys Fall die Angst mechanisch und resultierte aus abnormen Gehirnreaktionen aufgrund des Drucks des Tumors. Und das einzig wirklich sichtbare Symptom seines Zustands war die Angst.

KAPITEL 7
Eine aggressive Katze lieben

Jeder, der niemals selbst die Erfahrung mit Katzenaggression gemacht hat, würde es von der Hand weisen. Er würde sich wundern, dass irgendjemand ängstlich oder eingeschüchtert sein könnte durch solch eine kleine Kreatur. Da spricht die Stimme der Ignoranz. Ich habe einen gesunden Respekt vor allen Katzen, weil ich weiß, dass sie Großes bewirken können, unabhängig von ihrer körperlichen Größe. Die Natur hat die Katze mit einem beeindruckenden Waffenarsenal ausgerüstet. Sie haben rasierklingenscharfe Zähne in kräftigen Kiefern und Krallen, die ein Kaninchen ausweiden können – ein ekelhafter Gedanke, aber wahr. Ich habe Verletzungen gesehen, die erwachsenen Männern zugefügt wurden, die mehr nach dem Ergebnis einer Auseinandersetzung mit einem Rasenmäher aussahen.

Aggression ist ein großer Teil der Überlebensstrategie von Katzen. Sie wird für die Futtersuche, die Verteidigung des Territoriums und Sex benötigt. Wie naiv von uns zu glauben, dass wir solch einen fundamentalen Trieb einfach auslöschen können, indem wir Katzen in unser Haus einladen. Bis zu einem bestimmten Grad nehmen wir das raubtierhafte Verhalten und Kämpfe mit der Nachbarskatze hin, und gewöhnlich kastrieren wir unsere Haustiere, sodass die Sache mit dem Sex aufhört, ein Problem zu sein. Warum sind wir dann überrascht, wenn sie uns gelegentlich anfallen? Der Grund liegt in unserem Missverständnis über die Beziehung.

Nicht alle Katzen hatten den Vorteil einer häuslichen Erziehung, bei der zum frühesten Zeitpunkt eine Sozialisierung stattgefunden hat, um es dem Individuum zu ermöglichen, positive Assoziationen zu Menschen zu entwickeln. Dieser Lernprozess zeigt den Kitten, wie Menschen harmlose Geselligkeit ausdrücken; wir blicken ihnen sehnsüchtig in die Augen, wir umarmen und streicheln sie. Für die Uneingeweihten scheint dieser Akt der Liebe nichts weiter als ein Akt der Aggression zu sein. Sie spüren, dass sie keine Alternative haben, außer zu fliehen, in kläglicher Panik zu erstarren oder zu kämpfen. Kombinieren Sie diese grundlegende Fehlinterpretation von Signalen mit einem eingeschränkten und langweiligen Lebensstil, und Sie haben das Rezept für Unglück.

Es ist noch nicht alles verloren, da bestimmte Ausdrucksformen von Aggression bei unseren Katzen einfach durch eine Veränderung unserer Rolle in der Beziehung zwischen Halter und Katze entschärft werden. Der einfachsten Regel zu folgen und Verständnis für katzenhafte Benimmregeln zu entwickeln, wird die erstaunlichsten Ergebnisse zeigen. Hier sind drei Geschichten von Menschen und Katzen, die es leider ganz falsch verstanden haben.

Wickham – der böse Diktator im Leopardenpelz

Mein erster Kontakt mit Charlotte war ein tränenreicher und verzweifelter Anruf. Ich sollte betonen, dass sie diejenige war, die weinte, aber rückblickend, mit meinem heutigen Wissen zu dem Fall, hätte ich es sein sollen. In ihrem Zuhause war nichts in Ordnung, und sie erzählte mir verdrossen ihre traurige Geschichte. Sie lebte mit ihren Eltern, John und Margaret, und einem älteren Labrador namens Fred zusammen. Sie war vor Kurzem zu der Familie nach Hause zurückgekehrt, um dort zu leben, und verspürte das Bedürfnis, ein eigenes Haustier zu halten, das sie lieben und hegen könnte. Sie war immer schon verrückt nach Katzen, aber sie wollte nicht einfach „irgendeine x-beliebige Katze". Sie studierte sorgfältig die Rassen und entschied sich letztendlich für eine Bengal, die ihr am ehesten für ihre Bedürfnisse geeignet schien. Sie verstand es so, dass die Rasse gesellig, kontaktfreudig, intelligent und hundeähnlich wäre. Sie war ebenso mit einem außergewöhnlich guten Aussehen gesegnet, sodass es nicht schwer war, sich in einem Züchterhaushalt vor Ort in ein junges männliches Kitten zu verlieben. Sie nannte den kleinen Kater Wickham – der Name einer

Figur aus einem Austen-Roman, der ihrer Meinung nach zu so einem stattlichen Kerl passen würde – und brachte ihn heim. Alles ging gut, und Charlotte, John, Margaret und Fred lebten bald mit einem ausgelassenen leopardengefleckten Ausbund an Energie und Spaß zusammen. Er sprang auf Freds Rücken, griff rugbymäßig Menschenfüße an und inspizierte sein Reich oben von den Samtvorhängen des Wohnzimmers aus. Er hatte einen großen Unterhaltungswert, und Freunde und die Familie kamen von nah und fern zu Besuch, um ihn zu sehen.

Als er wuchs, begann er sich nach draußen zu wagen, um all die aufregenden Erfolge und Misserfolge nachbarlicher Auseinandersetzungen und territorialer Auseinandersetzungen zu erleben. Charlotte und ihre Familie waren leicht amüsiert, zu entdecken, dass er trotz all seiner Energie und dem Macho-Gehabe drinnen der örtliche Feigling war, wenn es zu Kämpfen kam. Er stürmte oft mit einem kolossalen Tempo durch die Katzenklappe, um Trost in Charlottes Armen zu suchen, verfolgt von einer wütenden getigerten Hauskatze, die ihr Gesicht gegen die Klappe presste, um plötzlich beim Anblick des bedrohlichen großen schwarzen Labradors drinnen innezuhalten.

Charlotte konnte nicht wirklich sagen, wann es begann, schiefzulaufen. Die Beziehungen im Haushalt nahmen jedoch eine unheilvolle Wendung. Wickhams burschikose Anmaßung drinnen veränderte sich in etwas weitaus Bedrohlicheres. Das Anspringen von Fred und das In-die-Füße-Beißen hatten sich zu einer echten Aggression entwickelt und wurden vom Gesichtsausdruck einer „Teufelskatze“ begleitet, die jedem einen Schauer über den Rücken laufen ließ, der sie sah. Fred war bedroht und solchermaßen eingeschüchtert worden, dass er gegen seinen Willen in der Küche gehalten wurde und sich aus Angst vor Verletzungen durch Wickhams Zähne und Krallen fürchtete, sich irgendwohin zu wagen. Jedes Mitglied der Familie war zu irgendeinem Zeitpunkt Opfer seines kontrollierenden und böswilligen Verhaltens geworden. John und Margaret konnten die Küche nicht betreten, ohne Wickham wiederholt mit Leckerbissen zu füttern, um einen Angriff zu vermeiden. Das Hundekörbchen, der beste Sessel im Haus, die

Computertastatur und alles andere, in seinen Augen annähernd Bedeutungsvolle, war nun unter seiner Kontrolle. Wickham hatte die Macht übernommen, und Charlottes Haushalt wurde nun von einem kleinen gefleckten Säugetier regiert.

Ich habe viele Häuser in meiner Laufbahn besucht, die mit eiserner Faust von der Familienkatze regiert wurden. Ich habe einen gesunden Respekt vor solchen Kreaturen – sie sind wirklich furchterregend –, aber einen noch gesünderen Respekt vor meinem Ruf als furchtlose Pionierin angesichts jeglichen Dilemmas mit einer Katze. Während ich zu Charlottes Haus fuhr, war ich entschlossen, Wikham wissen zu lassen, dass ich keinen Blödsinn von ihm hinnehmen würde. Nur mit meiner zuverlässigen Aktentasche bewaffnet und einem Paar fester Stiefeletten zum Schutz, betrat ich das Haus.

Mein erster Blick auf Wickham – nur aus meinem Augenwinkel; ich würde ihm nicht die Genugtuung einer Kenntnisnahme geben – sah eine wunderschöne leopardengefleckte Kreatur, die zusammengerollt in einem überdimensionalen Körbchen bei der Heizung im Wohnzimmer lag. Ich wusste sofort, dass dies Freds Lieblingsplatz gewesen war. Mein Herz schmolz, als ein trauriges schwarzes Gesicht durch die Glastüre der Küche spähte, mich fast anflehend, ihn an seinen berechtigten Platz in seinem weichen, warmen Korb zurückzuholen. Geduld, Fred, Geduld. Ich setzte mich in einen Sessel neben das alte Körbchen des Hundes und erklärte der Familie, dass ich, während der Beratung und aus einem sehr guten Grund, Wickham nicht beachten würde. Ich glaube, dass es immer wichtig ist, dies zu betonen, weil niemand es mag, wenn ein Fremder seinem Haustier gegenüber uninteressiert ist.

Als ich meine Notizen nahm, beobachtete ich Charlotte, John und Margaret, wie ihre Augen ununterbrochen auf Wickham gerichtet waren, der lässig auf seinem neuen Thron lag. Dann geschah etwas, Wickham erhob sich, streckte sich und schaute durch den Raum zu John, der in seinem Lieblingssessel saß. John stand sofort auf und ging langsam zum Kamin, wo er dann ziemlich unbeholfen mit den Händen tief in seinen Hosentaschen stand. Wickham ging zielbewusst zu Johns Sessel und sprang darauf; er drehte sich einige Male, bevor er sich in die reizvolle Umarmung eines vor Kurzem geräumten, warmen Polsters fallen ließ. Ich musste etwas sagen, so fragte ich: „John, was ist da gerade passiert?“ John antwortete, dass er wusste, dass Wickham seinen Platz wollte, seit es sein Lieblingssessel geworden war, und dass er, wenn er den Besitz nicht abgetreten hätte, unzweifelhaft attackiert worden wäre. Ich war empört. Ich ging selbstsicher zu Wickham und schubste ihn sanft, aber entschlossen vom Sessel. Wickham schaute völlig verdutzt und war offensichtlich zu geschockt, um sich zu rächen – zum Glück. John allerdings schaute starr vor Schreck, und in der wahren Tradition jedes Opfers von Katzentyrannei widerstrebte es ihm aus Angst vor zukünftigen Vergeltungsmaßnahmen sehr, wieder im Sessel Platz zu nehmen. Ich versprach, dass ich ihn beschützen würde, während ich da war und dass es wichtig wäre, dass er seinen Sessel zurückforderte. Wickham ging zurück zum Hundekörbchen und putzte sich auf eine ziemlich unkonzentrierte Weise.

Nach umfangreicher Erörterung erklärte ich Charlotte und ihrer Familie, warum ihr Kater ein solches Monster geworden war. Wickham war eine sehr spezielle Persönlichkeit; er war äußerst territorial, musste patrouillieren und sein Territorium draußen verteidigen. Leider verliefen seine Anschläge erfolglos – ungewöhnlich für eine Bengalkatze –, und er hatte sich oft zum Trost in die verhältnismäßige Sicherheit seines Heims zurückgezogen. Allerdings verstand ein anderer Teil seines Charakters das ganze „Mensch-liebt-Katze-liebt-Mensch“ nicht wirklich. Überall, wo er im Haus hinging, war er der Mittelpunkt ihrer Aufmerksamkeit. In Katzensprache übersetzt bedeutet das Ärger, und Wickham fand es ziemlich besorgniserregend, besonders nachdem er sozial gereift war und seine Rolle im Leben zu verstehen begann. Frustriert begann er, um sich zu schlagen und lernte bald, dass ihn dies sogar befähigte, die Aktionen und Bewegungen dieser irritierenden Menschen zu kontrollieren. Wenigstens konnte er zu Hause der Chef sein, wenn er es schon draußen nicht schaffte. Entgegen der Meinung seiner Menschen war Wickham jedoch nicht so glücklich mit seinem neuen Regiment, und er lief oder saß ständig mit einem heftig schlagenden Schwanz. Wenn sie ihn doch nur einfach in Ruhe ließen!

Alle Familienmitglieder hörten aufmerksam zu. Ich war froh, dass ich solch ein aufmerksames Publikum hatte, sodass ich einen Plan mit einer direkten Aktion in Gang brachte. Wir mussten die Kontrolle denen zurückgeben, die die Hypothek zahlten, und Wickham auf die niedrige Position eines Familienhaustieres degradieren. Während sich das theoretisch großartig anhört, gab es praktisch die leichte Komplikation, dass alle Mitglieder des Haushaltes, einschließlich Fred, Angst vor dem besagten Familienhaustier hatten. Ich erklärte, dass der Schlüssel die Einstellung war – ich glaube, eine positive geistige Einstellung ist die richtige Bezeichnung. Sie sollten selbstbewusst sitzen, gehen und sprechen und Wikhams Imponiergehabe und aggressiven Drohungen ignorieren. Wenn Selbstsicherheit herrschte, würde er nicht zuschlagen; Katzen attackieren nur dann, wenn sie den Ausgang sicher vorhersagen können. Ich habe das immer und immer wieder bewiesen, wenn ich aggressive Katzen besuchte, aber es ist das Schwerste der Welt, Katzenhalter zu überzeugen, dass solch ein Widerstand in ihrem besten Interesse ist. Wir brauchten eine Geheimwaffe, etwas, das sie automatisch mutig machte. Margaret und Charlotte waren pferdebegeisterte Damen, ernsthaft und sachlich, mit einer „Nichts-macht-mir-Angst-Einstellung", wenn es sich um Angelegenheiten mit Pferden handelte, sodass ich sie ermutigte, eine ähnliche Herangehensweise in ihrer Beziehung zu Wickham zu übernehmen. Ich betonte den Punkt, dass er nicht angreifen würde, wenn sie sich im Haus bewegten, als ob er nicht existiere, und sie schienen zufrieden damit zu sein, da ich vertrauenswürdig war. Sie versprachen, hoch erhobenen Hauptes mit uninteressierter Miene herumzugehen und einer generell leichten Geringschätzung gegenüber allem. Sie würden dabei etwas albern aussehen, aber es würde Wunder bewirken.

John war ein anderes Problem. Er hatte leider die Rolle eines besonders gehorsamen „Uriah Heep" *(eine besonders unterwürfige, sich anbiedernde Figur in „David Copperfield", einem Roman von Charles Dickens, Anmerkung der Übersetzerin)* angenommen, und seine ganze Körpersprache drückte deutlich Entschuldigung und Demut aus. Er mag ein pensionierter Richter am Obersten Gericht gewesen sein, aber sein jetziges Auftreten spiegelte gewiss nicht eine solch hohe Stellung wider. John war ein intelligenter und energischer Charakter, der von einer kleinen gefleckten Kreatur völlig entmutigt wurde, die nur dreißig Zentimeter groß war. Es würde mir nicht im Traum einfallen, ihn dafür zu verspotten, da es jeden von uns genauso erwischen könnte. Er war so viele Male attackiert und eingeschüchtert worden, dass er nicht einmal den Raum betreten konnte, wenn Wickham es nicht wollte. Ihm zu raten, „uninteressiert" zu sein, würde einfach nicht funktionieren. Ich schlug daher verschiedene Techniken vor, die ihm vielleicht halfen, sich selbstsicherer und weniger anfällig gegenüber Wickhams unvermeidlichen Attacken zu fühlen. Wir einigten uns schließlich auf Schienbeinschoner, feste Schuhe und Motorradhandschuhe – jeder, der „Die Katzenflüsterin" gelesen hat, wird sich wahrscheinlich an meine Vorliebe erinnern, meinen Klienten eine Bikerausrüstung anzuziehen. Das würde Verletzungen an den hauptsächlichen Angriffsflächen, Johns Beinen und Händen, vermeiden. Ich schlug ebenfalls ein regelmäßiges Fütterungssystem vor, um zu vermeiden, Leckerbissen geben zu müssen, sowie verschiedene andere symbolische Gesten, um sicherzugehen, dass Wickham die Botschaft verstand.

John saß gegen Ende dieser Diskussion ruhig da, und ich erkannte, dass ihn etwas beunruhigte. Er meinte, er brauchte etwas Solideres als einen Schienbeinschoner oder zwei, um mit dem beängstigenden Szenarium zurechtzukommen, wenn Wickham zur Türe seines Arbeitszimmers kam und den Ausgang blockierte. Wir einigten uns auf einen hinterhältigen Plan. Es gab etwas im Haus, das Wickham fürchtete: den Staubsauger. Es wurde vereinbart, dass das Gerät zukünftig in Johns Arbeitszimmer abgestellt würde, und jegliche Versuche von Wickham, den Ausgang zu blockieren, würden in dem augenblicklichen Wunsch gipfeln, den Teppich zu reinigen. Das würde Wickham unzweifelhaft den Wind aus den Segeln nehmen und ihn verjagen. Vier Tage vergingen, und ich erhielt einen weiteren weinerlichen Anruf von Charlotte.

Es lief nicht gut. Ich muss gestehen, dass ich geschockt war, bis ich den Grund hörte. Ihr Vater hatte unverhohlen abgelehnt, irgendetwas zu tun. Er wollte nicht akzeptieren, dass Schienbeinschoner und ein entschiedener Gang irgendeinen Einfluss auf den Kater haben könnten, der eindeutig bösartig war. Ich wäre offensichtlich verrückt oder nur schlicht und einfach dumm, zu glauben, dass solche einfachen „Larifari"-Aktionen sein boshaftes Haustier ändern würden. Und ich dachte, er mag mich! Charlotte bemühte sich sehr und erzielte einige Resultate, aber Margaret, die Johns Beispiel folgte, fuhr fort, sich genauso wie vorher zu benehmen und stritt sich jedes Mal mit ihrer Tochter, wenn das Thema angeschnitten wurde. Sogar Fred strengte sich mehr an als seine Halter! Ich war ratlos. Wie könnte ich sie dazu bringen, es wenigstens auf meine Art zu versuchen? Wenn es nicht funktionierte, *dann* könnten sie mich eine Närrin nennen! Ich bat Charlotte einen weiteren sanften Anlauf zu nehmen, es mit ihrer Mutter durchzusprechen und schlug vor, dass Margaret mich anrufen sollte.

Ich hörte für einige Tage nichts und machte eine Notiz in der Akte, dass dies wahrscheinlich nicht besonders gut funktionieren würde ohne meine terrierartige Hartnäckigkeit und meine Weigerung, es einfach loszulassen. Ich würde weitaus überzeugender sein müssen und dafür sorgen, dass sie wussten, dass ich nicht aufgeben würde, auch wenn sie es täten. Ich beschloss, es für eine Woche dabei zu belassen, bevor ich aktiv würde und selbst anriefe, aber ich musste nicht so lange warten. Am sechsten Tag bekam ich einen Anruf von Margaret: John war erneut attackiert worden. Margaret und ich hatten ein langes Gespräch – John würde nicht ans Telefon kommen, und ich bestand nicht darauf –, und wir beschlossen, dass genug genug wäre. Margaret gab schließlich nach und stimmte zu, dass meine Methoden einen Versuch wert wären, da alles, was sie bis zu diesem Zeitpunkt getan hätten, ein absoluter Fehlschlag gewesen war. Ich fragte die 6-Millionen-Dollar-Frage – was ist mit John? Margaret versprach, dass sie ihn mit ehrlichen oder unehrlichen Mitteln dazu bringen würde, das Programm wenigstens für einige Wochen zu befolgen, um zu sehen, was passierte. Ich war erfreut; Wickham würde endlich aus dem

Schneider sein und fähig werden zu entspannen, in dem Wissen, dass er nicht länger der Mittelpunkt jedermanns Aufmerksamkeit wäre. Die anfängliche Frustration würde schwierig für ihn sein, da gewalttätige Manipulation für einige Zeit seine Vorgehensweise gewesen war. Ich war allerdings überzeugt, dass er bald lernen würde, zu entspannen, wenn er erst einmal erkannt hatte, dass es unnötig war, aggressiv zu sein.

Ich hielt meinen Atem an und wartete auf den nächsten Bericht. Er kam eine Woche später und beinhaltete eine interessante Wendung durch einen versuchten Plan B von Wickham. Plötzlich benahm sich jeder anders, und er wurde leicht auf der falschen Pfote erwischt. Niemand schien mehr Notiz von seinen tödlichen Blicken zu nehmen, und er war etwas durcheinander bezüglich seiner weiteren Vorgehensweise. Er bekam plötzlich einen genialen Einfall und richtete seine Aufmerksamkeit auf das erlesene Porzellan und die gläsernen Schmuckstücke auf den Regalen im Wohnzimmer. Bestimmt würde ungeschicktes Laufen zwischen dem Royal Doulton eine Reaktion bewirken. Das tat es allerdings, und Margaret rannte durch das Zimmer, um ihr geschätztes zerbrechliches Gut zu retten. Allerdings schlugen seine weiteren Bestrebungen, die gute brave Margaret in die Küche zu bekommen, nun da er ihre Aufmerksamkeit hatte, fehl. Ich war begeistert und erklärte der Familie, dass der einzige Grund, warum er auf Porzellan und Glas abzielte, sein Unvermögen war, ihre Aufmerksamkeit auf eine andere Art zu bekommen. So zeigte Wickhams Plan B einfach, dass die Familie die Führung endlich wieder zurückgewonnen hatte. Die Schmuckstücke wurden umgehend in die Sicherheit eines Schrankes gebracht und das Programm mit erneutem Enthusiasmus fortgesetzt.

Während der achten Woche erhielt ich einen Anruf, dass ein Wunder geschehen war. (Ich dagegen dachte, es war einfach eine effektive Verhaltenstherapie!) Wickham hatte sich in einen ruhigen und entspannten Bengalkater verwandelt. Als erst einmal die Frustration, die aus der Machtverschiebung resultierte, verschwunden war, konnte er einen Seufzer der Erleichterung ausstoßen und sich darauf konzentrieren, eine Katze zu sein, die ihr eigenes Ding macht. Fred stolzierte nun herum und hatte die Kontrolle über das Hundekörbchen im Wohnzimmer zurückgewonnen – Hunde wissen, wenn Katzen ihren Vorteil verlieren. Alle Familienmitglieder hatten sich angewöhnt, selbstsicher zu gehen und Wickham zu ignorieren, der sich ihnen nun von Zeit zu Zeit für ein belohnendes Streicheln ziemlich unterwürfig näherte. John und Margaret gaben zu, dass sie im Irrtum gewesen waren, aber, wie ich ihnen sagte, es ist schwer, das Prinzip anzunehmen, dass aus so einer kleinen Veränderung im Verhalten etwas so Dramatisches resultieren kann. Als wir am Ende unseres Programms auseinandergingen, warnte ich die Familie, dass sie nicht selbstgefällig werden durfte. Katzen wie Wickham sind sehr schön, und es ist schwer, dem Verlangen sie zu berühren, zu umarmen und zu streicheln, zu widerstehen. Wenn sie zu ihrem alten Verhalten: „Schau, das niedliche Kätzchen.“ zurückkehrten, könnte Wickham ebenso gut zu seinem zurückkehren. Soweit ich weiß, benimmt er sich weiterhin tadellos. Ich frage mich, ob John immer noch die Schienbeinschoner trägt?

Whisper – der Kater, der einmal zu oft gedrückt wurde

Monica rief mich wegen ihres Katers Whisper an. Sie war nach einem Besuch mit ihrem geliebten Hauskater bei ihrem Tierarzt extrem verzweifelt. Sie war davon überzeugt, dass er einen Gehirntumor hatte oder in höchstem Maße krank war, weil er das Undenkbare zweimal in einer Woche getan hatte. Er hatte Monica so bösartig bei der ersten Gelegenheit attackiert, dass sie zu einer Gefangenen in ihrem eigenen Badezimmer geworden war, bis ihr Mann zurückkam, um sie an diesem Abend zu retten. Sie gab mir eine detaillierte Beschreibung von dem Vorfall, obwohl ich mich typischerweise nach solch einer beängstigenden und schockierenden Erfahrung mit dem tatsächlichen Sachverhalt nicht wirklich auseinandersetzen konnte. Ich war mir überhaupt nicht im Klaren darüber, was zu der Attacke geführt hatte oder was danach tatsächlich geschah; es war alles etwas wirr. Es war allerdings klar, dass er „wie ein Teufel aussah“, „ihm die Haare zu Berge standen“ und „er schrie“, bevor er sich auf sie stürzte und sie mehrmals ins Bein biss. Gemein. Die Beschreibung der zweiten Attacke war genauso verwirrend. Er war die Treppe heruntergestürzt, als er sie sah, und sie hatte es geschafft, durch die Vordertüre zu entkommen, während er mit seinem Kopf dagegenschlug, bei seinen Versuchen, sie zu erreichen. Noch mehr „Schreien“ und „teuflische Augen“ begleiteten diesen Vorfall, und er brauchte eine Weile, um sich genug zu beruhigen, dass sie sich sicher genug fühlte, wieder hereinzukommen. Der Tierarzt hatte ihm einen einwandfreien Gesundheitszustand bescheinigt, und aufgrund seines offenkundigen normalen Verhaltens zwischen den Attacken, meinte er, es sei ein Verhaltensproblem und ein Fall für mich.

Ich besuchte Monica sobald es mir möglich war, nämlich vier Tage später. Es hatten seit unserem Telefonat keine weiteren Attakken stattgefunden, aber sie blieb wachsam. Als ich mich ihrer Auffahrt näherte, begrüßte sie mich heiter an der Türe und führte mich in ihr winziges Haus. Es hatte einen kleinen schmalen Wohn-Essraum sowie eine separate und kompakte Küche. Stufen in der Diele führten zu einem Badezimmer sowie zwei kleinen Schlafzimmern. Dies scheint von diesem typischen Fall abzuschweifen, aber Whisper war ein Wohnungskater, und seine Welt war wirklich sehr klein, als ich sie tatsächlich zu sehen bekam. Monica begann, ihre Geschichte über den Vorfall zu wiederholen, aber ich steuerte sie behutsam weg davon, um ganz an den Anfang zu gelangen. Fast alle Katzenhalter, die Probleme haben, wollen direkt zur Sache kommen, aber ich muss mich dem Fall weitaus systematischer annähern. Ich brauche einen gewissen Hintergrund von der Katze, der Familie sowie dem Lebensstil, bevor ich überhaupt beginnen kann, über den Grund meines Besuches zu reden.

In diesem besonderen Fall spürte ich, dass die Hinweise zu Whispers beängstigendem Verhalten in der Detailaufnahme seiner Geschichte offenbart würden. Ich hatte meine zuverlässige Beratungstasche bei mir, voll mit aufregenden Gerüchen und interessanten Spielsachen. Whisper tauchte genussvoll hinein, fand sie reizvoll und angelte eine kleine abgenutzte Maus heraus, die er mit großer Begeisterung durch den Raum schleuderte. Nun gut, die Begeisterung war so groß, wie sie sein konnte in solch einem engen Raum; er stieß dabei gegen eine Menge Möbel und Sachen auf dem Weg. Als wir uns unterhielten, machte ich mir Notizen, aber leider war alles noch immer etwas verwirrend. Die zeitliche Reihenfolge wurde nicht deutlich, und es gab eine Menge Ungereimtheiten. Monica und ich sprachen einfach nicht dieselbe Sprache. Trotzdem blieb ich beharrlich, aber begann, mich weitaus mehr für das zu interessieren, was in dem Raum vorging, als was ich aufschrieb. Jedes Mal, wenn Whisper an Monica vorbeifegte, versuchte sie, ihn zu packen und zu drücken. „Schauen Sie, er liebt es, wenn ich das tue." Ich war anderer Ansicht, aber nur heimlich. Whispers Bemühungen, mit seinem Spiel fortzufahren, wurden letztendlich vereitelt, und es endete damit, dass er mit einem peitschenden Schwanz hinten auf Monicas Stuhl saß, während sie liebevoll gurrte und an ihm herumzupfte.

Ich fragte vorsichtig, warum Monica Whisper nicht nach draußen ließ, und ich wurde mit einer ziemlich brüsken und wütenden Antwort bedacht. War das nicht offensichtlich? Sie war eine Katzenliebhaberin und als solche konnte sie ihn wohl kaum den Gefahren der freien Natur aussetzen. Dort gab es andere Katzen, Autos, die in ihrer Sackgasse auf und ab fuhren, Menschen, Hunde und alle Arten von anderen potenziellen Gefahren. Ehrlich, was glaubte ich denn? Einmal brachte sie ihn doch mit einem Geschirr nach draußen in den Garten, um die Blumen zu beschnuppern, und es wurde tatsächlich schlimmer. Monica hatte eine Menge zerbrechlicher Dekoration in ihrem Wohnzimmer, und während des Tages, wenn sie bei der Arbeit war, wurde Whisper in der Diele sowie oben eingesperrt.

Wir gingen die Details der Attacken erneut durch, und ich begann Whispers Standpunkt nachvollziehen zu können. Für die gesamten zweieinhalb Jahre seines Lebens war Whisper in seinen Aktivitäten eingeschränkt worden. Er hatte seine Zeit damit verbracht, bis zum Wahnsinn von seiner Halterin geliebt zu werden.

Sie fütterte ihn von Hand von ihrem Teller, sie drückte ihn, sie schlief mit ihm und sie trug ihn mit dem Kopf nach unten herum, um zu beweisen, wie gefügig und entspannt er in ihrer Gesellschaft war. Als ich sie fragte, wie oft sie mit ihm spielte, antwortete sie: „Jeden Tag für mindestens eine halbe Stunde." Ich würde niemals im Traum einen Klienten einen Lügner nennen, aber ich war absolut davon überzeugt, dass das nicht stimmte. Es gab keinerlei Anzeichen von Katzenangeln oder angemessenen Katzenartikeln, und ihre Körpersprache sagte mir, dass sie mir nur erzählte, was ich hören wollte. Der arme kleine Whisper hatte ein Spielzeug, eine gestrickte Puppe, die er gewöhnlich in seiner Schnauze herumtrug und wiederholt attackierte. Er machte gewöhnlich auch „Liebe" mit seinem Spielzeug, und ich erkannte, dass Monica eine Umschreibung für Masturbation benutzte. Viele kastrierte männliche Kater geben sich dieser Aktivität hin, benutzen ein Spielzeug, Bettzeug oder die Kleidung ihrer Halter. Während das von vielen als etwas unappetitlich angesehen wird, deutet dieses wollüstige Verhalten oftmals auf ein generell unbefriedigendes und frustrierendes Dasein hin. Gott sei Dank für die Strickpuppe, sage ich.

Monica drängte mich erneut zu Antworten. Warum fiel ihr reizender Kater sie an? Ich erklärte so vorsichtig ich konnte, dass es wahrscheinlich das Symptom einer Katze in einer Krise war. Aggression ist ein wesentliches Hilfsmittel für Katzen, um ein normales Leben zu leben. Wenn Katzen eines natürlichen Ventils für diesen Teil ihrer Natur beraubt werden, ist es fast unvermeidlich, dass es zu irgendeinem Zeitpunkt umgeleitet wird. Alles, was Whisper erlaubt war zu tun, war innerhalb der Grenzen der Beziehung, die Monika mit ihm hatte, zu existieren. Das war einfach nicht genug. Viele Katzen kommen außergewöhnlich gut damit klar, wenn ihr natürliches Verhalten in einer unangemessenen und reizarmen Umgebung unterdrückt wird. Andere, wie Whisper, werden frustriert, und chronische Frustration kann zu einer explosiven Entfaltung intensiver Emotionen oder „Wut" führen. Was auch immer Whisper veranlasste, an diesem besonderen Tag durchzudrehen, wird wahrscheinlich ein Geheimnis bleiben, aber sein Körper verfiel in einen Adrenalinrausch, seine Pupillen weiteten sich („teuflische Augen"), sein Fell war aufgerichtet („ihm standen die Haare zu Berge"), und er attackierte wie unter dem Einfluss eines „roten Nebels". Die zweite Attacke wurde wahrscheinlich durch eine Assoziation zwischen der intensiven Emotion und dem Anblick, Geräusch oder Geruch von Monica provoziert.

Wieder einmal brachte ich mein Gespräch mit einiger Beklemmung auf das Programm und die hoffnungsvolle Lösung. Wie konnte ich Monica sagen, dass ihr Verhalten Whisper emotional erdrückte und dass die aggressiven Attacken ein Anzeichen waren, dass die Dinge sich dramatisch verändern mussten? Ich begann Monica zu erklären, wie wichtig es für Katzen ist, dass sie sich natürlich verhalten dürfen, und der gefürchtete weggetretene Ausdruck erschien in ihrem Gesicht. Wenn ich weiß, dass ich Haltern etwas erzähle, das sie nicht hören wollen, versuche ich sofort eine andere Taktik. Ich besprach den Einsatz von Ablenkung und Unterhaltung für Whisper außerhalb der Beziehung zwischen Halter und Katze. Ich sagte Monica, dass ihm dies erlauben würde, „Dampf abzulassen" und aufzuhören, sie zukünftig ins Visier zu nehmen. Wir sprachen, verhandelten und feilschten darüber, ihn hinauszulassen, aber ich würde diese besondere Schlacht wohl niemals gewinnen. Wir einigten uns schließlich auf ein Freigehege am Haus, das durch ein Fenster in der Küche betreten werden könnte. Whisper könnte dann wenigstens den Wind in seinem Fell spüren und die Aussicht, Geräusche und Gerüche der sich ständig verändernden und aufregenden Umgebung draußen in sich aufnehmen. Wir fuhren fort, weitere interessante und herausfordernde Spiele für Whisper zu planen, die er drinnen spielen konnte. Wir führten Futtersuche, Pappkartontürme und verschiedene andere Unterhaltungsmöglichkeiten ein. Ich überredete Monica, ihre Dekoration in eine sichere Glasvitrine zu stellen und Whisper zu erlauben, sich im gesamten Haus zu bewegen, wenn sie weg war. Wenigstens das gab ihm etwas mehr zu tun. Ich näherte mich nun der entscheidensten Veränderung, die durchgeführt werden musste, und das war die Beziehung zwischen Monica und Whisper. Ich erklärte, dass abgesehen von der Tatsache, dass er sie wirklich liebte, Whisper eine Auszeit von der Beziehung brauchte, um eine Katze zu sein. Ich ermutigte sie, mit ihm mit der Katzenangel zu spielen, jedes Mal, wenn sie den Drang verspürte, ihn hochzunehmen und ihn baumeln zu lassen, während sie seinen Bauch küsste. Ich wollte, dass sie verstand, dass Liebe für eine Katze auf viele verschiedene Arten gezeigt werden kann und Spielen eine sehr wichtige Liebesbotschaft war.

Ich verließ Whisper und Monica an diesem Nachmittag mit Besorgnis. Ich war nicht überzeugt, dass sie die Konsequenzen von einem Nicht-Befolgen der Therapie vollständig begriffen hatte. Aber ich hoffte, dass sie, nachdem sie meinen schriftlichen Bericht gelesen hatte, endlich zustimmen würde, dass dies wirklich für sie der Weg nach vorne wäre.

Monica berichtete nach unserer Beratung niemals freiwillig, aber ich blieb in Kontakt mit ihr. Ich konnte Whisper nicht im Stich lassen, mit dem Wissen, dass er so unglücklich war. Das Freigehege war gebaut, innerhalb von drei Wochen in Benutzung und stellte einen großartigen Fortschritt dar. Ich bin nicht überzeugt, dass Monica Whisper nicht immer noch drückte und ihn kopfüber baumeln ließ, aber glücklicherweise war er so begeistert von seinem Außengehege, dass er selten drinnen war. Eine Katzenklappe wurde in die Glasscheibe des Küchenfensters eingebaut, und Whisper zog es oft vor, die Nächte auf seinem hölzernen Hochsitz zu verbringen, sein neues nächtliches Paradies überblickend. Ich bat Monica in Kontakt mit mir zu bleiben, aber sie tat es nicht. Manchmal sind Klienten einfach glücklich, die Ergebnisse zu erhalten, die sie wollen, und haben nicht das Bedürfnis, der Beraterin eine Rückmeldung zu geben. Nach meinem ersten Anruf und mit dem Wissen, dass Whisper wenigstens sein Freigehege hatte, wünschte ich ihm privat alles Gute und legte den Fall zu den Akten.

Jeffrey – der Kater, der zu sehr geliebt wurde

Ab und zu trifft man einen Patienten und weiß genau, dass diese besondere Katze für immer Teil der belastenden Fälle sein wird. Jeffrey war solch eine Katze. Er gehörte einer wirklich reizenden Dame namens Paula, und ich traf ihn zum ersten Mal, als er gerade einmal fünf Monate alt war. Er war ein prächtiger blauer Burmakater und sobald ich ihn traf, wusste ich, dass er Ärger bedeutete. Paula hatte mich in ihr Haus gerufen, um verschiedene Themen über ihr neu erworbenes Kitten zu besprechen. Ihr langjähriger Gefährte, ein schwarz-weißer Hauskater namens Sparky, war vor Kurzem gestorben, und sie glaubte, dass er schwer zu überbieten wäre. Sie konnte sich ein Leben ohne die Gesellschaft einer Katze nicht vorstellen, aber sie glaubte nicht, dass ein durchschnittlicher Mischling auch nur halb so viel Charakter haben würde wie ihr lieber verschiedener Sparky. Darum forschte sie sorgfältig und kam auf die perfekte Lösung ihres Problems: eine Burma, beschrieben als „hundeähnlich", „gesellig" und „hochintelligent". Was konnte sie mehr wollen? So fand sie einen Züchter in der Nähe und verliebte sich auf den ersten Blick in Jeffrey.

Sie brachte ihn heim und erwartete vollkommen, dass er eine Zeit lang scheu sein würde, bis er sich an seine neue Umgebung gewöhnt hatte. Überraschenderweise verließ er den Katzenkorb wie eine Rakete und fuhr fort, durch ihre kleine Wohnung zu stürmen, kletterte auf die Vorhänge und verhielt sich überhaupt wie ein Hooligan. Paula war anfänglich etwas bestürzt, als sie ihn verfolgte, um ihre Dekoration zurückzuholen, die in seinem Kielwasser zu Boden fiel. Sie glaubte allerdings, dass er eindeutig eine große Persönlichkeit hatte und vielleicht derjenige wäre, der sogar ihren Sparky ersetzen könnte. Während der nächsten Monate versuchte sie, ihm etwas Disziplin anzuerziehen; schließlich konnte sie ihn nicht jeden Tag alles demolieren lassen. Sie sagte „NEIN", wenn er über den Küchentisch lief und „NEIN", wenn er an den Möbeln kratzte und „NEIN", wenn er die Vorhänge hochkletterte, aber ihre Verweise trafen auf taube Ohren. Sie fühlte sich etwas überfordert, sodass sie ihren Tierarzt wegen meiner Telefonnummer kontaktierte, um zu sehen, ob ich ihr durch eine eher vorbeugende Form von Verhaltenstherapie behilflich sein könnte.

Paula begrüßte mich wie eine lang verloren geglaubte Freundin, als ich am vereinbarten Tag ankam, und ich erwärmte mich sofort für sie. Ich setzte mich zu einer Tasse Tee sowie einer Auswahl an köstlichen Plätzchen und produzierte vier Seiten DIN-A4-Papier, die all die Fragen und Punkte beinhalteten, die sie während unseres Treffens besprechen wollte. Ich war dankbar, dass ich in weiser Voraussicht an diesem Tag Geld für vier Stunden in die Parkuhr geworfen hatte. Die Liste schien endlos zu sein: „Wie kann ich ihn davon abhalten, etwas zu zerstören? Wie bekomme ich ihn dazu, die Oper zu mögen? Wie oft sollte ich ihn füttern? Wo ist die optimale Stelle für seine Katzentoilette? Soll ich ihn hinauslassen und wenn, soll ich ihm ein Geschirr besorgen? Wie kann ich ihn davon abhalten, meinen Freund zu beißen ...?" Ich machte umfangreiche Notizen, während sie redete, aber ich musste dieser letzten Frage nachgehen. Ich fragte nach dem Beißen, und Paula erzählte mir, dass wenn ihr Freund sie besuchte und sie in eine herzhafte Debatte über Politik oder das aktuelle Zeitgeschehen gerieten, Jeffrey aufspringen und ihn beißen würde. Ein anderer interessanter Punkt bezüglich unserer anfänglichen Unterhaltung war Paulas Neigung, Jeffrey unglaubliche Sprachfähigkeiten zuzutrauen.

Worte wie „T-i-e-r-a-r-z-t", „H-ü-h-n-c-h-e-n", „L-e-c-k-e-r-c-h-e-n" und „M-a-u-s" wurden mir alle buchstabiert, um sicherzugehen, dass Jeffrey nicht verstand, worum es in unserem Gespräch ging. Ich musste mich selbst konzentrieren, um den Zusammenhang zu erkennen. Wir unterhielten uns für eine Stunde oder so und es wurde klar, dass Jeffrey ein lebendiges, schlaues Kitten war, das viele Möglichkeiten in petto hatte, um Paula in die Tasche zu stekken. Wahrscheinlich *konnte* er doch jedes Wort verstehen und es mit einer früheren Erfahrung assoziieren; leider umfasste sein Vokabular nicht das Wort „NEIN". Lautes Schimpfen unterhielt Jeffrey nur, und die Anweisung hinter dem Lärm ging in der Aufregung verloren.

Ich wollte sehr gerne, dass es für Paula funktionierte, aber ich erinnere mich ganz genau, dass ich an diesem Tag sagte: „Paula, ich muss Ihnen sagen, ich glaube, Sie werden meine Dienste zukünftig erneut wegen dieses kleinen Kerls brauchen." Zu der Zeit glaubte ich, dass das Beißen und generell ungestüme Verhalten ein Resultat von Jeffreys intensivem Bedürfnis nach „Anregung" war. Er musste etwas über seine Umgebung herausfinden und seinen Platz in der Welt begreifen. Jeffrey war ein aufgeweckter Kater und, indem er die ungeteilte Aufmerksamkeit des Menschen in seinem Leben bekam, machte er das Beste aus einem unnatürlichen Schicksal. Er konnte nicht hinaus aus der Wohnung, um all die aufregenden Beschäftigungen draußen zu erleben, sodass er die Innenausstattung so gut bearbeitete, wie er konnte. Jedes Verlangen wurde erfüllt, wenn die Reaktion auch oftmals nicht ganz so in seinem Sinne war, außer wenn Paula Besucher hatte. Wenn andere ihre Aufmerksamkeit auf sich zogen, dauerte es nicht lange, bis Jeffrey erkannte, dass ein strategisch platzierter Biss nicht nur Spaß, sondern ebenso ein perfektes Mittel war, um das Hauptaugenmerk zurück auf ihn zu bringen.

Wir durchforsteten alle ihre Fragen und Bitten um Rat und einigten uns auf schmales, strategisch platziertes doppelseitiges Klebeband für die Möbel sowie eine Fülle an Kratzgelegenheiten, Pavarotti mit einer etwas leiseren Lautstärke, Trockenfutter, das in Pappröhren und -kartons angeboten wurde, sowie eine Katzentoilette in einer diskreten Ecke des Badezimmers. Das Thema mit der freien Natur war etwas schwieriger anzugehen. Paula und Sparky hatten eine wundervolle Beziehung genossen, die auf vielen Jahren gegenseitigen Einvernehmens basierte. Sparky ging tagsüber draußen jagen und lag nachts zusammengerollt auf Paulas Bett. Manchmal wählte er es anders herum, wenn bestimmte Lekkerbissen nur in den nächtlichen Stunden verfügbar waren. Paula zwang ihm ihre Ansichten und Wünsche nicht auf und umgekehrt. Sie vertraute ihm, sicher zurückzukehren, wann immer er es wollte, und hatte die tröstliche Auffassung, dass er unverletzt zurückkommen würde, weil das etwas war, was er immer getan hatte. Plötzlich, beschenkt mit einem neuen kleinen Lebewesen, das bereit war, die versteckten Geheimnisse des Gartens zu erkunden, war Paula nervös. Was, wenn er von einem Fuchs gefressen wurde? Was, wenn der Nachbar-Terrier ihn jagte? Was, wenn er die Straße entlang in einem leer stehenden Haus festsitzen würde? Was, wenn er einen Weg zur Vorderseite des Grundstücks finden und auf die verkehrsreiche Straße kommen würde? Paula bekam Panik und, mit der gewaltigen Entscheidung konfrontiert, ob sie Jeffrey all diesen Gefahren aussetzen sollte oder nicht, entschied sie sich für nicht. Sie hatte beschlossen, dass ein kleiner Spaziergang am Geschirr im Garten genug war, um sogar das wissbegierigste Kitten zu stimulieren. Sie war davon überzeugt, dass er eine hoffnungslose Kreatur ohne jegliche Strategien zum Überleben wäre und in dem Zufluchtsort ihrer winzigen Wohnung viel besser dran wäre, mit der Person, die ihn mehr als alles andere liebte. Ich versuchte, sie anderweitig zu überzeugen, aber sie widerstand meinem Zureden, sodass ich beschloss, es auf einen anderen Tag zu verschieben. Ich gab ihr einige Ratschläge, um ihre Besucher zu schützen, während Jeffreys Aufmerksamkeit heischendes Verhalten ignoriert wurde, und versprach, während der nächsten Monate regelmäßig in Kontakt zu bleiben, um seine Fortschritte zu verfolgen.

Während dieser Zeit sprach ich häufiger mit Paula und freute mich gewöhnlich auf unsere wöchentlichen Gespräche. Jeffrey machte mittelmäßige Fortschritte, aber mein Hintergedanke war, Paula zu überzeugen, dass der Zugang nach draußen für ihn absolut ein Schritt vorwärts wäre. Ihre Einwände waren zahlreich, und ich habe mir wohl die ausgeklügeltsten und überzeugendsten Gründe einfallen lassen, warum ihre Einwände unbegründet waren. Schließlich gab sie nach und stimmte zu, Jeffrey zu erlauben, zwischen zwölf und vier Uhr nachmittags in den Garten zu gehen. Sie schickte mir sogar freundlicherweise ein Foto von ihm, wie er knietief im hohen Gras hinten in ihrem Garten stand, um zu beweisen, dass sie eine Frau ist, die zu ihrem Wort steht. Es war nicht ideal, seinen Aktivitäten ein Limit zu setzen, und die Tageszeit deckte sich mit seinem gewöhnlichen Nachmittagsschläfchen. Er erkannte allerdings bald, dass es bedeutete, dann oder nie, und er änderte seine Schlafgewohnheiten dementsprechend. Er war wirklich ein sehr schlauer Kater. Am Ende der achtwöchigen Therapie hatte Jeffrey Aktivitäten im Haus und vier Stunden voller Spaß und Spiel in den Beetpflanzen. Paula ging jedoch nicht sehr klug mit dem Aufmerksamkeit heischenden Verhalten um – „Sind Sie sicher, dass es richtig ist, ihn zu ignorieren, meine Liebe?" –, aber wir kamen zu einer Art Kompromiss, indem sie ihre Besucher zwischen zwölf und vier Uhr nachmittags kommen ließ. Wenn andere Pläne gemacht wurden, wurde Jeffrey im Schlafzimmer mit ein paar Delikatessen, Wasser, einer Katzentoilette und einigen Spielsachen eingesperrt. Es war ein Kompromiss. Am folgenden Weihnachten bekam ich eine Karte von Paula und Jeffrey mit einem neuen Foto, das mir zeigte, wie hilfreich er für seine Halterin in diesem Sommer gewesen war, als sie Gartenarbeit verrichtete. Ich glaube rückblickend nicht, dass ich mich auch nur für eine Minute täuschen ließ.

Im folgenden Jahr erhielt ich den Anruf, den ich befürchtet hatte. Jeffrey hatte Paula wild attackiert, und sie hatte Verletzungen von Zähnen und Krallen am rechten Arm. Sie war zu ihren besten Zeiten in keiner guten körperlichen Verfassung, und ich war besorgt über ihre Fähigkeit, mit einem Angriff gemeiner Bakterien, die fest unter ihrer Haut saßen, zurechtzukommen. Sie bekam Antibiotika und sagte, dass sie in Ordnung wäre, wenn alles so bliebe. Sie gab auch zu, dass Jeffrey dasselbe zwei- oder dreimal zuvor gemacht hatte, aber nicht mit solch niederschmetternden Auswirkungen. Irgendwie hatte sie es bis jetzt geschafft, Verletzungen zu vermeiden, indem sie ihn wegschubste, aber dieses Mal erwischte er sie überraschend. Typischerweise fühlte sich Paula schuldig, da sie glaubte, Jeffreys Verhalten wäre völlig ihre Schuld. Sie musste etwas falsch gemacht haben, damit er sie so sehr hasste. Ich stimmte zu, sie wegen der dringlichen Angelegenheit zum zweiten Mal zu besuchen.

Es war wirklich gut, Paula wiederzusehen, solch eine reizende Dame, aber ich war aufgebracht, dass es unter solchen Umständen geschah. Hatte ich sie enttäuscht? Hätte ich bei meinen Warnungen für die Zukunft oder der Notwendigkeit, die Beziehung abzumildern, energischer sein sollen? Wir unterhielten uns ziemlich ausführlich, und ich beobachtete Jeffrey, nun ein zweijähriges Muskelpaket, aus den Augenwinkeln. Paula war sehr besorgt, dass ich außer Gefahr bleiben und nicht von ihm verletzt würde; offensichtlich war sie nicht das einzige Opfer seiner Aggression. Ihre Putzfrau und der Pfarrer waren bei mehreren Gelegenheiten attackiert worden, als sie sich Jeffrey näherten, um ihn zu begrüßen. Ich versicherte ihr, dass ich mich ihm nicht nähern würde, um etwas zu sagen, und die Beratung wurde fortgesetzt.

Der Freilauf war während des letzten Jahres etwas zurückgegangen, seit Jeffrey begann, Babyvögel hereinzubringen. Paula war eine echte Vogelliebhaberin, und es belastete sie so sehr, dass sie glaubte, es wäre besser, wenn er drinnen bliebe, sofern er nicht strengstens beaufsichtigt wurde, um weitere Überfälle auf Vogelnester zu verhindern. Sie entschädigte ihn allerdings, oder sie dachte das zumindest, durch einige faszinierende und durchdachte Spiele. Ich bat sie, mir zu zeigen, wie sie mit Jeffrey spielte, und sie ging brav zu der „S-p-i-e-l-k-i-s-t-e" im Schlafzimmer, um das erste Beispiel zu holen. Dieses wurde offensichtlich „Twizzlebonk" genannt und bestand aus einer Schnur mit einem Ball aus Wolle, der am Ende hing – in der Art, wie gewöhnlich Reste um Pappringe gewickelt werden. Paula ließ es in einem großen Kreis rund um Jeffreys Kopf rotieren – was den „Twizzle"-Teil *(wirbelnden Teil)* darstellte – und er drückte sich flach auf ihr Bett, während sein Kopf wie wahnsinnig von einer Seite zur anderen zuckte, während er versuchte, sich auf den wirbelnden Ball zu konzentrieren. Paula bewegte die Schnur mit großer Energie, bis Jeffrey sich schließlich darauf stürzte – vermutlich der „Bonk"-Teil –, und es herunterholte. Wirklich anstrengend, es nur zu beobachten; ich fragte mich insgeheim, welches Spiel dem wohl folgen würde. „Rattytattat" war ein mehrfarbiges zylindrisches Teil aus schwerem Karton, umwickelt mit einem eingefärbten Kaninchenfell in unangenehm fluoreszierenden Farben – völlig unbedeutend für Jeffrey, aber dennoch widerlich. Paula schrie „Rattyrattyratty" mit einem schrillen Quieken, während sie sich Jeffrey entgegenbeugte und das „Wiesel-Ding" sehr schnell hin und her wedelte. Ihre Stimme erreichte ein sirenenartiges Level, und ich erwog ernsthaft, „Rattytattat" selbst zu fangen, einfach um es anzuhalten. Glücklicherweise nahm Jeffrey es sich vor, und mit einem wackelnden Hinterteil und Pupillen so rund und schwarz, wie sie nur sein konnten, sprang er auf das Spielzeug und fuhr fort, daran zu kauen und mit seinen kräftigen Hinterpfoten dagegenzutreten. Paula schaffte es durch einen flinken Rückzug gerade noch, ihre Hand rechtzeitig wegzuziehen, um eine Kratzwunde zu verhindern. Ich dankte Paula, dass sie diese Lieblingsspiele so begeistert demonstriert hatte und fragte, ob wir für eine ernsthafte Unterhaltung in das ruhige Wohnzimmer zurückkehren könnten.

Jeffrey hatte sich in ein kleines Monster verwandelt, unterstützt von den lebhaften Spielen, die einen fuchtelnden menschlichen Arm mit sich brachten. Es war kein Zufall, dass Jeffreys Attacken auf Hände und Arme zielten. Während unserer Unterhaltung wurde auch klar, dass er gelangweilt, zerstörerisch und frustriert war und eindeutig gemein wurde, wenn die Dinge nicht nach seinem Kopf gingen. Paula, immer die pflichtbewusste Halterin, riss sich ein Bein aus, bei dem Versuch, ihm zu gefallen, und scheiterte kläglich. Wir sprachen ziemlich ausführlich, und ich begann, den Knoten in meiner Magengrube zu fühlen, der mir über die Jahre vertraut geworden war. Er kündigt diesen belastenden Moment an, wenn man realisiert, dass, egal was man tut, diese besondere Katze nicht richtig für ihren Halter ist. Ich schlug vor, ihn wieder hinauszulassen. Paula lehnte ab. Jeder Trick, an den ich denken konnte, um dieses Problem zu lösen, würde mit Komplikationen behaftet sein. Paula wollte eine Katze zum Lieben und Drücken. Sie wollte einen Gefährten, mit dem sie reden konnte und der ihr in ihrer kleinen Wohnung Gesellschaft leistete. Paula war einsam, und alles, was sie wollte, war ein Freund. Jeffrey wollte jagen, kämpfen und mit den Blättern im Wind spielen. Dies war kein Bund, der im Himmel geschlossen wurde. Ich musste ihr das sagen, also nahm ich einen tiefen Atemzug und sagte etwas wie: „Wissen Sie, Paula, ich bin nicht sicher, ob Jeffrey der richtige Kater für Sie ist. Wenn sie ihn ständig drinnen halten, glaube ich nicht, dass ich für Ihre Sicherheit garantieren kann." Sie war nicht empört über meine Bemerkungen, aber sie nutzte den einzigen Satz, der garantierte, dass ich auf den richtigen Kurs zurückgebracht wurde: „Ich glaube nicht, dass ich ohne ihn weiterleben könnte.“ So dachten wir uns einen Plan aus.

Hier gab es nichts zu verhandeln. Paula wusste, dass es absolut notwendig war, die Therapie richtig durchzuführen. Eine falsche Bewegung oder nachlassende Entschlossenheit könnte möglicherweise zu einer weiteren Attacke führen. Paula *musste* aufhören, sich auf Jeffrey zu konzentrieren, da gab es keinen Kompromiss. Da mindestens eine der vorherigen Attacken im Schlafzimmer aufgetreten war, war ich besorgt wegen der Nähe ihres Gesichtes und den ungeschützten Augen, wenn er ihren Arm im Bett packte, sodass er nachts aus dem Schlafzimmer verbannt wurde. Dies war ein großer Schritt für Paula, aber Gott segne sie, sie wollte mich erfreuen, da sie verstand, wie ernst die Situation war und wie entschlossen ich war, sie in Sicherheit zu wissen. Sie stimmte schließlich zu, ihm zu erlauben, mit weniger Beschränkungen, was die Stunden betraf, wieder hinauszugehen. Er hatte nun während des Tages Zugang zum Garten, und all ihre Nistkästen wurden an Freunde in der Nähe weitergegeben. Ich fühlte, dass es ein guter Kompromiss war, um wenigstens sicherzugehen, dass er keine weitere einfache Beute machen würde. „Twizzle“ und „Rattytattat“ wurden durch andere Spielsachen an einer Schnur an langen Stöcken ersetzt. Wir einigten uns auf Bambusstöcke, die so lang waren, dass Paula nicht einmal im selben Raum sein musste, während Jeffrey seinem zuckenden Beutetier nachjagte. Ob das verhindern würde, dass er Arme und Hände weiterhin als heiteres Spiel ansah? Ich versprach Paula, ich würde an ihrem Fall dranbleiben, weil sie die Beziehung verändern *musste* – zum Wohle aller.

Wir sprachen in der folgenden Woche wieder miteinander, und es war wirklich ein großer Fortschritt erzielt worden. Paula gab sich große Mühe, aber sie fand es sehr schwierig, ihre Beziehung mit Jeffrey zu ändern. Sie war absolut streng, was die neue Regel für die Nacht betraf, und überraschenderweise störte es Jeffrey nicht so, da die Alternative ein brandneues beheiztes Katzenkörbchen im Wohnzimmer war. Das, was allerdings nicht so gut funktionierte, war das „Jeffrey-sagt-spring-und-Paula-fragt-wie-hoch“-

Arrangement, das die beiden während der letzten zwei Jahre gehabt hatten. Da er bereits seiner nächtlichen Streicheleinheiten beraubt war, meinte Paula wirklich, dass jede weitere Ablehnung gleichbedeutend mit Grausamkeit wäre.

Paula hatte tagsüber immer einen kontinuierlichen Dialog mit Jeffrey beibehalten: Sie erläuterte das Wetter, die Nachrichten und die letzten Dramen in den Seifenopern. Das machte mir eigentlich nicht so viel aus; ich war mehr besorgt darüber, wann dieses Geplapper durch eine „Aufforderung" oder eine Annäherung von Jeffrey unterbrochen wurde. Ich glaubte einfach, dass wenn sie an ihrem Computer arbeitete und er es vorzog, sich zur selben Zeit daraufzusetzen, sie ihn entfernen und beenden müsste, was sie gerade tat. Das ist nicht zu unsinnig, oder? Wir mussten klarstellen, wer die Kontrolle hatte. Eigentlich war das, was wir erreichen mussten, wieder etwas anderes. Jeffrey musste verstehen, dass Paula die Kontrolle über ihr eigenes Leben hatte und er die Kontrolle über seines. Dieses Programm musste funktionieren; immerhin, falls er sie wieder attackierte, würde ich *wirklich* hart durchgreifen müssen. Paula war entschlossen, alle Hebel in Bewegung zu setzen.

In der folgenden Woche kam ihr Routinebericht nicht. Ich war nicht übermäßig beunruhigt, weil ich sicher war, dass sie mich kontaktiert hätte, wenn das Schlimmste geschehen wäre. Ich hoffte, dass es etwas Gutes bedeutete, und das wurde in der folgenden Woche bestätigt, als sie von einem echten Durchbruch berichtete. Am vorherigen Abend verbrachte sie einige Zeit an ihrem Computer, hatte E-Mails versandt und war im Internet gesurft. Normalerweise wäre Jeffrey über ihren offensichtlichen Mangel an Interesse empört gewesen und hätte innerhalb von Minuten störend eingegriffen. Paula merkte plötzlich, dass sie ihn seit einer Weile nicht mehr gesehen hatte, und beim Nachforschen fand sie ihn faulenzend, wie er vom Schlafzimmerfenster aus seine Zeit mit dem Beobachten des Gartens vertrödelte. Das mag sich nicht besonders anhören, aber tatsächlich war es in der Tat ein Fortschritt. In diesem Moment kontrollierte Paula ihr Leben, und Jeffrey kontrollierte seins. Es gab einen Hoffnungsschimmer.

Von diesem Punkt an schauten Jeffrey und Paula niemals zurück. Ich würde nicht sagen, dass sie sich auseinanderlebten, aber sie begannen, Interessen und Aktivitäten außerhalb der Grenzen ihrer Beziehung zu finden. Jeffrey ging tagsüber hinaus, und trotz einer anfänglichen Unruhe akzeptierte Paula, dass es für ihn notwendig war, sein eigenes Ding zu machen. Er kehrte immer wohlbehalten zurück, genau wie Sparky. Jeffrey wurde im Haus gelassener und ruhiger, und die scheinbar grundlosen Attacken hörten auf. In gewisser Hinsicht ist es Ironie, dass Paula der Vorstellung, ihn hinauszulassen so sehr widerstand, da sie es als Ablehnung und Mangel an Fürsorge ansah. Einmal überredet, war sie fähig, zu erkennen, dass sie beide emotional und körperlich von dem neuen System profitierten.

Jeffrey und Paula sind immer noch zusammen; ihre Beziehung hat sich verändert, aber sie sind viel glücklicher zusammen, als sie es jemals vorher waren.

Bonzo – der „Wachhund“

Ich muss Ihnen Bonzos Geschichte erzählen, weil sie mich sehr berührte. Übrigens ruinierte er auch ein sehr gutes Paar Lederstiefeletten, was den ganzen Fall weniger kostengünstig machte, aber was soll's!

Bonzo war sieben Jahr alt, als ich ihn traf und ein hübscher, robuster und männlicher Kater, wie man ihn sich nur vorstellen kann. Er wog acht Kilogramm, sodass er wirklich nicht die Sorte Katze war, mit der man sich eine Auseinandersetzung wünschte. Seine Größe war noch offensichtlicher, wenn man ihn in seinem Zuhause sah: einer kleinen Zweizimmerwohnung im Zentrum Londons. Seine Halterin Judith hatte ihn als acht Wochen altes Kitten aufgenommen. Leider wurde Judith während Bonzos erstem Lebensjahr ernsthaft krank und verbrachte viel Zeit im Bett, mit Freunden und Pflegekräften, die sie besuchten, um nach ihr zu sehen. Bonzo war zu dieser Zeit eine außerordentliche Stütze für sie, da er fast immer an ihrer Seite war, und ein starkes Band zwischen ihnen entstand. Judith wurde allmählich wieder gesund, und als Bonzo zwei Jahre alt wurde, war es ihr möglich, wieder hinauszugehen und ihr Leben neu zu beginnen. Wann immer sie nach Hause kam, war Bonzo erfreut, sie zu sehen, und die Beziehung entwickelte sich immer stärker und besser. Er hatte einige interessante Eigenarten entwickelt, die sich hauptsächlich aus ziemlich ungestümem Spielen ergaben, die von Judiths verschiedenen männlichen Freunden durchgeführt wurden, als er jung war. Als er erwachsen wurde, glaubte er, es wäre unglaublich spaßig, Füße zu fangen, wenn sie vorbeigingen, oder Hände, die auf der Lehne des Sofas herumfuchtelten. Gästen fiel dieses Verhalten bald auf, und sie übten sich darin, so ruhig wie möglich zu bleiben, um weniger verlockend zu wirken.

Judith konnte sich nicht recht erinnern, wann sich die Dinge änderten, aber Böswilligkeit hatte in die Interaktionen mit Fremden Einzug gehalten, und das wurde über die Jahre ein echtes Problem. Bonzo hatte begonnen, Menschen herauszufordern, wenn sie die winzige Wohnung betraten. Anfangs war es nicht mehr als das Blockieren der schmalen Diele und ein willensstarkes Anstarren. Wenn der Empfänger der Warnung sie nicht beachtete, und fortfuhr, die Wohnung zu betreten, ergab sich aus Bonzos nächstem Vorgehen eine Kratzwunde an Füßen und Beinen durch eine rotierende sensenartige Bewegung mit beiden Vorderpfoten. Ich umging diese Erfahrung, als ich erstmals die Wohnung betrat, da Judith ihn in weiser Voraussicht ins Schlafzimmer gesperrt hatte, eine Beschränkung, die er ziemlich frustrierend fand. Nachdem ich die Einzelheiten über seine Attacken erfahren hatte, konnte ich nicht widerstehen, ihn selbst in Aktion zu sehen. Wie beängstigend kann eine Katze um Gottes Willen sein? Leider kannte ich die Antwort auf diese Frage nur zu gut. Ich war schon oft das Opfer von Katzenattacken geworden, und ich kann sagen, dass meine Entschlossenheit bei manchen Anlässen schwankt, besonders wenn die besagte Katze wie ein griesgrämiger Bullterrier aussieht.

Judith ließ Bonzo aus dem Schlafzimmer, und ihr gurrendes Liebesgeplänkel schien irgendwie fehl am Platze zu sein, wenn man das Objekt ihrer Zuneigung sah. Ja, er war ein ansehnlicher Kater, aber der Ausdruck in seinem Gesicht machte es für jeden schwer, sich für ihn zu erwärmen. Er ging langsam auf mich zu und beäugte mich aufmerksam mit leicht angehobenem Hinterteil und gesenktem Schwanz sowie einem versteiften Nacken. Ich fuhr fort, mich mit Judith zu unterhalten, wobei sie aufgeregt wurde. Sie informierte mich schnell, dass ich Bonzo eigentlich nicht ignorieren solle, weil er das nicht mochte. Ich mag es eigentlich auch nicht, belauert zu werden, aber ich erklärte Judith, dass mein Wahnsinn Methode hatte. Während der nächsten drei oder vier Minuten – es kam mir vor wie eine Ewigkeit – wurde ich mehrere Male von Bonzo mit wachsender Intensität angegriffen. Ich bewegte meine Beratungstasche, und er attackierte meine Hand. Ich ging zum Badezimmer, und er attackierte meine Füße und Beine. Ich war in Versuchung, auf unbestimmte Zeit im Badezimmer zu bleiben, aber ich wusste, ich musste schließlich herauskommen. Mein Herauskommen provozierte die schlimmste aller Attacken. Er warf sich mit großer Begeisterung gegen mich, offensichtlich glaubte er, den Vorteil der Überraschung zu haben. Er schlug mit seinen Pfoten so hart gegen meine Füße und Knöchel, dass ich jeden Schlag spürte. Er heulte wie eine Sirene, aber ich ging trotzdem noch weiter zu meinem Platz zurück. Ich hatte ihn ernstlich verärgert, aber nun wollte ich, dass er sich beruhigte; ich hatte entdeckt, was ich wissen musste. Ich hatte auch nur noch die Hälfte eines Stiefels an jedem Fuß, und ich war nicht sicher, wie viele weitere Angriffe das Leder noch verkraften konnte.

Judith war geschockt, da sie zuvor niemals Zeuge einer solch heftigen Attacke war. Sie trieb Bonzo zurück ins Schlafzimmer und setzte sich zu mir, um das Problem zu besprechen.

Bonzo war über die Jahre extrem anhänglich Judith gegenüber geworden. Er lebte in einer unglaublich kleinen Welt in dieser winzigen Wohnung, und alles darin hatte eine immense Bedeutung gewonnen, besonders Judith. Er war vollständig von ihr abhängig, was Futter, Annehmlichkeiten, Unterhaltung und Gesellschaft betraf. Im Gegenzug übernahm er die Rolle des Verteidigers über das Reich. Katzen haben verschiedene Verhaltensweisen, mit Gefahr umzugehen; Bonzo hatte die „Kämpfen-bis-zum-Tod"-Strategie übernommen und war bereit, Gewalt zu benutzen, um sich selbst und Judith zu beschützen. Die anfänglichen „Attacken" waren deplatziertes Raubtierverhalten, aber sie können wohl eine wichtige Lektion für ihn gewesen sein. Menschen schreien, schlagen mit ihren Armen und gehen letztendlich weg, wenn man auf sie losgeht und sie mit seinen Pfoten schlägt. Es war noch dazu eine aufregende Sache, die wahrscheinlich den größten Adrenalinrausch darstellte, den Bonzo jemals erlebt hatte.

Die Lösung dieses Problems war knifflig. Bonzo war in einem Verhaltenskreislauf gefangen, der mit seiner gegenwärtigen Umgebung eng verbunden war. Das Ziel einer Verhaltenstherapie in diesem Fall wäre, weitere Auslöser für Attacken zu vermeiden, während akzeptable alternative Aktivitäten gefördert wurden, die genauso lohnenswert für ihn waren. Dies war mein Dilemma: Was konnte ich möglicherweise tun bei so wenig Platz? Ich hatte noch dazu ein weiteres kompliziertes Problem. Judith hing emotional sehr an Bonzo, und um sein Verhalten zu verändern, würde sie sich von der Beziehung zurückziehen und ihn zur Selbstständigkeit ermutigen müssen. Sie würde auch einiges an Autorität von ihrem Kater zurücknehmen müssen. Sie benutzte Sätze wie: „Er möchte lieber nicht hochgehoben werden!", „Er mag es nicht, wenn ich das tue!" und „Er will, dass ich das um vier Uhr morgens mache, also tue ich es!". Vielleicht war das der Grund, warum Bonzo solch eine Bürde an Verantwortung für seine Halterin empfand; sie schien nicht die Kontrolle zu übernehmen. Und das musste sich unbedingt ändern.

Ich vermute, man kann sich darüber streiten, ob Katzen zu solchen komplexen Gefühlen fähig sind oder nicht. Eines weiß ich, dass Katzen Kontrollfreaks sind, wie ich es schon viele Male zuvor gesagt habe. Sie sind am zufriedensten, wenn sie ein Gefühl von Vorhersagbarkeit und die Kontrolle über ihre Umgebung sowie die sozialen Situationen haben. Wenn Judith nicht wirkte, als würde sie die Kontrolle ausüben, dann musste Bonzo wohl die Verantwortung übernehmen. Allerdings, lieber als Freunden und Verwandten zu begegnen und sie zu begrüßen, wie Judith es gemacht hätte, wollte Bonzo diese lediglich abschrecken.

Wir hatten viele emotionale Diskussionen während der nächsten Wochen. Judith fand es sehr schwer, sich von Bonzo zurückzuziehen. Ich hatte vorgeschlagen, dass sie ihn im Schlafzimmer einsperrte, wenn Besucher kamen. Ich war ernsthaft beunruhigt, dass sie vielleicht in die Strategie verfiel, niemals Menschen zu sich nach Hause zu bitten, und ich glaubte nicht, dass dies das eigentliche Problem überhaupt berühren würde. Für eine kurze Weile nahm sie meinen Plan an, wurde aber wieder rückfällig, weil sie das klagende Geschrei aus dem Schlafzimmer nicht aushalten konnte, mit dem Bonzo seine Gefangenschaft beanstandete. Judith war unglücklich, und ihr Kater war es auch, und wir machten einfach keinerlei Fortschritt. Ich hatte sie gebeten, die Wohnung anregender zu gestalten, sodass Bonzo sich selbst durch Futtersuche, Klettern und das Erkunden neuer Gegenstände unterhalten konnte. Das war für eine Weile aufregend, aber Bonzo versuchte immer wieder, alles in den vorherigen Zustand zurückzubringen. Warum konnte er sich nicht einfach an Judith hängen, wie er es gewohnt war, und sie dazu bringen, alles für ihn zu tun?

Es ist sehr schwierig, diese Dinge mit Menschen zu besprechen. Ich mochte Judith wirklich, und ich verstand alles, was sie in den Jahren mit ihrer Krankheit und anderen schwierigen emotionalen Umbrüchen und seelischen Schocks durchmachen musste. Bonzo gab ihr beständige und bedingungslose Liebe, was auch immer in ihrem Leben geschah und wie auch immer sie sich fühlte. Sie musste sich nicht bemühen, geliebt zu werden, er tat es uneingeschränkt. Wenn er nur nicht jeden attackieren würde, wäre es ihr egal, wie anhänglich er war. Leider ist es ungerecht, dieses Maß an emotionaler Verantwortung einem Mitglied einer anderen Spezies aufzuerlegen, besonders einer Katze. Egal wie sehr sie in einer menschlichen Welt Liebe und Zuneigung zu erwidern scheinen, es ist schwer für sie, damit klarzukommen, wenn ihnen nicht wenigstens einigermaßen erlaubt wird, einen gewissen Grad an „Katze" beizubehalten. Dennoch konnte Judith es wohl so empfinden, als ob ich sie kritisierte oder behaupten würde, sie wäre eine schlechte

Halterin, wenn ich dies erklärte. Ich wollte ein depressives Wesen nicht noch mehr deprimieren, indem ich das Einzige entfernte, was eine gewisse Kontinuität in ihrem verwirrten Leben darstellte. Wir unterhielten uns sehr ausführlich, und nach einer gewissen Zeit sagte Judith zu mir: „Glauben Sie, dass Bonzo woanders glücklicher wäre?“ Das war ein Durchbruch, und ich war nun fähig, mit Judith über die möglichen Auswirkungen zu sprechen, wenn Bonzo in eine Umgebung mit Zugang zur freien Natur zog. Ich erklärte, dass es für sie nicht nötig wäre, Teil der Gleichung zu sein, wenn Bonzo eine Menge mehr zu tun hätte. Wäre es nicht großartig, wenn Judith umziehen könnte?

Unsere Gespräche während der nächsten Wochen drehten sich um dieses eine Thema. Konnte Judith alles zusammenpacken, aus London weggehen und einen Neuanfang in einer ländlichen Idylle machen? Es war eine komplizierte Situation, da soziale Isolation das Letzte war, was sie zu dieser Zeit wollte oder brauchte. Wenn sie in eine zu ländliche Umgebung abgeschoben wurde, lief sie Gefahr, ernsthaft ihre Lebensqualität einzubüßen, auch wenn Bonzo Spaß hatte. Aber Judith wurde sich bewusst, nun, da sie die Situation besser verstand, dass Bonzo nach etwas (irgendetwas) außerhalb ihrer Beziehung schrie. Er würde gerne einen Windhauch in seinem Fell spüren oder feuchtes Gras unter seinen Pfoten; sogar eine Balgerei mit der Nachbarskatze hatte einen aufregenden Reiz. Judith wurde von widersprüchlichen Emotionen an Liebe, Schuld, Ärger und Frustration geplagt. Es war eine schwierige Zeit für sie, und es gab sehr wenig, was ich in diesem Stadium tun konnte, außer zuzuhören und etwas von dem zu verstehen, was sie durchmachte.

Glücklicherweise spielte, wie es so oft im Leben geschieht, das Schicksal mit, und Judiths Cousine Lucy tauchte auf. Lucy hatte einen kleinen Hof in Suffolk und eine sachliche Einstellung zu Tieren. Sie war Bonzo nie begegnet, aber sie hatte sich mit einigem Interesse seine Geschichte angehört. Sie hatte einmal angemerkt, das was er brauche, wäre eine „richtig gute, ausgelassene Jagd in meinem Heu“; eine aus meiner Sicht vollkommen richtige Einschätzung. Lucy schlug vor, Bonzo Urlaub zu geben. Wenn es ihm dort gefiel, könnte er bleiben, und Judith könnte ihn oft besuchen. Lucy meinte, es wäre die beste Lösung für alle. So verbrachten Bonzo und Judith einen Urlaub in Suffolk. Judith kam zurück und Bonzo blieb, und er ist immer noch dort bis zum heutigen Tag. Er hat ein paar Narben von Kämpfen, und er pflegt, jeweils für Tage, unterwegs zu sein, aber er sieht gut aus – alle seine acht Kilos –, wenn er an den Hecken entlangpirscht. Sein Spitzname ist „Biest von Bury St. Edmunds“, aufgrund seiner eher großen als normalen Statur. Der Übergang verlief nicht ganz ohne Probleme; es war schwer für ihn, seine Auffassungen von Platz und Aktivität vollständig neu zu definieren, aber ich finde immer, dass Katzen gut damit klarkommen, sobald sie sich erst einmal darauf eingestellt haben, zu einem Lebensstil zurückzukehren, den die Natur beabsichtigt hat. Judith besucht ihn regelmäßig, und Bonzo hat seitdem niemanden attackiert. Er liebt es, Judith zu sehen, aber er fügt sie nun eher in seinen geschäftigen Terminplan ein, als ihr lange Zeit zu widmen – was es viel leichter für sie macht, Bonzo zurückzulassen, wenn sie wieder nach Hause fährt.

Wickham, Whisper, Jeffrey und Bonzo haben alle Aggressionen aus unterschiedlichen Beweggründen gezeigt. Das gemeinsame Thema allerdings war die Beziehung zu ihren Haltern, die geändert werden musste. Es ist keine Frage, dass die emotionalen Ansprüche ihrer Halter bei der Entwicklung ihrer Aggression von vorrangiger Bedeutung waren. In Wickhams Fall mag es sich um Frustration gehandelt haben, aufgrund der ständigen Aufmerksamkeit, die ihn sehr in den Mittelpunkt stellte. Whisper und Jeffrey litten wohl an Langeweile und einem Mangel an Stimulation, resultierend aus der unangemessenen Sorge ihrer Halter bezüglich ihrer Sicherheit. Was auch immer die ursprüngliche Ursache ist, es ist absolut klar, dass sie auf höchstem Niveau geliebt und umsorgt wurden. Der Fehler, den viele von uns machen, ist, unsere pelzigen Freunde als kleine Menschen und schutzlose kindähnliche Individuen anzusehen, die uns brauchen, um ihnen emotionale Sicherheit zu bieten. Manchmal müssen wir akzeptieren, das Katzen immer schon perfekt ohne uns überlebt haben und es immer tun werden.

Aggressivem Verhalten durch eine Veränderung in der Beziehung begegnen

Es gibt keinen Ersatz für eine professionelle Haustier-Verhaltensberatung, wenn Ihre Katze gegenüber Ihnen oder anderen Menschen aggressiv ist. Es gibt viele Beweggründe für dieses Problem, einschließlich Schmerz und Krankheit, und es ist erforderlich, den Rat eines Tierarztes zu suchen, bevor irgendwelche Selbsthilfemaßnahmen ausprobiert werden. Es gibt allerdings nichtinvasive Veränderungen, die Sie in Ihrem Verhalten gegenüber der Katze umsetzen können, die das Risiko von Verletzungen minimieren werden, während professionelle Hilfe gesucht wird:

- Vermeiden Sie direkten Augenkontakt mit Ihrer Katze.
- Bewegen Sie sich in Ihrem Heim selbstsicher, während Sie, wann immer es möglich ist, eine direkte Annäherung vermeiden.
- Schützen Sie Ihre gefährdeten Arme und Beine, wenn nötig, durch das Tragen handfester Kleidung oder durch Handschuhe und Stiefel. Dann können Sie sich frei bewegen, ohne Angst vor Verletzungen zu haben.
- Vermeiden Sie, wann immer es möglich ist, an Ihrer Katze in schmalen Gängen oder Korridoren vorbeizugehen.
- Ignorieren Sie Ihre Katze, und nehmen Sie die Haltung ein, dass Sie lediglich zusammenleben.
- Stellen Sie Ihre Katze nicht „in den Mittelpunkt".
- Füttern Sie Trockenfutter, damit Ihre Katze während des Tages immer ein wenig und häufig fressen kann. Das wird jede Frustration oder aggressive Vorfälle zu den Fütterungszeiten vermeiden.
- Versuchen Sie, Ihrer Katze einen Lebensstil zu ermöglichen, der so natürlich wie möglich ist. Zugang nach draußen ist immer ein Gewinn.
- Strecken Sie Ihre Hand nicht aus, um Zuneigung zu zeigen.
- Bestätigen Sie Ihre Katze nur, wenn sie sich freundlich annähert. Gewähren Sie auch dann nur kurzzeitigen Körperkontakt.
- Gestatten Sie Ihrer Katze aus Sicherheitsgründen nachts nicht den Zugang zum Schlafzimmer.

* * *

Ich kann dieses Kapitel nicht beenden, ohne einen wichtigen Ausweg anzubieten. Nirgendwo steht geschrieben, dass Sie es mit einer Hauskatze aushalten müssen, die ständige Aggressionen gegenüber Ihnen, Ihrer Familie oder Ihren Freunden zeigt. Sie können der gewissenhafteste und hingebungsvollste Katzenhalter sein und trotzdem nicht auf eine Katze einwirken können, die sich mit aller Macht mit Zähnen und Krallen wehrt. Manchmal sind die Beziehung und die Umgebung einfach nicht richtig für diese besondere Katze. Suchen Sie professionellen Rat, hören Sie zu und fühlen Sie sich nicht im Entferntesten schuldig für etwas, was nicht Ihre Schuld ist. Die Beziehung zwischen Menschen und Katzen sollte für beide Seiten angenehm sein, und wenn Sie attackiert werden und Ihre Katze das Bedürfnis hat, der Angreifer zu sein, dann ist keiner von Ihnen glücklich.

KAPITEL 8
Eine abhängige Katze lieben

Dieses Kapitel behandelt eines der vielschichtigsten und faszinierendsten Bestandteile meiner Arbeit als Katzenverhaltensberaterin. Was geschieht, wenn die Beziehung zwischen einem Menschen und einer Katze die Grenzen von dem überschreitet, was als „normal" angesehen wird? Was macht eigentlich eine gestörte Beziehung aus und warum ist sie nicht wünschenswert? Ich habe darum beschlossen, einige Probleme, die diese Thematik betreffen, zusammenzufassen. Ich möchte nicht nur abhängige Katzen betrachten, sondern auch abhängige Menschen: Menschen, die intensive emotionale Bindungen zu ihren Katzen haben. Diese Bindungen sind bis zu einem gewissen Grad wundervoll, aber sie können extrem belastend werden, wenn die Katze stirbt oder krank wird. Sie können ebenso bis zur Ausgrenzung anderer Menschen erlebt werden, und während einige Leute behaupten würden: „Wer braucht einen Menschen, wenn man eine liebende Katze hat?", fühle ich mich dabei etwas unbehaglich. Ich habe immer so diplomatisch wie möglich angedeutet, dass Katzen schlecht ausgerüstet sind, diese intensiven Beziehungen zu erwidern. Vielleicht werden einige der in den nächsten Geschichten dargestellten Probleme meine Bedenken rechtfertigen.

Ich möchte auch Aufmerksamkeit heischendes Verhalten besprechen. Dieses manifestiert sich in – so scheint es – einer absichtlichen Manipulation des Menschen durch eine zynische kleine Katze, die nichts Besseres mit ihrer Zeit anzufangen weiß, als ihn um drei Uhr morgens aufstehen zu lassen, um ihr einige Garnelen warm zu machen, *einfach weil sie es kann!* Ich gebe zu, dass dies überaus belustigend und unterhaltend sein kann, bis es einem selbst passiert. Es kann ebenso nachteilig für die emotionale Gesundheit einer Katze sein, die in der Interaktion mit ihrem Halter zu abhängig von ihm ist, und sehr zickig wird, weil sie umso mehr will, je mehr sie bekommt.

Rob und Flossie

Zu abhängige Beziehungen sind nicht immer eine Domäne der Frauen. Männer leben auch oftmals alleine, arbeiten viele Stunden, und nach Hause zu kommen und von einer Katze herzlich begrüßt zu werden, ist für sie genauso wichtig wie für uns Frauen. Es gibt viele Bücher, die uns erzählen, dass Männer von einem anderen Planeten kommen und ihr Gehirn einfach nicht auf dieselbe Weise arbeitet wie unseres. Es ist sicherlich wahr, dass nach meiner Erfahrung, eine Katze einen Raum betreten und eine komplizierte Sing-und-Tanz-Einlage, vollständig mit Spazierstock und Zylinder, geben könnte, und die meisten Männer würden es gar nicht wahrnehmen, wenn sie gerade fernsehen. Aufmerksamkeit heischendes Verhalten funktioniert unter solchen Umständen selten. Das bedeutet allerdings nicht, dass einige Männer nicht die Fähigkeit haben, mehrere Dinge gleichzeitig zu tun oder die subtilen Nuancen im Verhalten ihrer Katzen zu verstehen. Manche Männer sind sehr bemüht, ihre Katzen zufriedenzustellen, und besorgen alles, was sie brauchen, um sie glücklich zu machen. Rob war solch ein Mann, und einen netteren Klienten kann man sich kaum vorstellen.

Rob hatte die Universität verlassen und sich alleine mit einem guten Job in einer fremden Stadt häuslich eingerichtet. Er hatte ziemlich gut für einige Jahre vor sich hin gewerkelt, aber erkannte, dass da etwas in seinem Leben fehlte. Seine Familie hatte immer Katzen gehabt, als er aufwuchs, und er erinnerte sich mit Zuneigung, wie jedes Individuum ihm durch die schwierigen Zeiten mit dem Examen, Freundinnen und all den Mühsalen des Erwachsenwerdens geholfen hatte. Er glaubte, sein Leben würde dadurch erheblich bereichert, wenn er den Sprung wagte und sich eine Katze aus dem örtlichen Tierheim holte.

Rob war ein bisschen ein Softie, und so jemanden in eine Katzenauffangstelle mitzunehmen, garantierte geradezu, dass wenigstens sieben mit ihm ausziehen würden. Allerdings war er schließlich doch ein Mann, der vernünftige Teil seines Gehirns überwog, und er wählte eine kleine schwarze Katze. Sie hatte einer älteren

Dame gehört, die gestorben war, und sie saß in ihrem Käfig, sah ungepflegt und ungeliebt aus. Rob langte hinein, um sie hochzuheben, und ihr erwartungsvolles Schnurren ließ sein Herz schmelzen. Ihre folgende Kratzwunde an seinem Arm, als er sie etwas zu lange festhielt, besiegelte es für ihn, und er unterschrieb die Adoptionsunterlagen und nahm sie mit nach Hause. Das war für ein ganzes Leben!

Rob wollte alles tun, um Flossie Behaglichkeit und Sicherheit zu garantieren. Schließlich hatte sie ihre vorherige Halterin verloren und trauerte wahrscheinlich; sie brauchte Aufmunterung. Er brachte eine Katzenklappe in der Hintertüre an, um ihr den Zutritt zum Garten zu ermöglichen, und er versorgte sie mit dem besten Futter, das man für Geld kaufen konnte. Alles lief wirklich gut, bis sie ihren ersten Einbruch erlitten. Rob hatte Flossie gerade im Wohnzimmer Gute Nacht gesagt und zog sich zurück ins Bett. Als er sich dabei ertappte, Flossie noch einmal unter seinem Nachttisch Gute Nacht zu sagen, erkannte er, dass etwas nicht stimmte. Er jagte den Eindringling aus dem Haus und dachte nicht mehr daran, bis ein großer schwarz-weißer Kater denselben Trick einsetzte. Das musste aufhören, denn es war offensichtlich belastend für Flossie. Sie hatte sich leider angewöhnt, ihr Futter zu erbrechen, wenn sie diesen Kater durch das Fenster sah oder hörte, wie er gegen die Katzenklappe schlug. Rob glaubte, sie wäre vielleicht krank, aber eine Untersuchung beim Tierarzt konnte keine eindeutige Ursache finden, warum sie sich so regelmäßig von ihrem Frühstück trennte. Rob war entschlossen, Flossies Zufluchtsort wiederherzustellen, sodass er die Katzenklappe verschloss und sie mit einer Katzentoilette versorgte. Wenn sie draußen nicht sicher war, dann musste sie drinnen bleiben.

Rob verbrachte unglückliche Abende damit, Flossie zu beobachten, wie sie jedes Mal zusammenzuckte, wenn der schwarz-weiße Kater gegen die Katzenklappe knallte und versuchte, einzubrechen. Er war wirklich beunruhigt, weil er sehen konnte, dass sich ihr Zustand verschlechterte. Ihr Fell wurde struppig, und sie schien völlig auf ihn angewiesen zu sein. Wenn er an ihr vorbeiging, wenn sie auf dem Sofa saß, maunzte sie ihn an und beruhigte sich nur, wenn er sich hinsetzte und ihr seinen warmen und sicheren Schoß anbot. Er kam in das Stadium, dass er zu Hause nichts tun konnte, außer seiner Katze Trost zu spenden. Seine Aufgaben blieben unerledigt, und er widmete Flossie jeden Augenblick, wenn er zu Hause war. Das schien für eine Weile zu helfen, besonders, als er sich eine Woche freinahm, aber sobald er zurück zur Arbeit ging, geriet Flossie in Panik. An jenem Abend fand Rob bei seiner Rückkehr einen nassen Urinfleck auf dem Sofa und eine kleine schwarze Katze, die völlig verzweifelt umsorgt werden wollte.

Der arme Rob hatte sehr gemischte Gefühle, weil er begann, sich selbst die Schuld zu geben. Er glaubte, dass dieser „schmutzige Protest" ein direktes Ergebnis davon sei, ihr seine Gesellschaft zu entziehen. Er hätte ihr niemals alles von sich geben und es dann wieder wegnehmen sollen. Das war äußerst grausam, und er hätte die Reaktion vorausahnen müssen. Wie lautete die Antwort? Zu versuchen, dass die Chefs ihm erlaubten, mehr von zu Hause aus zu arbeiten? Einen Katzensitter einzustellen? Die Arbeit vollständig aufzugeben und sich nur noch ständig um Flossie zu kümmern? Während keine dieser Möglichkeiten ernsthaft erwogen wurde, gingen tausend Sachen durch Robs Kopf, als er mich anrief, um einen Besuch zu vereinbaren. Flossie hatte weiterhin das Sofa verunreinigt, ihr Futter erbrochen und ihre allgemeine Verfassung litt. Sie sah älter aus, als sie war, und alles, was sie tun wollte, war zu schlafen – vorzugsweise auf Robs Schoß – oder sich an ihn zu klammern und zu maunzen, wenn sie wach war. Er fühlte sich jedes Mal erbärmlich, wenn er zur Arbeit ging, und er spürte, dass seine eigene Gesundheit darunter litt. Er konnte nicht erwarten, nach Hause zu kommen, aber fürchtete insgeheim die ungeheure Verantwortung, alles für Flossie zu sein.

Ich verbrachte einige Stunden mit Rob und Flossie und ging die Ereignisse durch, die zu der aktuellen Situation geführt hatten. Flossie war wirklich ein liebes kleines Ding, und sie beobachtete jede Bewegung von Rob wie ein ergebener Falke. Ab und zu wandte sie ihren versonnenen Blick ab, wenn ihre Augen zwischen der Türe zur Küche und dem Wohnzimmerfenster hin und her wanderten. Was hörte sie? Wovor hatte sie Angst? Rob hatte berichtet, dass sie scheinbar Lust hatte, nach draußen zu gehen, aber dann nur auf der Treppe saß und rief. Nach einer Stunde bestätigte der Anblick eines großen schwarz-weißen Gesichts am Wohnzimmerfenster meinen Verdacht. Flossies Hauptsorge war dort draußen. Es war sicherlich wahr, dass ihr Halter sich immer tiefer in die Problemlösung verstrickt hatte und dadurch bei einer abhängigen Katze gelandet war, jedoch die hauptsächliche Ursache ihrer Abhängigkeit war ein Mangel an Sicherheit aufgrund anderer Katzen, nicht Robs Verhalten. Ich glaube, es war eine enorme Erleichterung für Rob, zu erkennen, dass nicht er es war, der sie verpfuscht hatte.

Wir besprachen die drei Hauptprobleme ziemlich ausführlich, und zwar das Erbrechen, die Unsauberkeit und die offensichtliche Abhängigkeit. Wir redeten auch über die Hauptursache – den schwarz-weißen Kater und all seine Kameraden da draußen, die erpicht darauf waren, die Domäne der neuen kleinen schwarzen Katze zu übernehmen. Ein Verhaltensmuster begann zum Vorschein zu kommen, als wir das Erbrechen ihres Futters besprachen. Es geschah nicht nach jeder Mahlzeit, aber es trat definitiv auf, wenn sie den Kater draußen durchs Fensters gesehen, einen Schlag an der Katzenklappe gehört hatte, während sie aß oder Robs Gesellschaft beraubt wurde, nachdem er für einige Zeit zu Hause gewesen war. Konnte es stressbedingt sein? Ihr Urinieren auf dem Sofa schien einem ähnlichen Trend zu folgen. Wir mussten eine Situation schaffen, die Flossies Sicherheitsempfinden in ihrem Zuhause verstärken würde, ohne dass Rob seinen Job aufgeben und ständig Verantwortung übernehmen musste. Auf Dauer ist Abhängigkeit niemals im Interesse von irgendjemand, da eine vierundzwanzigstündige Beschäftigung mit unseren Haustieren selten möglich ist – und sogar, wenn es das wäre, würde ich es wirklich nicht empfehlen. Wenn wir für unsere pelzigen Freunde unentbehrlich werden, ist es jedes Mal, wenn wir versuchen, sie zu verlassen, unglaublich belastend für alle Beteiligten. Es wäre eine weitaus bessere Strategie, von vornherein zu vermeiden, dass so etwas geschieht. Ich bat Rob, die Katzenklappe auf beiden Seiten zu verrammeln. Eine Katzenklappe zu verschließen, schreckt mögliche Eindringlinge nicht einfach ab; sie schlagen immer noch dagegen und kehren so lange zurück, bis sie zerbricht oder irgendein Narr sie öffnet. Wenn die Katzenklappe plötzlich eines Tages verschwindet – eine große Sperrholzplatte schafft das –, dann stellt sie nicht länger eine Schwachstelle bei der Verteidigung des Hauses dar. Ein Wink für den großen schwarz-weißen Kater, sich irgendwo in der Straße ein anderes Angriffsziel zu suchen. Flossie hatte immer noch einen starken Drang, nach draußen zu gehen, was in solchen Fällen verhältnismäßig häufig zu sein scheint – diese armen, verfolgten Individuen wollen gewiss nicht zufällig ihrem Feind begegnen, aber sie fühlen sich gezwungen, das Territorium täglich zu kontrollieren, um zu sehen, was angestellt wurde. Flossie konnte dies eindeutig nicht alleine tun, aber sie würde vielleicht einen Spaziergang machen, wenn Rob im Garten war. Ich billigte Robs Rolle als ihr Aufpasser nicht, aber seine Anwesenheit im Garten, beschäftigt mit anderen Dingen, würde ihr vielleicht das Selbstvertrauen geben, das sie brauchte, um ihre Markierungen im Garten zu hinterlassen und den Aufenthaltsort von Sie wissen schon wem zu überprüfen.

Flossie war keine junge Katze – ungeachtet, dass der Katzenschutz sie als „erwachsen, wahrscheinlich ungefähr fünf Jahre alt" bezeichnete. Ich meinte, sie wäre wenigstens doppelt so alt, und mit den fortschreitenden Jahren kamen all die Unsicherheiten, die mit einem gewissen Alter Hand in Hand gehen. Sie brauchte etwas Warmes zum Schlafen, das eine angemessene Alternative zu Robs Schoß war. Wenn er nicht auf ihr klägliches Schreien reagierte, sich zu setzen, um ihr seinen Schoß als Körbchen anzubieten, würde sie sich vielleicht an etwas anderes gewöhnen? Wir entschieden uns für ein synthetisches Schaffell, das über das Sofa gebreitet wurde – auf dem bis jetzt unbefleckten Teil der Sitzfläche –, um sie zu locken. Rob wurde angewiesen, verschiedene Spielsachen zu besorgen, von denen ich glaubte, dass Flossie sie unwiderstehlich fände. Ihre Interaktion würde sich in Zukunft eher auf raubtierhaftes Spielen konzentrieren als auf Knuddeln und Streicheln. Obwohl Knuddeln großartig war, bewirkte es nichts, außer Robs Status als Ernährer und Tröster zu bestätigen. Das war wirklich nicht das, was wir in diesem Moment anstrebten.

Rob stimmte zu, Flossie öfter zu bürsten, um ihr Fell so gut wie möglich instand zu halten. Sie hatte das Putzen aufgegeben, seit all das Unheil begonnen hatte, und sah etwas mottenzerfressen aus. Das würde Rob und Flossie ermöglichen, Zeiten mit Körperkontakt zu haben, den sie beide eindeutig genossen, mit dem positiven Endresultat eines glänzenden Fells. Ich gab verschiedene andere Empfehlungen, wie eine weitere Katzentoilette, weg von jedem Fenster, sowie den Wechsel zu einer feinen sandartigen Einstreu. Ich schlug ebenso vor, dass Rob einer „Wenig-und-häufig-Methode" beim Füttern folgen sollte, sodass Flossie bei ihrem empfindlichen Magen nicht zu viel Futter auf einmal zu sich nahm. Mithilfe einiger Futterautomaten würde Flossie von da an vier anstatt zwei Mahlzeiten am Tag bekommen.

Während der nächsten acht Wochen sahen wir eine große Verbesserung bei Flossie. Sie schien mehr Leben in sich zu haben und deutlich mehr Elastizität in ihrem Gang. Sie nahm sofort ihr warmes Schaffellbettchen an und lag angenehm warm zusammengerollt jeden Abend darauf, wenn Rob nach Hause kam. Das Blockieren der Katzenklappe schien ihr symbolisch ein Gefühl von Sicherheit zu geben. Robs Schoß war nicht mehr so unerlässlich für einen tiefen entspannten Schlaf wie vorher, nun da sich das Risiko eines Überfalls ernsthaft vermindert hatte. Die Spielzeiten machten Spaß und waren für Flossie eine wertvolle Ablenkung von all den Sorgen, ihr Heim zu verteidigen. Wenn das Wetter schön war, fanden abends und an den Wochenenden Ausflüge in den Garten statt, und Rob entdeckte die Stress abbauenden Freuden von Gartenarbeit.

Leider gab es weiterhin Urin auf dem Sofa und Erbrechen ihres Futters, aber das war einfach immer noch bedingt durch den ziemlich unheimlichen schwarz-weißen Kater, der Cuthbert genannt wurde –, der ihr durch das Wohnzimmerfenster Grimassen schnitt, als er herausfand, dass er hinten am Haus nicht mehr eindringen konnte. Das Problem wurde bald verhältnismäßig einfach durch das Befestigen verschiedener Objekte am vorderen Fenstersims gelöst, was es für Cuthbert unmöglich machte, bequem zu landen und sein Gleichgewicht zu halten, während er durch die

Scheibe glotzte. Nichts schaut weniger bedrohlich aus als eine Katze, die im Begriff ist, nach hintenüber zu fallen.

Die Zeit verging, und Flossie entwickelte sich immer besser. Vorfälle von Urin auf dem Sofa wurden Vergangenheit und Rob spürte, dass sie ihm die wahre Katze zeigte, die die ganze Zeit über hinter ihrer klammernden Anhänglichkeit gesteckt hatte. Er pflegte durch E-Mails den regelmäßigen Kontakt zu mir, und eine Nachricht sprach Bände: *Alles in allem sind wir ein viel glücklicherer Haushalt. Ich habe wieder diese wundervollen Momente, wenn ich in den Raum komme oder aufschaue, Flossie sehe und zu mir selbst sage: Schau, eine Katze! Und sie ist in meinem Haus!*

Als Rob aufhörte, beunruhigt wegen Flossie zu sein, entspannte er sich und lernte, an ihr Gefallen zu finden. Sie dagegen war weniger gestresst durch die sich vermindernde Aufmerksamkeit von Cuthbert, und das Sofa wurde eher ein Platz zum Schlafen als zum Pinkeln. Sie nahm wieder zu, und ihr Fell wurde glänzend, als sie wieder begann, sich selbst zu putzen. Ausflüge draußen waren nicht länger eine dringende Notwendigkeit – Cuthbert verlor bald sein Interesse –, aber wenn das Wetter schön war, beobachtete Flossie Rob immer beim Schneiden der Büsche im Garten.

Snuggles – ein Fall von anerzogener Abhängigkeit

Abhängigkeit kann sich in vielerlei Gestalt und auf verschiedene Arten entwickeln. Snuggles war ungefähr zehn Jahre alt, als ich sie traf. Sie lebte vorher mit ihrem Gefährten Bossy, einem großen älteren schwarzen Kater, und ihre Beziehung schien beglückend zu sein. Leider starb er einige Monate zuvor, und sein Tod schien der Vorbote für eine dramatische Veränderung bei Snuggles zu sein, daher mein Besuch.

Snuggles und Bossy waren niemals „provokative" Katzen; sie erfreuten sich ihrer gegenseitigen Gesellschaft und verkehrten freundlich mit ihren Haltern, wenn ihre Stimmung danach war.

Sie waren wirklich perfekte Haustiere ohne jeglichen Ärger und ideale Gefährten für ein beschäftigtes Paar, das von zu Hause aus arbeitete. Als Bossy starb, schien die arme Snuggles den Halt zu verlieren. Sie wanderte ziellos durch das Haus, jammerte und suchte nach ihrem verschwundenen Freund. Ihren Haltern Catherine und Michael tat es schrecklich leid für sie, und sie trösteten sie fortwährend und gingen ihren Geschäften nach, während sie sie in ihren Armen wiegten wie ein Baby. Sobald sie sie absetzten, begann sie wieder zu jammern, sodass sie versuchten, sie in Schichten mit Aufmerksamkeit zu versorgen, um ihr leidtragendes Haustier zu beruhigen.

Ein paar Monate später mussten sie geschäftlich verreisen, und sie richteten es ein, dass eine Freundin zu Besuch kam, um Snuggles zu füttern, während sie weg waren. Als sie zurückkamen, trauten sie ihren Augen nicht; ihre wunderschöne Snuggles sah mottenzerfressen und ungepflegt aus. Sie hatte ihr Fell systematisch in Flicken an verschiedenen Bereichen ihres Bauches, den Seiten und Beinen entfernt. Als Michael und Catherine im Haus herumgingen, fanden sie kleine Häufchen von Fellbüscheln, als ob Snuggles an ihrem Fell gezerrt und es pfotenweise ausgerissen hätte. Sie brachten sie am folgenden Morgen zum Tierarzt, und es wurde eine Reihe komplizierter Tests gemacht, um einen Grund für diesen plötzlichen Haarausfall zu finden. Nach eingehender Untersuchung fand der Tierarzt nichts Konkretes und überwies Snuggles an mich, da sie wahrscheinlich unter Stress litt.

Als ich Catherine und Michael besuchte, war es offensichtlich, dass Snuggles begonnen hatte, ihr Leben zu beherrschen. Sie war während unseres Gesprächs entweder auf seinem Schoß oder auf ihrem und wenn nicht, saß sie und leckte ihr Fell und riss mit ihren Zähnen Stücke heraus. Jedes Mal, wenn das geschah, erklang im Chor „Nein, Snuggles, Liebling!“, und entweder Michael oder Catherine nahm sie hoch, wiegte sie sanft und sprach dabei tröstende Worte. Sie berichteten, dass Schlaf für beide der Vergangenheit angehörte, weil alles, was sie jede Nacht zu hören bekamen „leck, leck, zupf, leck, leck, zupf“ war, und es trieb sie zur Raserei. Sie versuchten, sie auszusperren, aber das „leck, leck, zupf“ ging außerhalb ihrer Türe weiter, in Kombination mit Protestgeheul. Es war schrecklich! Jeden Morgen wurden sie von Fellbüscheln auf dem Teppich und einer Katze begrüßt, die so viel loses Fell aus ihrer Schnauze hängen hatte, dass sie wie ein Kannibale aussah. Sie beschlossen, dass, ihr Zugang zum Bett zu gewähren, das kleinere Übel war. Wenigstens schrie sie dann nicht. Der geplante Urlaub wurden aufgegeben, und ihr Leben wurde als Pfleger für Snuggles neu definiert. Leider, trotz ihrer größten Bemühungen, schaffte alle Aufmerksamkeit, mit der sie sie überhäuften, es nicht, das ständige Lecken und Zupfen sowie unablässige Jammern zu stoppen.

Snuggles war eine süße kleine Kreatur, und ihr jämmerliches Äußeres und ihr Gesichtsausdruck lieferten jedem die perfekte Entschuldigung, sie hochzuheben und zu trösten. Ironischerweise hatte dies nicht den beabsichtigten Effekt, und Snuggles wurde vollkommen abhängig von Beschwichtigung und Aufmerksamkeit ihrer Halter. Dies war wirklich eine gestörte Beziehung geworden, mit der zusätzlichen Schwierigkeit, dass ihr Stress sie dazu brachte, sich ihr Fell auszureißen. Katzen haben begrenzte Möglichkeiten, mit Stress umzugehen; sie können sich nicht Alkohol oder Drogen zuwenden, und sie können Dinge nicht mit Beratern besprechen, was meinen Job einfacher machen würde. Stattdessen müssen sie sich auf vorhersehbare, sichere Verhaltensmuster verlassen, wie fressen, putzen und schlafen, um die Zeit damit zu füllen, ihren beunruhigten Geist zu beruhigen. Es ist kein Zufall, dass das Land voller Katzen ist, die übertrieben fressen, sich übertrieben putzen und ihr Leben verschlafen, wenn sie schwierigen Situationen gegenüberstehen.

Ich erklärte Catherine und Michael diesen Gedanken und schlug vor, dass ein stufenweiser Entzug ihrer Aufmerksamkeit ein positiver Schritt hin zu ihrer Genesung wäre. Allerdings sollte dies niemals versucht werden, ohne zuerst eine alternative Beschäftigung gefunden zu haben, um die Katze abzulenken. Es zu versäumen, andere Dinge zur Beschäftigung anzubieten, wenn die Halter ihr keine Aufmerksamkeit schenken, kann eine bereits gestresste Katze völlig aus der Fassung bringen.

Catherine und Michael waren mit einem wundervollen Garten gesegnet, mit einem sonnigen Steingarten, einem Teich und schattigen Bäumen. Snuggles war es gewohnt, nach draußen zu gehen, wenn Bossy dabei war, aber nur um ihm zu folgen und sich grundsätzlich in seinem Schatten zu sonnen. Sie schien durch Bossys Ableben die freie Natur aufgegeben zu haben, und ihr Leben drehte sich nun um den Ofen, ihr kleines Weidenkörbchen und ihre Halter. Nichts funktioniert besser als die Gerüche, der Anblick und die Geräusche eines wunderschönen Gartens, um eine depressive Katze zu beleben, sodass ich vorschlug, Snuggles zu ermutigen, mehr Zeit draußen zu verbringen. Eine neue Regelung begann, indem Snuggles zur Schlafenszeit in der geräumigen Küche eingesperrt wurde. Michael und Catherine würden die Klagen nicht hören können und könnten (hoffentlich) der Verlockung widerstehen, sie nachts zu trösten. Snuggles wurde mit einem späten Abendessen ihres Lieblingsfutters versorgt, und ihr Weidenkörbchen wurde nahe am Ofen platziert. Morgens wurde sie von ihren Haltern begrüßt und für ihren morgendlichen Spaziergang nach draußen gebracht. Ich schlug vor, dass dies anfangs ein begleiteter Streifzug wäre, um ihr das Selbstvertrauen zu geben, alles aufzusaugen, aber ab einem gewissen Stadium würde sie hoffentlich beginnen, alleine zu gehen.

Wir waren während der nächsten zwei Wochen mit gutem Wetter und einem Entenpärchem auf dem Gartenteich gesegnet. Snuggles war von den Enten gefesselt, saß geduckt in sicherer Entfernung und beobachtete sie einfach über Stunden. Catherine stellte ihr Weidenkörbchen einfach nach draußen vor die Küchentüre in die Sonne, und Snuggles schien im Himmel zu sein. Michael und Catherine waren angewiesen worden, Snuggles Zupfen und Schreien zu ignorieren. Das war wie immer hart, aber sie beruhigten sich selbst damit, dass ihr Aufmerksamkeit zu schenken in der Vergangenheit nicht funktioniert hatte, sodass alles Mögliche einen Versuch wert war. Snuggles fuhr fort, sich ihren Haltern für die gewöhnliche Aufmerksamkeit zu nähern, aber deren abgewandte Augen und die zugedrehten Rücken ließen sie erkennen, dass etwas nicht in Ordnung war. Sie versuchte einfach, noch mehr ihre Aufmerksamkeit zu bekommen, aber ihr peitschender Schwanz deutete an, dass sie eigentlich bezüglich ihrer Hartnäckigkeit hin und her gerissen war. Immerhin waren diese Enten wieder da, die Sonne schien, und der Windhauch fühlte sich gut an auf ihren kahlen Stellen.

Einige Wochen vergingen, und jeden Morgen wurden Michael und Catherine von immer weniger Fellbüscheln begrüßt, wenn sie die Türe zur Küche öffneten. Während der ersten zwei Wochen fanden Sie Snuggles gegen die Türe gepresst – ich versuchte sie zu überzeugen, dass sie nur auf ihre Schritte auf den Stufen reagiert hatte und nicht die ganze Nacht an der Türe geheult hatte –, aber danach wurde sie in verschiedenen anderen Posen und an anderen Stellen in dem großen Raum vorgefunden. Als sie begannen, sie stattdessen gegen die Hintertür gedrückt vorzufinden, bereit, um hinauszugehen, glaubten sie, dass sie die Kurve gekriegt hatten. Übertriebene Fellpflege dieser Art verschwindet nicht über Nacht, und viele Katzen brauchen ein bisschen Hilfe beim Wandel zu einem normaleren Putzen. Tierärzte verschreiben in diesen Situationen oft Antidepressiva, aber das war nicht wirklich eine Auswahlmöglichkeit für Snuggles, die wohl ein bisschen zu alt für solch eine aggressive Medikation war. Obwohl diese Medikamente in einer angemessenen Dosis verhältnismäßig gefahrlos sind, ist eine Katzenleber nicht wirklich dafür gemacht, mit solchen toxischen Substanzen fertig zu werden. Wir wussten deshalb, dass die alte Gewohnheit von „leck, leck, zupf" einige Zeit brauchen würde, bis sie verschwand.

Acht Wochen später war Snuggles wie umgewandelt. Sie quengelte oder jammerte nicht und saß draußen in ihrem kleinen Weidenkörbchen, als ob ihr dieser Platz wirklich gehören würde. Sie hatte ihre morgendliche Routine, an den Grenzen des von Mauern umgebenen Gartens zu patrouillieren, gefolgt von einem schnellen Herumschnuppern, um zu sehen, wo ihre Entenfreunde herumhingen. Sie erschien immer noch in der Küche, um ihre Halter zu sehen, aber wenn diese mit der Morgenzeitung beschäftigt waren oder an ihren Computern arbeiteten, drehte sie sich um und verschwand wieder nach draußen. Sie zupfte immer noch an einigen

Stellen an ihrem Fell, aber Michael und Catherine waren erfreut, zu sehen, dass ihr wunderschönes getigertes und weißes Fell zurückkam. Sie buchten schließlich einen Urlaub, und trotz einem bisschen mehr Haarausfall entlang eines Vorderbeins, überlebte sie die Feuerprobe, alleine mit ein paar Katzensittern zu Hause zu sein, die sie täglich besuchten.

Wenn Katzen älter werden, neigen sie dazu, anfälliger für Abhängigkeit und Überanhänglichkeit zu werden, aber es ist nicht unausweichlich, dass das zwangsläufig zu Stress bedingten Krankheiten und schlaflosen Nächten führen muss. Die meisten Halter genießen die vermehrte Aufmerksamkeit, die sie von ihren älteren Katzen bekommen, und niemand leidet. Gelegentlich können andere Dinge, wie der Tod eines Katzengefährten, das Gleichgewicht kippen lassen, und Katzen entwickeln eine Abhängigkeit – wie Snuggles –, die niemandem guttut. Mit einer vorsichtigen Vorgehensweise und einem einfühlsamen Entzug, zusammen mit alternativen Aktivitäten, kann wieder Selbstvertrauen gewonnen werden, und das Leben kann so weitergehen wie zuvor.

Betty, ihre Tochter und die Katzen

Betty und ihre Tochter boten mir vor einigen Jahren ein ziemliches Dilemma, und ich habe niemals meine völlige Frustration und vollkommene Unfähigkeit vergessen, auch nur annähernd etwas zu bewirken. Obwohl es sich hier nicht genau um die Darstellung einer abhängigen Katze handelt, zeigt es sicherlich, wie kompliziert manche Beziehungen zwischen Frauen und ihren Katzen sein können. In gewisser Weise zögere ich, die Einzelheiten dieser besonderen Geschichte zu beschreiben, da ich niemals wirklich eine Antwort hatte; Richtlinien für ähnliche Situationen gehen über meinen Horizont hinaus. Allerdings lösten wir die ganze Angelegenheit mit gutem Humor – auch wenn meiner eher Hysterie ähnelte –, und Betty und Hilary schienen ausreichend glücklich mit dem Ausgang zu sein.

Die zwei besagten Damen lebten zusammen in einem kleinen Landhaus in einer ruhigen Ortschaft in Sussex. Sie hatten ursprünglich beide Vollzeitjobs und immer eine Katze im Haus gehabt. Über die Jahre, und sie konnten nicht genau sagen wie, hatten sie es geschafft, sich insgesamt sechs katzenartige Bewohner anzuschaffen. Sie waren als Streuner oder aus dem örtlichen Tierheim gekommen, aber sie hatten alle eines gemeinsam. Ich fand das sehr überraschend, da ich ehrlich sagen kann, dass ich niemals einen Haushalt mit so vielen Katzen mit so ähnlichen Persönlichkeiten gesehen habe. Es waren alles Angsthasen; sie hatten Angst vor ihrem eigenen Schatten, voreinander, vor Geräuschen, Bewegungen und Menschen. Einfach wirklich vor allem, womit jede Katze in einem normalen domestizierten Leben konfrontiert wird. Als ich Betty und Hilary besuchte, erhaschte ich flüchtige Blicke, aber die Katzen waren überwiegend nirgends zu sehen. Ich fragte sie, ob die Ähnlichkeit ein Zufall war oder ob sie Feiglingen zugeneigt wären, und sie schienen es wirklich nicht zu wissen. Sie sagten Dinge wie: „Wir hatten Mitleid mit ihnen." Und: „Niemand anders würde sie wollen." Und: „Wir dachten, wir könnten etwas bewirken."

Leider hatten sie nichts von dem bewirkt, worauf sie gehofft hatten. Die Katzen hatten sich nachdrücklich einem versuchten Handling sowie Ausdrucksformen von Liebe widersetzt und hatten jede einen Bereich im Haus übernommen, den sie ihr eigen nennen konnten. Jeden Tag zogen sie sich an ihre Plätze zurück oder verschwanden nach draußen und kamen nur zu Besuch oder hatten Kontakt mit ihren Halterinnen, wenn es Zeit zum Fressen war.

Da lag das Problem, und die arme Betty und Hilary hatten sich selbst in eine missliche Lage gebracht, bei dem Versuch, den Mangel an Zuneigung, den sie ihren geliebten Katzen zeigen konnten, auszugleichen. Sie wollten, dass sich ihre Schützlinge geliebt fühlten, und sie beschlossen, der beste Weg, dies zu erreichen, wäre, ihre Zuneigung durch Futter auszudrücken. So dachten sie sich einen Fütterungsplan aus und ein tägliches System, das sich etwa folgendermaßen abspielte:

- 6.00 Uhr morgens: Fisch für Stripey und Elmo kochen.
- 6.15 Uhr morgens: Stripey und Elmo mit dem Fisch füttern, Monty Kaninchenteile geben (im hinteren Schlafzimmer), Elsie Thunfisch im eigenen Saft geben (unter Hillarys Bett, sonst frisst sie nicht), Sandy antiallergische Leckerchen und TC oben auf dem Küchenschrank Lamm in Bratensoße geben.
- 11.00 Uhr morgens: Die Katzen zum zweiten Frühstück hereinrufen – gekochtes Hühnchen oder konservierter Schinken.
- 14.00 Uhr nachmittags: An vier verschiedenen Stellen Mittagessen hinstellen und hoffen, dass alle etwas bekommen, während ihre Namen wiederholt gerufen werden.
- 18.00 Uhr abends: Mehr Fisch kochen.
- 18.15 Uhr abends: Stripey und Elmo damit füttern, Kaninchenteile für Monty, Thunfisch in eigenem Saft für Elsie etc.
- 22.00 Uhr abends: Leckerchen mit Fischgeschmack und Krabben zum Abendessen (alle Katzen würden gewöhnlich aus dem Garten hereinkommen für solch einen Leckerbissen).
- 0.15 Uhr nachts: Alle Katzen drinnen über Nacht einsperren. Alternativ, bis vier Uhr morgens aufbleiben, um einige von ihnen hereinzubekommen.

Ich kritzelte es auf, als sie darüber sprachen, und dachte die ganze Zeit, dass dieses System unmöglich erschien, und dass eine solche Woche mich verrückt gemacht hätte. Ich war nicht überrascht zu hören, dass die arme Betty sechs Monate vorher ihren Job aufgegeben hatte, weil sie einfach keine Zeit zum Arbeiten hatte. Es widerstrebte ihr ebenso zunehmend, wegzugehen oder Besorgungen zu machen, die es erforderlich machen würden, das Haus für einige Zeit zu verlassen, da sie besorgt war, die Katzen würden in Panik geraten, wenn sie nicht da wäre. Sie machte sogar das meiste mit Kehrblech und Schaufel sauber, da sie besorgt war, dass der Staubsauger die Katzen belasten würde.

Hilary hatte es geschafft, sich einen gewissen Grad an Durchblick zu erhalten. Sie schimpfte ständig mit ihrer Mutter wegen deren zwanghaften Verhaltens. Das erzeugte Reibereien zwischen Mutter und Tochter und machte es noch schlimmer. Betty wusste, dass es falsch war, aber es schien keine Alternative zu geben, nun, da sie begonnen hatte, ihr Leben auf diese Weise zu leben. Schließlich kamen einige der Katzen nun zu ihr und nörgelten nach Futter. Dies bedeutete, dass sie geliebt und gebraucht wurde, oder?

Ich werde niemals diesen Besuch bei Betty und Hilary vergessen. Ich verbrachte vier Stunden dort, und wir redeten und redeten. Wir schauten nach Möglichkeiten und Konsequenzen und schließlich wurde einstimmig zugestimmt, dass keine der Katzen leiden würde, wenn wir das System ändern und Betty ein bisschen von ihrem Leben zurückgeben würden. Betty beugte sich auf ihrem Platz nach vorne und nickte mit großer Begeisterung, als ich ausführlich ein neues Fütterungssystem und die Lebensweise von ihr und ihren Katzen beschrieb. Vorbei war die Zeit, da sie ihnen überallhin folgte, sie anschaute und die ganze Zeit über mit ihnen sprach. Vorbei war die Zeit, da sie die ganze Nacht aufblieb, um sicherzugehen, dass sie hereinkämen; es war niemals eine wirksame Masche, weil sie immer noch hereinkamen, wann sie es wollten und nicht vorher. Wir würden ebenso radikal das außerordentlich teure und verschwenderische Fütterungssystem in Mahlzeiten mit einer gut ausgewogenen Ernährung umwandeln, die sich für alle Geschmäcker eignen würde. Ich war ganz stolz auf mich, als ich das Haus verließ, weil ich überzeugt war, dass Betty nach vier Stunden an Überzeugung und Nötigung Einsicht gewonnen hätte und die Dinge sich von jetzt an ändern würden. Keine Chance!

Ich bekam einige Tage später einen Anruf von Hilary. Nichts hatte sich verändert, außer dass Betty sogar noch gestresster war, weil sie das neue System nicht einhalten konnte. Sie blieb immer noch jede Nacht auf, sie fütterte immer noch Fisch und Thunfisch unter dem Bett, und sie wischte ihre Böden immer noch lieber, als den lauten Sauger zu nehmen. Ich bat Hilary Betty ans Telefon zu holen; ich wollte ihre Version der Geschichte hören und warum sie glaubte, dass sie so kläglich versagte. Es war wirklich ganz einfach: Sie konnte den Katzen nicht widerstehen. Ihnen ihr Futter und ihre Routine zu entziehen, wäre grausam. Sie war diejenige, die sich ändern müsste, und sie würde sich einfach an den Schlafentzug gewöhnen müssen, den Einkommensverlust sowie den ständigen Kampf von einer Mahlzeit zur nächsten. Die Logik war eindeutig in Rauch aufgegangen, aber ich konnte sogar fast verstehen, woher das kam. Diese Katzen waren nun ihr Leben, und ihre vermeintlichen Gefühle und Wünsche überwogen ihre eigenen. Sie könnte womöglich nichts zu ihrem eigenen Wohl ändern, da dies unzweifelhaft total selbstsüchtig gewesen wäre. Was für ein Dilemma. Ich gab mir große Mühe, am Telefon zu betonen, dass die Veränderungen zum Wohle der Katzen gemacht werden müssten, aber sie war nicht überzeugt. Ich machte sogar ein kunststoffbeschichtetes Plakat, um es in die Küche zu hängen, mit allen Regeln des neuen Systems, aber es machte keinerlei Eindruck.

Einige Wochen später waren wir in einer Sackgasse gelandet. Betty war sehr unglücklich, da sie dem Programm überhaupt nicht folgen konnte. Hilary war unglücklich, weil Betty dem Programm nichts abgewinnen konnte, und es gab dauernd Auseinandersetzungen. Ich kam zurück in ihr Haus, entschlossen, einen letzten Anlauf zu machen, um es für alle zu verbessern. Ich nehme an, dass ich in gewisser Hinsicht Erfolg hatte; Hilary und Betty akzeptierten beide völlig, dass ich recht hatte. Allerdings litt Betty unter emotionaler Trägheit. Sie konnte nichts verändern für den Fall, dass die Neuerungen von den Katzen missbilligt werden würden. Sie war hilflos.

Es gibt Anlässe, bei denen ich einfach weggehen muss. Das war wirklich Bettys Problem geworden, und mein Fachgebiet sind die Katzen, nicht die Halter. Ich wusste, die Katzen würden von meinen Vorschlägen profitieren, aber ich war machtlos, zu helfen. Ich war ehrlich zu Betty und erklärte meine Frustration. Ich wollte ihr Leben und das ihrer Katzen besser machen. Ich wollte etwas bewirken, aber ich konnte nicht. Ich denke oft, dass dieser besondere Fall mich ebenso viel über mich und meine Motivation, diesen Job auszuüben, gelehrt hat, wie über Betty!

Chunky – Abhängigkeit funktioniert in beide Richtungen

Ich hatte einmal eine Klientin namens Terri; ich erinnere mich mit einiger Zuneigung an sie, weil sie so eine nette Person war. Ich erinnere mich auch an sie, weil sie so gut darstellte, wie kompliziert – und selbstzerstörerisch – Liebe für eine Katze sein kann. Viele Male, wenn ich eine meiner wundervollen Katzen verloren habe, schluchzte ich: „Ich will niemals wieder Katzen haben; es ist zu schmerzhaft, wenn sie sterben!“, und ich weiß, dass ich nicht die einzige Katzenliebhaberin bin, die so etwas sagt. Eine Menge dieser Emotionen, die wir für diese Kreaturen empfinden, ist schmerzhaft, und bisweilen wird, wie Terri fand, die Freude darüber, sie zu halten, eine entfernte Erinnerung, aber die Liebe bleibt mit aller Macht.

Terri rief mich unter Tränen an, um zu fragen, ob ich ihrem lieben alten Chunky helfen könnte. Es war schwer, über das Telefon genau festzustellen, was sie wegen ihres vierzehnjährigen Katers bekümmerte; sie erzählte von Depressionen, Ängstlichkeit, sich nicht anpassen können an sein neues Zuhause, Krankheit ... Ich sprach mit ihrem Tierarzt, einem guten Freund von mir, und es wurde vereinbart, dass ich Terri besuchen würde, um zu sehen, was ich tun könnte, um Chunky glücklicher zu machen.

Terri und ihr Ehemann Joe lebten in einem neu gebauten Haus, in das sie nur zwei Monate vor meinem Besuch eingezogen waren. Sie waren umgeben von Baggern, Lärm sowie Matsch, und ihr makelloses Haus stand mit drei oder vier anderen bewohnten Häusern auf einer massiven Baustelle. Ich wurde in ihr hübsches neues Wohnzimmer geführt und setzte mich in die Nähe der zusammengerollten Gestalt eines kleinen schwarz-weißen Katers – nun nicht mehr so stämmig *(wie sein Name Chunky; Anmerkung der Übersetzerin)* –, der tief atmete und fest eingeschlafen war. Terri setzte sich auf seine andere Seite auf das Sofa, und als sie ihn befummelte, liebkoste und knuffte, erzählte sie mir seine Geschichte.

Chunky hatte mit Terri zusammengelebt, seit er ein Kitten war. Er war das ideale Haustier für jedes Mädchen, ein echter Kater draußen und eine sanfte Kreatur voller Zuneigung für seine junge Halterin drinnen, nach einem geschäftigen Tag mit Jagen in den Feldern, die das Haus seiner Familie umgaben. Chunky lebte bei Terri, als sie Joe traf, und als sie beschlossen zu heiraten, zog er mit ihnen in ihr erstes neues Heim. Er akzeptierte Joe und begann sogar, ihm große Zuneigung zu zeigen, nachdem dieser seinen anfänglichen Protest in Form von kühler Gleichgültigkeit registriert hatte. Das Leben ging weiter, und alle drei waren absolut glücklich, ihren normalen täglichen Geschäften für die nächsten zehn Jahre nachzugehen. Leider waren die Dinge seitdem nicht so gut für Terri gelaufen; sie wurde entlassen und fand es schwierig, einen anderen Job zu bekommen, es gab finanzielle Sorgen, ihr Vater war ernsthaft krank geworden, ihre beste Freundin starb, und Chunky hatte eine Reihe beunruhigender Krankheiten. Er hatte eine krebsartige Geschwulst in seinem Gesicht entwickelt – die daraufhin entfernt wurde –, und dann litt er unter dem unerklärlichen Problem kahler Stellen, die gewissermaßen über Nacht entstanden waren. Terri wurde das alles zu viel, und, zusammen mit dem kürzlich erfolgten Umzug, war sie ernsthaft depressiv und verängstigt geworden, und stand nun unter Antidepressiva, um damit klarzukommen.

Chunky hatte sich nach dem Umzug nicht gut angepasst. Er schien all den Lärm zu hassen, und eine junge Katze von nebenan bestand darauf, auf dem Zaun zu sitzen und ihn durch die Terrassentüre anzustarren. Er hatte den Appetit verloren und litt unregelmäßig unter heftigem Durchfall. Der Tierarzt hatte angedeutet, dass er wohl an einer entzündlichen Darmerkrankung litt und hatte ein leicht verdauliches Diätfutter verschrieben. Chunky hasste das neue Futter; Terri geriet in Panik, und Chunky sah einfach ausgesprochen depressiv aus. Er war nicht länger der geschmeidige, muskelbepackte Jäger von einst. Er wollte nicht mehr nach draußen und, wenn er keinen Durchfall hatte, schlief er einfach stundenlang. Er wirkte schwach, und Terri hatte panische Angst, dass sie ihn womöglich verlieren würde.

Terri und Chunky waren über die Jahre sehr innig miteinander geworden. Er hatte immer viel Zeit draußen verbracht, aber jede

Minute, die er drinnen verbrachte, war Terri gewidmet. Sie liebte ihn leidenschaftlich und war total fixiert auf ihn. Er liebte ihre Aufmerksamkeit, und die Beziehung wurde von Terri als „vollständig auf einer Wellenlänge“ beschrieben. Chunky würde niemals ihre Seite verlassen, wenn sie traurig oder krank war. Er schien diese Momente, wenn sie ihn am meisten brauchte, zu erkennen.

Terri hatte sehr wortgewandt beschrieben, was sie für ihren Kater empfand. Sie verstand auch völlig, dass er an einem Tiefpunkt war, und alles schien besorgniserregend und außer Kontrolle zu sein. Es geschieht bei meiner Arbeit häufig, dass der emotionale Status der Halter eine enorme Wirkung auf ihre Katzen hat. Es ist eine ständige Herausforderung, die Folgen zu verstehen und daran zu arbeiten, es anzugehen, während sichergestellt werden muss, dass der Halter nicht glaubt, dass ich versuche, auch ihm emotional zu helfen. Ich bin kein Psychologe und habe viele Male zu meinen Klienten gesagt: „Ich wünschte, ich könnte Ihnen helfen, aber ich bin nicht qualifiziert. Sie sollten jemanden aufsuchen.“ Allerdings muss ich verstehen, was den Klienten motiviert, weil wie in diesem Fall, sein Verhalten zumindest beeinflussend und, im schlimmsten Fall, der ursächliche Grund für das Problem der Katze sein kann.

Ich verbrachte die nächste halbe Stunde damit, Terri so sanft wie möglich zu erklären, wie die letzten paar Jahre aus Chunkys Sicht gewesen waren. Er hatte an einem Tumor gelitten und hatte sich verschiedenen stressreichen Besuchen in der Tierarztpraxis unterzogen, bis hin zu einer unangenehmen Operation. Seine Halterin hatte ihr Verhalten dramatisch verändert und war offensichtlich ständig über die Ereignisse in ihrem persönlichen Leben beunruhigt. Ihre Angst wurde von Chunky als eine Reaktion auf Gefahr betrachtet, sodass er einen Teil ihres Stresses empfunden hatte. Mit der Zeit wurde er älter und fühlte sich darum weniger sicher, und Terris Verhalten sowie die offensichtlichen Veränderungen in der häuslichen Routine, die offenkundig gewesen sein mussten, hatte diese Unsicherheit noch vergrößert. Das mag die Motivation für seine übertriebene Fellpflege gewesen sein. Ein Umzug folgte, und er fand sich auf einer lauten Baustelle in einem vollständig neuen Territorium wieder. Hätte er sich als alter unsicherer Kater mit einer unsicheren und nervösen Halterin wirklich robust genug gefühlt, die Herausforderung des Auskundschaftens anzunehmen?

Es gab auch noch eine andere Wendung bei der Geschichte, die Terri nicht erwähnt, aber die ich während unserer Gespräche beobachtet hatte. Sie konnte ihn einfach nicht in Ruhe lassen. Sie knuffte ihn, fummelte an ihm herum und weckte ihn aus seinem erholsamen Schlaf. Sie gab zu, dass sie außer sich war, wenn er keinen Appetit hatte, und sie Stunden damit verbrachte, mit verschiedenen Näpfen mit verlockendem Futter hinter ihm herzurennen. Sie erinnerte sich sogar daran, geweint und ihn angefleht zu haben, etwas zu fressen, während sie versuchte, ihm eine Garnele ins Gesicht zu schieben. Glauben Sie mir, das ist nicht die erfolgreichste Art, einen gesunden Appetit zu fördern. Es hat meistens den gegenteiligen Effekt und kann bei Katzen zu ernsthaften psychischen Blockaden gegenüber Futter und Fressen führen. Ich entdeckte bald, dass viele von Chunkys Durchfallanfällen mehr als wahrscheinlich durch eine riesige Auswahl an reichhaltigem Futter verursacht wurden, das von einer besorgten Halterin angeboten wurde. Es ist sicherlich wahr, dass Stress Darmstörungen verursachen kann, aber Terris übereifrige Fütterungsversuche machten es wahrscheinlich schlimmer. Terri und Chunky waren beide in einem Kreislauf von Stress, Angst und Depression gefangen. Etwas musste verändert werden, und das war unzweifelhaft Terri.

Sie war eine intelligente Frau, und als ich die Lage mit ihr besprach, war klar, dass sie sofort die Folgen ihrer Handlungen erkannte. Ich versuche, bei meinen Beratungen immer lustig zu sein, egal wie belastend die Fakten des Falles sein mögen. Das bedeutet nicht, dass ich herzlos wirke; ich stelle sicher, dass der Halter versteht, warum ich bei manchen Gelegenheiten scherze. Terri hatte wie fast alle meine Klienten einen scharfsinnigen Humor, und nachdem sie viele Tränen während unseres Treffens vergossen hatte, lachte sie bald über das Bild, wie sie hinter Chunky herkroch und versuchte, Futter in einen Kater zu schieben, der sicherlich glaubte, dass sie verrückt geworden wäre.

Wir entwickelten einen Plan für die Zukunft. Chunkys Darm war offensichtlich empfindlich geworden, sodass beschlossen wurde, dass sie ausschließlich das verschriebene Diätfutter füttern würde. Ein kleiner Napf mit leicht angewärmtem Futter würde an Chunkys gewohntem Futterplatz platziert, und Terri würde weggehen. Sie würde ihn nicht anschauen oder ihn ermutigen, und wenn er nicht innerhalb einer halben Stunde gefressen hatte, würde das Futter entfernt werden, und einige Stunde später würde eine andere Portion hingestellt. Chunky war überhaupt nicht aktiv, sodass es vollkommen wahrscheinlich wäre, dass er weniger Appetit als gewöhnlich haben würde und an manchen Tagen gar keinen. Terri stimmte ebenso zu, dass sie aufhören würde, Chunky ständig zu berühren und ihn aufzuwecken. Ältere Katzen schlafen normalerweise 75 Prozent des Tages, und es ist niemals erfreulich, aus einem tiefen Schlaf geweckt zu werden.

Während der Beratung hatte ich mit Chunky gespielt, wozu ich ein Stück Schnur benutzte. Er genoss es sehr und ging kurz danach zum ersten Mal seit Wochen nach draußen. Manchmal zahlt es sich aus, aufzuhören, alte Katzen wie Kranke zu behandeln! Terri war auf jeden Fall beeindruckt von dieser plötzlichen jugendlichen Reaktion, und sie versprach, eher regelmäßig mit ihm zu spielen, als seine Pfote zu halten und ihm trübsinnig in die Augen zu starren. Sie gelobte, mit allem überbesorgten Verhalten aufzuhören, und ich stimmte zu, dass es viel vorteilhafter sein würde, irgendwelche Sorgen mir gegenüber über das Telefon zu äußern, als Chunky ihre Besorgnis spüren zu lassen. Ich konnte Terris Depression nicht schmälern oder ihren Stress wegen allem, was in letzter Zeit in ihrem Leben geschehen war, aber ich konnte ihr hoffentlich helfen, die mögliche Wirkung auf Chunky zu verstehen. Ich ging an diesem Nachmittag voller Hoffnung, dass die Dinge sich bald zum Besseren wenden würden.

Drei Tage später erhielt ich den ersten Anruf von ihr, um zu sagen, dass sie eine unglaubliche Verbesserung bemerkt hatte. Chunky wirkte viel glücklicher, und er hatte begonnen, das verschriebene Futter zu fressen; nicht viel, aber genug, um sie zu beruhigen, dass er nicht verhungern würde. Er verbrachte mehr Zeit damit, im Garten zu sitzen, und sogar Joe hatte bemerkt, dass Chunky munterer war – wieder wie früher. Wir hatten die stressvolle Wirkung von Terris aufdringlichem Verhalten entfernt, und wenn sie sich entspannte, entspannte sich Chunky auch. Für seinen Verstand war die Krise, die sie ausgedrückt hatte, offensichtlich vorbei. Ich kann nicht behaupten, dass Terri niemals mehr besorgt über Chunkys Gesundheit war oder dass sie ihn nicht gelegentlich aufweckte, um ihn zu drücken oder seine Pfote zu halten. Es wurde allerdings eine weniger verkrampfte Beziehung für den Rest von Chunkys Leben. Er starb zwei Jahre später, friedlich zu Hause, mit Terri an seiner Seite.

BF – die besessene Katze

Es ist interessant zu sehen, dass die letzten zwei Fälle das Abhängigkeitselement in einer Beziehung zwischen Mensch und Katze mehr als ein Problem des Halters darstellen. Abhängige Katzen werden oftmals durch einen abhängigen Menschen erschaffen, aber ab und zu bekommt man in der Laufbahn eines Katzenverhaltensberaters einen wirklich bizarren Fall zu sehen, der zeigt, wie kompliziert eine domestizierte Katze sein kann. Ich wurde von einer Dame in Schottland kontaktiert, Jane, die für eine der großen Tierrettungsstiftungen arbeitete. Sie wollte Unterstützung bei einem besorgniserregenden Fall und fragte, ob ich bereit wäre, ihr über das Telefon sowie entsprechende Videos zu helfen. Ich willigte ein, ihr beizustehen, wenn ich könnte, und bat sie, mir die Geschichte von BF zu erzählen. Er war mit zehn Wochen in den Katzenschutz der Stiftung gekommen und im Alter von fünf Monaten in eine Pflegestelle übergesiedelt. Er blieb dort für fünf Monate mit einer Anzahl anderer junger Katzen, und während dieser Zeit verschwand er. Er hatte die Pflegestelle als ein anhängliches und liebevolles Kitten verlassen, aber er kehrte mit einem Problem zurück. Er begann, wahllos vor den Pflegekräften auf Teppiche oder den Fußboden zu koten; es schien keine Rolle zu spielen. Der gemeinsame Nenner war, dass er seinen Darm so nahe bei den

Menschen wie möglich entleerte. Sie fanden das nach einer gewissen Zeit unerträglich und brachten ihn zu Janes Katzenschutz zurück. Jane hatte bereits mehrere eigene Katzen und glaubte nicht, dass sie mit einer weiteren ganztägig in ihrem Haus klarkäme. Obwohl, sie befand sich in einer Zwickmühle, denn die Alternative war, BF in ein Außengehege und eine Hütte zurückzubringen. Sie fand einen Kompromiss, indem sie ihm tagsüber einen auf einige Stunden beschränkten Zugang zu ihrem Haus erlaubte und nachts Zugang zum Garten und dem Gehege.

Er lebte sich gut ein und schien wunschlos glücklich mit ihren anderen Katzen zu sein, aber da war etwas sehr Eigenartiges an BF. Er hielt nicht still; er klammerte sich augenblicklich an Jane und wollte ihre Seite nicht für eine Sekunde verlassen. Seine Toilettengewohnheiten waren nicht die Besten. Er urinierte immer in die verschiedenen Katzentoiletten, die angeboten wurden, oder an angemessene Stellen in Janes Garten, aber er kotete, wo immer ihm danach war, vorzugsweise auf oder nahe Janes Füßen. Wenn er von ihr entfernt war, begnügte er sich damit, sich mitten in seinem Gehege oder auf dem Rasen zu lösen. Es ist wirklich nett, wenn Katzen unsere Gesellschaft vierundzwanzig Stunden am Tag zu wollen scheinen, aber es verliert bald seinen Reiz, wenn man sich nicht hinsetzen kann oder für eine gewisse Zeit stehen kann, ohne dass eine Katze an unseren Beinen hochklettert und versucht, ihren Kopf in unseren Mund zu stecken. Das war BFs anderes Kunststück. Wann immer er Jane sah, wurde er so aufgeregt, dass er begann, zu hyperventilieren (schnelles Atmen durch seine Schnauze). Er kletterte dann an ihrem Körper hoch und versuchte, seinen Kopf in ihren Mund zu stecken. Dieser Kater schlief nicht, da es sein ganzer Lebensinhalt zu sein schien, zu Jane zu kommen. Einmal dort, war seine Reaktion, zu koten und völlig übererregt zu werden.

Jane schickte mir ein Video, und ich studierte es im Detail. Ich muss gestehen, dass ich es sehr beunruhigend fand. Das Video zeigte BF, wie er in seinem Gehege auf und ab lief, an Jane hochkroch und auf ein Brett kotete, als er sie sah. Janes Tierarzt war verwundert über dieses Verhalten und hatte ein trizyklisches

Antidepressivum verschrieben, um zu versuchen, ihn zu beruhigen. Das ausgewählte Medikament war einmal dazu verwendet worden, Menschen mit einer Zwangsstörung zu behandeln. BF war eine relativ hohe Dosis gegeben worden, aber anstatt ihn zu beruhigen oder gar ein wenig schläfrig zu machen, schien es einen gegenteiligen Effekt zu haben. Ich war völlig perplex. Ich nahm Kontakt zu Kollegen bei der Gesellschaft für Haustierverhaltensberater auf, und wir besprachen alle Arten von Möglichkeiten. Einige deuteten an, es wäre eher eine hundeähnliche Bindungsstörung, eine Mischung aus Frustration und angstvoller Unsicherheit. Andere glaubten, es wäre wohl ein ungewöhnliches Aufmerksamkeit heischendes Verhalten, das durch Jane und die vorherigen Halter unbeabsichtigt verstärkt worden war. Ich erinnere mich sogar, dass einige von ADHDS (Aufmerksamkeits-Defizit-Syndrom mit Hyperaktivität) bei Katzen sprachen.

Wir probierten eine gesteigerte Stimulation, herausfordernde Fütterungssysteme, die Einführung anderer Pfleger und verschiedene andere Ideen aus, um ihn auf etwas anderes zu fokussieren. Robin Walker, mein wundervoller Kollege und Freund und ein wirklicher Experte in solchen Dingen, deutete an, dass die paradoxe Wirkung des Antidepressivums sich aus dem Mangel an einer bestimmten chemischen Substanz in BFs Gehirn namens Serotonin (ein die Stimmungslage stabilisierendes Hormon) ergab. Er riet zu einer hausgemachten Diät, um Nährstoffe anzubieten, die in Serotonin umgewandelt wurden, aber wir waren einfach zu spät. Ich erhielt einen Brief von Jane:

BF wurde heute um 9.20 Uhr morgens eingeschläfert. Ein sehr trauriger Tag für alle, die ihn kannten. Ich werde ihn sehr vermissen. Danke für alles, was Sie getan haben.

Einige Jahre später kann ich immer noch nicht verstehen, was mit BF geschah, dass er sich in einer solchen Weise verhielt. Ich suche immer noch nach Antworten.

Damson und Cherry und die Wonnen von Ylang-Ylang-Seife

Ich sehe eine Menge unerwünschtes Aufmerksamkeit heischendes Verhalten, aber es gibt wenige, die sich mit diesem Fall messen können. Damson und Cherry waren zwei reizende lilacfarbene Burmaschwestern – irgendwie „auffällig". Sie lebten mit ihrer modischen und ebenfalls reizenden Halterin namens Arabella zusammen. Ich besuchte sie, weil die beiden Katzen Chaos im Haus anrichteten und Arabella sich machtlos fühlte, ihr mutwilliges Verhalten zu kontrollieren. Über das Telefon hatte ich Geschichten von gestarteten Attacken und bizarren Fressgewohnheiten gehört, einschließlich einer Operation, die vor Kurzem durhgeführt worden war, um einen Fremdkörper aus Damsons Gedärmen zu entfernen. Anscheinend war sie eines Tages im Schlafzimmer eingesperrt worden und hatte aus reiner Frustration den Teppich gefressen. Ich war etwas besorgt, als ich am Apartment ankam.

Ich wurde begeistert von Arabella begrüßt und in das erlesenste Zimmer geführt, das ich je gesehen habe. Es war ein Märchenland in Creme, Gold und Weiß mit bestickten Kissen, Pelzüberwürfen, dickem Teppich und großen Klumpen Quarzkristallen überall. Die Beleuchtung war sanft, und der Gesamteindruck bestand aus Beschaulichkeit und Ruhe, bis die zwei Burmakatzen in den Raum glitten. Mein erster Eindruck, als ich sie sah, war: „Du meine Güte, was für magere Burmas!". Sie waren fünf Jahre alt, als wir uns trafen, sodass sie ohne Frage Jugendliche waren, die darauf warteten, fülliger zu werden. Obwohl sie ansprechend waren, sahen sie so aus, als ob sie eine gute Malzeit brauchten. Als ich mich setzte, Notizen machte und Arabellas Geschichte lauschte, beobachtete ich fasziniert, wie Damson und Cherry sich als Team durch den Raum arbeiteten, darauf bedacht, zu erreichen im Mittelpunkt zu stehen und die volle Aufmerksamkeit ihrer Halterin zu bekommen. Damson sprang auf ein Regal und schob einen Kristallkerzenleuchter langsam und absichtlich hin zur Kante. Als Arabella herbeisprang, um das zerbrechliche Schmuckstück zu retten, war Cherry an der Reihe, ein seidenes Kissen in ihre Schnauze zu nehmen und daran zu kauen, während sie ihre Halterin direkt anstarrte. Arabella drehte sich schnell um, während sie noch redete, und entfernte rasch das Kissen, bevor zu viel Schaden angerichtet wurde. Jede Bewegung und Erwiderung von ihr auf die pausenlosen Verhöhnungen war flink und offensichtlich gut einstudiert; Arabella hatte dies definitiv schon zuvor getan.

Es ist durchaus falsch von mir, eine solch subjektive Sprache zu benutzen, wenn ich über Katzen rede, aber es war unmöglich, jegliches Verhalten von ihnen als etwas anderes zu sehen als ein wohlgeplantes Aufmerksamkeit heischendes Spiel. Jeder ihrer zerstörerischen Aktionen begegnete Arabella mit einer sofortigen Reaktion, wobei das faszinierendste Element die Art war, wie sich die Katzen bei jedem zur Schau gestellten neuen und hinterhältigen Plan, ihre Halterin am Laufen zu halten, scheinbar abwechselten.

Arabella erzählte mir, dass sie sie als Kitten angeschafft hatte, um ihr während der langen Arbeitstage zu Hause Gesellschaft zu leisten. Sie war eine Designerin und arbeitete in einem kleinen Studio, das mit dem Wohnzimmer verbunden war. Sie kaufte zwei, damit sie Gesellschaft hatten, aber sie hatte keine Vorstellung, dass sie letztendlich als Team arbeiten würden, um sie vollkommen verrückt zu machen. Ihre größte Sorge war das „Küchenfiasko“, wie sie es nannte. Sie schlug vor, dass ich im bequemen Wohnzimmer sitzen bliebe und dem Schlachtfeld beiwohnte, wenn sie ging, um etwas Kaffee zu machen. Als sie aufstand, um in diese Richtung zu gehen, rasten beide Burmas vor ihr her und sprangen behende oben auf die Küchenanrichte, eine auf jeder Seite der Türe. Sie betrat den Raum – leicht gebeugt und offensichtlich in der Erwartung von irgendetwas –, und beide Katzen sprangen ihr entgegen. Damson prallte gegen ihre linke Schulter und landete auf der Arbeitsplatte. Cherry klammerte sich an ihren Rücken und ihre Haare und blieb dort, als sie versuchte, den Wasserkessel einzuschalten. Das Ganze sah scheußlich unbequem und sehr stressig aus, als jeder Schrank, der geöffnet wurde, sich augenblicklich mit zwei lilacfarbenen Katzen füllte. Arabella erklärte, dass sie den Abfalleimer und die Schränke laufend plünderten und sogar einen vierpfötigen Versuch unternommen hatten, den Kühlschrank zu öffnen. Kochen für sich selbst war nun unmöglich, es sei denn, sie flitzte in die Küche, wenn sie nicht hinsahen, und die Türe gerade so lange schloss, um zu verhindern, dass sie den Teppich auf der anderen Seite fraßen. Wie konnte sie so leben?

Ich fragte Arabella nach den ungewöhnlichen Fressgewohnheiten – ein Verhalten, das als „Pica" bezeichnet wird –, und sie zählte eine ganze Liste von Leckerbissen auf, einschließlich Stoff, Plastik, Pappe und ihren absoluten Favoriten Ylang-Ylang-Seife *(mit Öl des Ylang-Ylang-Baumes parfümiert, Anmerkung der Übersetzerin)*. Als ich fragte, welches herkömmliche Futter sie fraßen, war ich nicht überrascht, die Antworten zu hören. Sie teilte eine halbe Dose Whiskas zwischen den zwei Katzen auf; das gab sie ihnen in vier kleinen Mahlzeiten über den Tag verteilt. Sie selbst war eine strikte Vegetarierin und gab ihnen außerdem Reis, Kartoffeln, Gemüse und Früchte in kleinen Mengen. Sie war äußerst besorgt, dass sie übergewichtig würden, sodass sie sehr gewissenhaft war bei der Menge, die sie fütterte. Das Einzige, was sie nicht kontrollieren konnte, war der Verzehr ihrer Möbel und Besitztümer.

Wir plauderten noch eine Weile, und ich kommentierte, wie gertenschlank Damson und Cherry waren – meiner Meinung nach eine Umschreibung für „viel zu dünn". Ihre Antwort alarmierte mich. Sie dankte mir für das Kompliment und sagte: „Ich glaube wirklich, man kann niemals zu reich oder zu dünn sein, und das gilt für meine Katzen auch!"

Es gibt für einige Menschen die enorme Versuchung, ihre besonderen Ansichten, Gewohnheiten und die Wahl ihrer Lebensweise auf ihre Haustiere zu übertragen. Ich vermute, ich hätte dankbar sein müssen, dass Arabella nicht ihren strikten Vegetarismus auf ihre Katzen übertragen hatte; sie wären nun natürlich tot, wenn sie es getan hätte – Fleischproteine sind lebenswichtig für ihr Überleben. Sie erlegte ihnen allerdings ihre Ansichten über Gewicht auf, und das ließ die armen Dinger permanent hungern. Dies ist der einzige Fall in meiner langen Tätigkeit als Katzenverhaltensberaterin, den ich je gesehen habe, wo der Konsum unverdaulicher Substanzen aus Hunger geschah.

Ich musste vorsichtig sein, da ich Arabella nicht widersprechen oder wirken wollte, als ob ich sie verurteilte für das, was sie tat. Schließlich liebte sie diese Katzen und wollte verzweifelt das Richtige tun. Ich erklärte ihr, dass Damson und Cherry eigentlich untergewichtig wären, und das ließ sie mit großem Appetit zurück und einer Halterin, die sie als einzige Quelle anständigen Futters ansahen. Ihr Leben hatte deshalb begonnen, sich auf Arabella zu konzentrieren und jederzeit ihre Aufmerksamkeit zu gewinnen, besonders wenn sie in dem Raum war, der alles Essbare beherbergte. Wir müssten die Katzen mehr füttern und die Vorstellung von Arabella als Ernährerin entfernen. Eine Erhöhung der Futterzuführung müsste sehr schrittweise vorgenommen werden, da zu viel zu schnell wahrscheinlich nur zu Erbrechen führen würde. Ich kalkulierte einen genauen täglichen Anstieg des Katzenfutters sowie die Einführung von Katzenleckerchen, um Arabella zu befähigen, auf das Gemüse und kohlehydrathaltige Leckerbissen zu verzichten. Ich erklärte Arabella, dass mein hauptsächliches Bestreben war, beide Katzen nur noch auf vollwertiges Trockenkatzenfutter zu setzen. Dies würde es ihr ermöglichen, sie den Tag über durch das Verstecken der Leckerchen an verschiedenen Stellen zu füttern. Die Katzen – seien wir ehrlich, sie waren aufgeweckt – würden im Apartment herumsuchen und all das Futter finden, ohne dass Arabella involviert war. Für die Dauer des Programms räumten wir Kissen, Seife, Pappe und alle Dinge weg, die von Damson und Cherry als „essbar“ angesehen wurden. Wir führten mehr Katzenspielsachen, Wasserbrunnen, Kratzgelegenheiten und andere Utensilien ein, um allgemein ihren Level an Unterhaltung zu erhöhen. Ich glaubte, dass es auch wichtig war, einige Hausregeln mehr einzuführen. Arabella hatte wirklich die Kontrolle über ihr Leben verloren. Ich bat sie, das Aufmerksamkeit heischende Verhalten der Katzen mit klaren Signalen zu ignorieren – nicht sprechen und kein Augen- oder Körperkontakt. Jede Reaktion, sogar schimpfen, würde von den Katzen als Sieg angesehen werden. Die Küchentüre wurde geschlossen, wenn Arabella darin war, und ihre Studiotüre war zu, wenn sie arbeitete. Die Türklinken zu fixieren, sodass sie nur funktionierten, wenn sie nach oben gezogen wurden, löste das durch beide Katzen verursachte Problem, die Türen öffnen zu können, indem sie sich auf die Klinken schwangen. Schließlich spürte Arabella, dass sie die Chance hatte, dem heimtückischen Duo einen Schritt voraus zu sein!

Ich erhielt ein paar Wochen später einen Telefonanruf von Arabella, und die Neuigkeiten waren ermutigend. Sie hatte die stufenweise Steigerung beim Futter detailgetreu befolgt, und die Katzen erhielten nun die angemessene tägliche Ration vollwertiger Katzenleckerchen. Damson und Cherry waren hocherfreut, diese Futterstückchen, versteckt in kleinen leeren Blumentöpfen, an verschiedenen Stellen in ihrem Zuhause zu finden, und sie verbrachten Stunden damit, von einem Raum in den nächsten zu rennen, um zu sehen, welche Schätze sie dort entdecken konnten. Arabella berichtete, dass sie ruhiger und weniger aktiv zu sein schienen; sie konnte sich nicht erinnern, wann sie sie das letzte Mal für längere Zeit während des Tages schlafen gesehen hatte. Ich warnte sie davor, selbstgefällig zu werden. Ihre Strategie, das Aufmerksamkeit heischende Verhalten zu ignorieren, funktionierte in diesem frühen Stadium, aber Katzen wie Damson und Cherry haben die Angewohnheit, umzuorganisieren und wieder mit einem heftigen Gegenangriff zurückzukommen, der schwierig zu übersehen ist. Sie musste ihre Entschlossenheit beibehalten und damit fortfahren, ihre unvernünftigen Ansprüche zu ignorieren.

Wie prophezeit, kam der Gegenangriff, als Damson begann, hinten auf dem Sofa oder dem Kaminsims zu stehen und mit ihren Pfoten nach den Bildern an der Wand zu schlagen. Das bewirkte, dass diese bedenklich schwankten, und tatsächlich kam Arabella zu ihrer Rettung angerast, an verletzte Katzen und beschädigte Kunst denkend. Sofort hätte sie sich selbst treten können, aber ihre Instinkte hatten die Führung übernommen. Sie wusste, was getan werden musste, und alle Bilder, die auch nur annähernd zugänglich für jede der beiden Katzen waren, wurden entfernt und mit allem anderen in den nun aus allen Nähten platzenden Schrank gepackt.

Als die Wochen vergingen, wurden die Katzen von den Blumentöpfen etwas gelangweilt, sodass Arabella und ich uns einig waren, dass wir die Vielseitigkeit von Pappe brauchten, um die Beschaffung ihrer Leckerbissen noch herausfordernder zu gestalten. Ich liebe es, Pyramiden aus Toilettenrollen zu bauen – so können die Katzen ihre Pfoten benutzen, um die einzelnen Leckerchen herauszuziehen –, aber hatte der Versuchung in diesem Fall widerstanden, angesichts der vorherigen Fressgewohnheiten der Katzen. Nun war es allerdings an der Zeit, ihren Fortschritt zu testen, und Arabella stellte Pappkartons auf, Toilettenrollen-Pyramiden und Papiertüten, um es etwas schwieriger zu machen. Auf wundersame Weise blieb die Pappe fast intakt, und wir meinten, ein bisschen Kauen wäre ein geringer Preis und eine absolut normale Reaktion auf Material dieser Art.

Damson und Cherry wurden niemals dicke Katzen. Jeder Tierarzt wäre stolz auf ihr optimales Gewicht und ihre gesunde Statur. Arabella hatte weiterhin ein gelegentliches Problem mit ihnen. Es war so verlockend für sie, ihre Wachsamkeit aufzugeben und ihnen zu erlauben, in der Küche zu sitzen, während sie kochte, oder sie von der Arbeit abzulenken. Sobald sie es tat, begannen die Katzen, sie erneut zu tyrannisieren, und sie erkannte, dass sie niemals etwas anderes sein dürfte als eine strenge und disziplinierte Chefin. Der Ausdruck „gib ihnen den kleinen Finger, und sie nehmen die ganze Hand“ könnte durch diese zwei Wesen geprägt worden sein.

* * *

Egal ob die Abhängigkeit Ihrer Katze sich in Aufmerksamkeit heischendem Verhalten offenbart, in Hilflosigkeit, Manipulation oder Angst, es gibt etwas Wesentliches zu bedenken: Abhängigkeiten sind nicht im Interesse irgendeiner der Parteien. Viele Halter rufen mich um Rat an, weil ihre Katzen sie nachts wach halten, übertrieben vokalisieren oder nach Futter verlangen, und jeder ohne Ausnahme fühlt sich schuldig, wenn er seinen pelzigen Freund ignoriert. Viele dieser Katzen leben ausschließlich drinnen, und die Halter glauben, dass sie jeder ihrer Launen nachgeben müssen, um sie glücklich zu machen. Oft ist das Gegenteil richtig.

Abhängigkeit macht Katzen überhaupt nicht glücklich. Ich hatte meinen eigenen persönlichen Kampf mit meiner reizenden kleinen Devon Rex Mangus. Sie versuchte es bei mir nach allen Regeln der Kunst, und ich gestehe, ich bin in schwachen Momenten erlegen. Ich werde dann für ungefähr eine Woche mit dem aufdringlichsten und lächerlichsten Verhalten belohnt, bis sie schließlich wieder normal wird. Ich erhöhe die Aktivitäten, die ich ihr in meiner Wohnung anbiete, und reduziere meine Verfügbarkeit. Das Ergebnis ist immer eine zufriedenere Mangus, sodass ich ehrlich sagen kann, ich weiß, was Halter durchmachen, wenn sie mit einer abhängigen Katze zusammenleben – und ich weiß, was Ergebnisse bringt!

Abhängiges Verhalten durch eine Änderung der Beziehung überwinden

Abhängigkeit ist eine Abwärtsspirale; beispielsweise, je mehr Sie ihre Katze beschwichtigen, umso hilfloser wird sie werden. Obwohl es großartig ist, sich geliebt zu fühlen, ist es wichtig, zu verstehen, dass man diese Beziehung nur beibehalten kann, wenn man für seine Katze vierundzwanzig Stunden am Tag da ist. Wenn Sie wagen, zu schlafen oder einkaufen zu gehen, könnten Sie ein Problem bekommen. Eine dysfunktionale Abhängigkeit kann durch das Befolgen dieser Empfehlungen verhindert werden:

- Machen Sie einen flüchtigen „Aktivitätsplan“ an einem für Ihre Katze typischen Tag. Wenn er nur aus Schlafen und Sie-überallhin-zu-verfolgen besteht, dann haben Sie wohl ein Problem!
- Ermutigen Sie Ihre Katze, so sehr eine Katze zu sein wie möglich. Wenn sie Zugang zum Garten hat, dann stellen Sie sicher, dass es ein sicheres und ansprechendes Umfeld ist. Je mehr Zeit Ihre Katze damit verbringt, katzentypische Dinge zu tun, umso weniger wird sie Ihre ständige Aufmerksamkeit brauchen.
- Wenn Sie an einer verkehrsreichen Straße wohnen, ist es vielleicht möglich, ein Außengehege zu bauen, oder sichern Sie Ihren Garten, um Ihre Katze geschützt zu halten.

- Mobbing durch andere Katzen kann auch ein Problem sein, und es kann unsichere Typen vom Erkunden abhalten. Ihren Garten zu sichern, wird andere Katzen abhalten.
- Wenn Sie zu tun haben, entspannen oder auf eine andere Weise beschäftigt sind, ist es absolut akzeptabel, Ihrer Katze Aufmerksamkeit zu verweigern. Dies wird nicht bewirken, dass sie Sie weniger liebt; es macht Sie eher anziehender!
- Ziehen Sie es in Betracht, Ihre Katze „aus dem Stegreif" mit einem vollwertigen Trockenkatzenfutter zu füttern. Dies ist förderlich, damit sie wenig und oft etwas zu sich nimmt – eine sehr natürliche Weise für eine Katze, Futter aufzunehmen –, und wird den Schwerpunkt von Ihnen als alleinigem Versorger mit Nahrung nehmen.
- Fühlen sie sich frei, Freunde zu besuchen, für Ihren Lebensunterhalt zu arbeiten oder in Urlaub zu fahren. Sie sind ebenfalls absolut berechtigt, ein eigenes Leben zu haben, und Ihre Katze wird eher erfreut sein, Sie zu sehen, wenn Sie zurückkehren, als sich vor Gram zu verzehren, wenn Sie weggehen. Beginnen Sie damit, wie Sie es beabsichtigen, wegzufahren; sogar Diener haben manchmal frei.
- Es ist nicht erforderlich, Ihr Bett mit Ihrer Katze zu teilen. Katzen kommen oft äußerst gut damit klar, wenn ihnen ein ruhiger, warmer Platz für die Nacht gegeben wird, ohne Ihr Schnarchen und ständiges Hin- und Herwälzen. Dies kann sie eine wichtige Lektion lehren: Dieses Leben kann auch ohne Sie gut sein.
- Manche Katzen profitieren von vierbeinigen Gefährten, und das kann Sie entlasten. Hunde und Katzen können gut miteinander auskommen (siehe Kapitel 5), und sogar andere Katzen können ein Segen für diejenigen sein, die eine enge Bindung aufbauen können.
- Wenn Sie glauben, Ihre Katze weist ein problematisches Verhalten, resultierend aus Abhängigkeit, auf, ziehen Sie einen Experten mit einer Empfehlung von Ihrem Tierarzt hinzu. Manchmal sind wir alle einfach zu eng mit der Beziehung verbunden, um sie ohne professionelle Hilfe zum Besseren zu verändern.

KAPITEL 9
Warum lieben wir Katzen so sehr?

Mein Job ist die Art von Tätigkeit, die von Zeit zu Zeit alle möglichen objektiven Analysen erfordert. In meinen dunkleren Momenten habe ich mich sogar gefragt: „Was hat denn die Katze davon?" und das gesamte Konzept der Haustierhaltung infrage gestellt. Ist es wirklich so gut für sie wie für uns? Glücklicherweise bin ich zu dem Ergebnis gekommen – wenn alles so bleibt –, dass die Beziehung zwischen Mensch und Katze für beide Parteien positiv und von Dauer ist. Ich finde, dies ist ein faszinierendes Thema und wert, weiter erforscht zu werden. Um für beide Parteien das Beste aus der Beziehung zu holen, müssen wir wenigstens versuchen, unsere Katzen besser zu verstehen. Es geht nicht darum, uns selbst zu bewerten – ich schließe mich selbst in jede Äußerung und Theorie, die ich habe, mit ein; es ist weitaus mehr als das. Ich möchte einfach wissen, warum wir sie so sehr lieben!

In meinem Bestreben, die Beziehung zwischen Mensch und Katze besser zu verstehen, fand ich es notwendig, von einem geläufigeren Standpunkt aus zu beginnen: Beziehungen zwischen Menschen. Es gibt buchstäblich Tausende von Selbsthilfebüchern, die Rat geben und alle erdenklichen Beziehungen analysieren, denen wir möglicherweise ein Leben lang begegnen. Soweit ich es sagen kann – und ich habe viele von ihnen gelesen –, fallen sie meistens in die folgenden Kategorien:

- Wie man zu guten Eltern wird und seine Kinder nicht verdirbt.
- Wie man die Kindheit überlebt (wenn Ihre Eltern Buch 1 nicht gelesen haben).
- Wie man das Beste aus beruflichen Beziehungen herausholt, um eine Beförderung zu garantieren.
- Wie man einen möglichen Partner anzieht und eine Beziehung beginnt.

- Wie Sie das Beste aus einer Beziehung machen und sicherstellen, dass sie Bestand hat.
- Wie Sie Ihren Partner verstehen, der scheinbar von einem anderen Planeten kommt.
- Wie Sie die verräterischen Anzeichen erkennen, wenn Ihr Partner eine Affäre hat.
- Wie Sie verräterische Anzeichen vermeiden, wenn *Sie* eine Affäre haben.
- Wie Sie das Ende einer Beziehung überstehen, nachdem Sie Buch 7 gelesen und er Buch 8 *nicht* gelesen hat.

Dies ist keine vollständige Liste, aber Sie bekommen eine Vorstellung davon, dass dies ein sehr überstrapaziertes Genre ist. Ich las in rascher Abfolge fünf oder sechs Bücher zu dieser Thematik, und meine größte Sorge war, dass sie dazu ermutigen, zu viel zu analysieren und in sich zu gehen. Ich kann mir nicht helfen, aber ich glaube, dass man ein Problem finden wird, wenn man nur angestrengt genug danach sucht. Mein anderer Verdacht ist, dass ich der Liste unbeabsichtigt etwas zufüge, durch das Schreiben eines Buches speziell über unsere Beziehungen mit unseren Katzen. Verdienen sie vielleicht keine Untersuchung? Wird zu tiefes Erforschen vielleicht nur die Büchse der Pandora zu Themen öffnen, die wir lieber nicht angehen würden? Wenn es allerdings ein winziges Stück zur Aufklärung beiträgt, was das Leben unserer Katzen bereichert, muss es das wert sein. Diese Beziehungen müssen *niemals* alleine von unseren besonderen Bedürfnissen handeln, und vielleicht befähigt uns, diese Bedürfnisse aufrichtig zu schätzen, zu akzeptieren, dass Katzen auch Bedürfnisse haben und diese wahrscheinlich nicht dieselben sind wie unsere.

Die Anziehung zwischen Frauen und Katzen

In diesem Kapitel möchte ich zuerst die außergewöhnliche Natur der Anziehung zwischen Frau und Katze betrachten. Ich bin immer noch nicht vollständig zufrieden damit, dass es ausreicht, Katzen als feminin und sinnlich zu beschreiben, um die Besessenheit zu erklären, die wir Frauen für sie empfinden. Es wurde sehr viel über die Jahre darüber geschrieben, warum Frauen Katzen zugeneigt zu sein scheinen und so von ihnen betört werden. Es ist ganz klar, dass dies angesichts der Geschichte der Katzendomestizierung, kein Phänomen von heute ist. Während wir vielleicht heutzutage übertriebenere emotionale Ansprüche an unsere Katzen stellen, scheint es, dass sie seit vielen Tausenden Jahren in den Augen der Menschen Halbgötter gewesen sind. Wir verbeugen uns vielleicht nicht mehr vor ihnen oder beten sie im religiösen Sinne an, aber wir umgeben uns doch ziemlich mit Symbolen und Bildnissen – wie viele Katzenschmuckstücke haben Sie? Wir lieben sie ebenso bis zum Wahnsinn und geben ihnen so ungefähr alles, was ihr Herz begehrt. Die meisten von uns brechen zusammen, wenn wir sie verlieren und zeigen ungeheure Trauer, es fehlt nur noch, dass wir unsere Augenbrauen abrasieren, wie es die Ägypter taten. Haben sich die Dinge wirklich allzu sehr verändert?

Es gibt keinen Zweifel, dass Frauen unglaublich vielschichtige emotionale Bedürfnisse haben. Wir wenden uns unserem Partner, Kindern, Freunden und Familie zu, um diese Bedürfnisse zu erfüllen, aber manchmal ist das einfach nicht genug. Viele weibliche Katzenliebhaberinnen, mit denen ich über die Jahre gesprochen habe, erzählten von ihren menschlichen Beziehungen. Ihre Geschichten sind voll von Empfindungen wie Enttäuschung und einem Mangel an Loyalität; irgendwie bekommen Menschen es nie ganz richtig hin. Männer werden oftmals als kühl und wortkarg beschrieben, was die emotionalen Bedürfnisse einer Frau weitgehend unerfüllt lässt. Dann, wenn wir sie gerade am meisten brauchen, kommen die Katzen daher: kleine Menschen, glauben wir, in Pelzkostümen mit Reißverschlüssen. Wir mögen leugnen, dass wir sie so sehen, aber bis zu einem gewissen Grad ist es wahr. Wir starren sie sehnsüchtig an, wir sprechen ständig mit ihnen, wir berühren sie, wir streicheln sie und wir küssen sie. Wenn Ihre Katze ein kleines Kind in einem Pelzkostüm mit Reißverschluss wäre, wäre es möglich, dass sie vielleicht unter solchen Bedingungen intensiver Liebe und Verehrung aufblüht, aber ich muss gestehen, dass ich davon nicht überzeugt bin. Würden Kinder nicht von solch einer intensiv demonstrierten Liebe gewiss erstickt? Und wenn Sie versuchten, einen Partner auf dieselbe Weise zu lieben, wie Sie Ihre Katze lieben, würde er oder sie das bestimmt nicht so anziehend finden: Sie würden äußerst bedürftig wirken. Katzen können unsere unangemessenen Ansprüche nach Aufmerksamkeit und Zuneigung nicht infrage stellen; sie können es entweder ertragen oder sich davor verschließen. Sie mögen darauf reagieren, indem sie selbst abhängig und bedürftig werden oder aus unserer unglaublichen Nachgiebigkeit Kapital schlagen und uns in die Tasche stecken. Was auch immer sie als Reaktion auf unsere starke Zuneigung wählen, es wird niemals unloyal sein, und sie werden uns niemals betrügen. Das Schöne an der Vieldeutigkeit ihrer Kommunikation ist, dass sie „sagen“, was auch immer wir wollen, dass sie es sagen. Sie können ihre Rolle in jedem komplizierten emotionalen Szenario spielen und wären textsicher, weil wir ihnen die Rolle vorgeben. Egal, was wir von einer Beziehung zu welcher Zeit auch immer brauchen, wir haben es genau dort in einer zusammengerollten pelzigen Kugel am Fußende unseres Betts. Ich bin davon überzeugt, dass eine Katze die Art von Beziehung bietet, die wir brauchen, aber nicht mit unseren Kindern, Freunden und Partnern haben können.

Haben Frauen und Katzen etwas gemeinsam?

Zur Verteidigung von denen, die glauben, dass ich die Situation nur kompliziere, sollte ich sagen, dass es absolut möglich ist, dass wir Katzen einfach mögen, weil sie schön, unterhaltend, sanft und niedlich sind. Eine alternative Theorie könnte sogar sein, dass die Beziehung zwischen Katze und Frau so gut funktioniert, weil wir uns auf so viele ihrer einzigartigen Eigenschaften beziehen können. Während ich mein vorheriges Buch „Neues von der Katzenflüsterin" bewarb, wurde ich von einer Anzahl an Radiomoderatoren für örtliche BBC-Stationen interviewt. An einen erinnere ich mich mit einigem Interesse. Ich werde keine Namen nennen, aber er begann das Interview damit, absolut höflich zu sagen, dass er keine Katzen mag, weil sie Frauen so ähnlich wären. Meine sofortige Erwiderung war, zu fragen, was er mir tatsächlich erzählte: Mochte er Frauen nicht – und Katzen erinnerten ihn nur an sie –, oder waren Katzen der wahre Feind, und Frauen wirkten katzenhaft und darum unerfreulich? Er sagte, dass Katzen manipulativ wären, hinterhältig und verwirrend, was die schlimmsten Eigenschaften der durchschnittlichen Frau widerspiegeln würde. Sind Katzen wie Frauen? Sind wir ihnen zugeneigt, weil wir Mitgefühl empfinden? Ich möchte glauben, dass Katzen wie Frauen *sind,* weil sie anmutig und taktil sind. Viele von uns würden gerne glauben, wir wären elegant, und fast alle von uns sind körperbetont. Allerdings sind Katzen in der Tat großartige Vertreter psychologischer Kriegsführung; vielleicht ist dies die Entsprechung zu den Spielen, die manche Frauen spielen, um ihren Willen durchzusetzen. Frauen verlegen sich oftmals auf verbale Manipulation, Beschwichtigungsgesten sowie andere passive Techniken, aber da hört die Ähnlichkeit auf. Katzen bevorzugen es nicht, auf Gewalt zurückzugreifen, weil sie selbst zu gefährlich sind; Frauen bevorzugen es nicht, weil sie körperlich nicht gefährlich genug sind. Korrigieren Sie mich, wenn ich falschliege. Dies erscheint wie eine ähnliche Überlebensstrategie, aber ich glaube nicht, dass das bedeutet, wir sind ein und dasselbe.

Sind Katzen einfach böse Jungs?

Einfach, um für Aufregung zu sorgen, habe ich meine eigene Theorie. Ich habe sie zum allgemeinen Konsum angeboten, während vieler nächtlicher Diskussionen mit verschiedenen Menschen, Katzenliebhabern und – darf ich das sagen – Katzenhassern. Die meisten, wenn nicht alle, haben weise genickt, während sie sagten, dass es eine interessante Art ist, die Wurzel der Anziehungskraft der Katze auf Frauen zu betrachten. Sehr wenige haben es rundheraus als Müll abgetan; zugegeben, ein oder zwei haben mir sanft den Kopf getätschelt und mein Weinglas gefüllt, aber ich bleibe unbeirrt. Ich werde es mit Ihnen besprechen und es Ihnen überlassen, Ihre eigenen Schlüsse zu ziehen. Ich möchte von ganzem Herzen leugnen, dass dies eine plausible Theorie auf *jeglichem* Level ist, aber ich kann es einfach nicht.

Es gibt ein Buch namens „Er steht einfach nicht auf dich! Warum Frauen nie verstehen wollen, was Männer wirklich meinen." Es gibt Frauen Rat, die an den Lippen der Männer kleben, die ihre Anrufe nicht erwidern, nicht aufkreuzen und sie generell schlecht behandeln. Soweit ich mich erinnere, war es ein Bestseller und spornte zu vielen Diskussionen in Zeitungen und Frauenmagazinen an. Es gibt auch die Redensart: „Sie schlecht zu behandeln, macht sie willig", die besagt, dass die beste Art, eine holde Maid zu gewinnen, ist, völliges Desinteresse zu heucheln. Weder das Buch noch die Redensart würde existieren, wenn das Phänomen von Frauen, die „böse Jungs" lieben, im einundzwanzigsten Jahrhundert nicht wahr und lebendig wäre. Ich finde es ziemlich erschreckend, dass Frauen von respektlosen Menschen angezogen werden, und es ist schwer, die Motivation vernünftig zu begründen. Ich würde gerne glauben, dass die meisten von uns den offensichtlichen Fehler erkennen, solch einem Mann zu verfallen, da dies zumindest unweigerlich in Tränen oder Frustration enden wird. Allerdings tun wir es immer noch, auch wenn wir nun glücklicherweise in einer Gesellschaft leben, in der wir fähig und in der Lage sind, finanziell und praktisch für uns selbst zu sorgen. Das führte mich zu der Frage, ob diese Anziehung aus einer evolutionären Perspektive wünschenswert war oder nicht. Es muss da eine angeborene Anziehung zu maskulinen Männern mit hohem Testosteronstand und einem starken Geschlechtstrieb geben. Solche Männer repräsentieren gesunde Exemplare, die ausgezeichnete

Versorger und Beschützer sein können, wodurch sich die Überlebenschancen der Nachkommen erhöhen. Je „männlicher" ein Individuum ist – entsprechend aller derzeitigen Geschlechter-Studien –, umso wahrscheinlicher ist es, dass es wetteifernd, aggressiv, wortkarg und nicht ernsthaft auf die Wünsche der Frauen eingestellt ist, geliebt und verwöhnt zu werden. Diese Männer sind die Sorte von Typen, die Sie nicht loben, niemals ein Wort der Ermutigung sagen und keinesfalls die Bedeutung des Wortes Kompliment kennen. Allerdings, wenn sie wie durch ein Wunder sagen: „hübsches Kleid", sind wir voller Dankbarkeit überwältigt und fahren mit unseren Bemühungen fort, um die nächste liebevolle Geste zu werben.

Die ganze „Sie schlecht behandeln, macht sie willig"-Philosophie repräsentiert eine Art Belohnung, die sich bei der Lerntheorie auf partielle Verstärkung bezieht. Wenn ein Verhalten gelegentlich bestärkt wird, aber sicherlich nicht immer, wird es nachhaltiger gelernt. Beispielsweise ist die Natur der Spieler so, weil sie durch teilweise Verstärkung Erfolg haben. Sie machen damit weiter, weil sie ab und zu spitzenmäßig belohnt werden. Ich denke nicht, dass es so ein großer Sprung ist, zu behaupten, dass Frauen in gewissem Maße emotionale Spielerinnen sind – süchtig danach, eine gelegentliche Geste oder Empfindung zu erreichen, ausgedrückt durch ein ansonsten mürrisches Individuum, das viele andere wichtige Dinge im Kopf hat. Wir Frauen des einundzwanzigsten Jahrhunderts haben eine Fassade von Raffinesse, die uns erlaubt, diesen primitiven Trieb außer Kraft zu setzen, aber wenn wir ehrlich mit uns selbst sind, sind wir nicht auf einem gewissen Level süchtig nach respektlosen und distanzierten Männern?

An dieser Stelle mache ich einen weiteren theoretischen Sprung zur Natur der Beziehung zwischen Frau und Katze. Sind Katzen nicht in der Lage, respektlos und distanziert zu sein? Wenn Sie sich die Ergebnisse der Beziehungs-Umfrage im nächsten Kapitel anschauen, werden Sie erkennen, dass fünfzig Prozent der Halter von ihren respektlosen Katzen ignoriert wurden, und achtunddreißig Prozent, die auf eine andere Reihe von Fragen antworteten, sich auf ihre Katzen als gelegentlich „distanziert" bezogen. Wie oft verwenden Halter den Satz: „Er/sie ist sehr liebevoll, aber sehr zu seinen/ihren eigenen Bedingungen."? Dennoch laufen wir ihnen immer noch nach durch diese katzenartige Darstellung des süchtig machenden, partiellen Verstärkungsprogramms. Ich akzeptiere, dass nicht alle Katzen gleich sind und genauso wenig alle Frauen; ich glaube einfach nur, das da etwas dran ist. In letzter Zeit habe ich beobachtet, dass ich in Mangus' Nähe sehr ichbezogen und manchmal sehr launisch bin. Sie sucht Momente der Zurückgezogenheit, wenn sie alleine sowie unabhängig sein will, und ich rufe und rufe vergeblich, um sie nachts zu mir ins Schlafzimmer zu bekommen. Ich suche sie, einfach nur um sie zu knuddeln, und bin hocherfreut, wenn sie an mir vorbeistreicht, nur um frustriert zu werden, wenn sie lässig weggeht. Wenn sie allerdings in einer „provokativ anhänglichen" Stimmung ist, macht sie mich verrückt, und ich kann es nicht erwarten, in mein Schlafzimmer zu kommen, um die Türe zu schließen und etwas Ruhe vor ihrer Bedürftigkeit zu haben. Bin ich die einzige, die die Parallelen zwischen dieser Art von Verhalten und dem typischen Werben zwischen Mann und Frau sieht? Ich sage nicht, dass alle Halterinnen sich in dieser Weise ihren Katzen gegenüber verhalten. Ich finde, dass es etwas zu simpel ist und nicht wirklich dem Gesamtbild entspricht, einfach zu sagen, dass Frauen sie mögen, weil sie bedingungslose Liebe zeigen.

Männer lieben Katzen auch!

Ich habe die Tendenz, mich völlig auf Frauen zu fokussieren, wenn ich diese Thematik bespreche. Dies ist absolut angemessen, da die meisten meiner Klienten Frauen sind, die meisten Menschen, die meine Bücher lesen, Frauen sind und 96 Prozent aller hilfreichen Katzenhalter, die die Beziehungs-Studie vervollständigt haben, die im nächsten Kapitel besprochen wird, Frauen waren. Ab und zu komme ich allerdings mit den anderen vier Prozent in Kontakt. Während seine Katzen zu lieben, nach meiner Erfahrung, für schwule Männer ganz natürlich zu sein scheint, bin ich ab und zu privilegiert, da zu sein, wenn heterosexuelle Männer sich bezüglich ihrer Liebe für ihre katzenhaften Gefährten öffnen. Ich höre immer aufmerksam zu, weil man nie weiß, wann man die Information erhält, die das fehlende Stück im Puzzle darstellt.

Ich habe über die Jahre viele Briefe erhalten, und gelegentlich erhalte ich welche von Männern. Jene, die die wahre Natur der Beziehung zwischen Mensch und Katze am besten zeigen, sind die, die geschrieben werden, wenn die Katze stirbt. Dieser bestimmte Herr sprach tatsächlich über den Verlust seiner Katze. Er schrieb:

Da ist eine schmerzhafte Leere, die ganz unmöglich zu beschreiben ist. Seit sein Freund Kater Hughie uns vor etwas fünf Jahren verlassen hat, sind Lenny und ich sehr abhängig voneinander geworden. So viel Liebe und Verständnis. Er war achtzehn Jahre alt und verstand meine Lebensart sehr genau – sanft, liebevoll, beständig und so treu ergeben. Ich vermisse ihn ungeheuer, und nichts kann seinen Platz in meinem Leben füllen. Ich werde immer an ihn denken und ihn schrecklich vermissen – mein lieber toter liebevoller Lenny. Sei gesegnet, mein Freund.

Ich konnte fast den Schmerz spüren, als ich das las, und es war ganz klar, dass Lenny sein lieber Gefährte gewesen war, besonders seit dem Tod des anderen Mitglieds im Haushalt, Kater Hughie. Hier gab es eine feste Größe im Leben dieses Mannes, die verschwunden war, und er kämpfte offensichtlich damit, alleine mit dem Leben klarzukommen.

Eines Tages war ich in meinem Büro und dabei, dieses Buch zu schreiben, als ich einen Anruf von einem Herrn erhielt, der seinen Kater ungefähr ein Jahr zuvor verloren hatte. Er war offensichtlich ein außergewöhnlich intelligenter und wortgewandter Mann, ein Chefdozent an einer Universität, aber er wollte Antworten über die letzten Momente im Leben seines Katers. Wir sprachen für eine gewisse Zeit über das Thema, aber hauptsächlich konzentrierten wir uns auf einen mehr philosophischen Denkansatz zu der Thematik, ein Haustier zu lieben und zu verlieren. Er fragte mich über die Natur der Katzenpsyche und ihr Empfindungsvermögen. Ich konnte über einige meiner eigenen Gedanken und Gefühle zu dem Thema sprechen, aber es gab eindeutig einen Punkt, über den ich nicht hinausgehen konnte, weil ich einfach nicht die Antworten hatte. Er erzählte mir, dass er ein Notizbuch aufbewahrte und wollte, dass ich es las. Ich erbat seine Erlaubnis, etwas daraus hier wiederzugeben, weil ich glaube, dass es überaus sachdienlich ist. Ich habe allerdings den Namen seines Katers geändert und ließ es aus, seinen zu erwähnen, um seine Privatsphäre zu respektieren.

Er schrieb:
Ich habe ein Notizbuch geführt, seit mein Kater eingeschläfert wurde. Das ist nun voll, und ich habe ein anderes in derselben Größe, das ich mit meiner Aussöhnung mit den Tatsachen vervollständigen wollte, als ich das Ende von diesem erreichte. Ich habe das andere nicht benutzt, und ich glaube nicht, dass ich noch irgendetwas zu sagen habe, was hilfreich für mich wäre.

Ich führte das Tagebuch, weil ich nicht dachte, ich könnte mit irgendjemand über das reden, was geschah. Weil es medizinische Einzelheiten gab, die ich verstehen wollte, hatte es keinen Sinn, mit irgendjemand zu sprechen, der nichts darüber wusste. Zusätzlich gab es Fragen über Harrys eigene körperliche Erfahrung und sein geistiges Leben, die ich niemals mit einer anderen Person besprechen konnte, die nicht dasselbe Verständnis wie ich erreicht hatte. Menschen, sogar Tierärzte, mögen Mitleid haben; aber ich brauchte kein Mitleid. Ich brauchte Wissen.

Wenn ich meine Gedanken und Gefühle über den Tod meines Katers nicht ausgedrückt und artikuliert hätte, würde ich mich immer noch im Kreis drehen oder in einer Art emotionalem Sumpf versinken. Ich weiß, einige Leute „stählen sich“ und „sprechen nicht darüber“. Aber dies ist nur eine Verteidigung gegen Schmerz. Sofern dieser Schmerz nicht richtig erforscht wird, kann es kein Verstehen und kein Loslassen geben. Verteidigung gegen emotionalen Schmerz hält eine künstliche Wand zwischen Emotion und Nachdenken aufrecht und verhindert Verstehen. Ein „Macho“ bei solchen Dingen zu sein, ist einfach so viel Dummheit. Ich vermute, dass diejenigen, die diese Haltung gegenüber Tieren einnehmen – es kann kaum Nachdenken genannt werden –, sich selbst nicht erlaubt haben, sich Zeit zu nehmen, darüber nachzudenken, was sie tun. Vielleicht sind sie in der menschlichen Gesellschaft „der Vernunftbetonten" aufgesogen worden, deren kommerziellen Werte weniger praktische Formen des Nachdenkens verdrängen. Dies beinhaltet eine Meinung über „Tiere", die diese eher in eine gewisse Größenordnung von Wertigkeit setzt als in die sich entwickelnde Vielschichtigkeit der Evolution.

Wenn ich fähig wäre, zu verstehen, was mit Harry geschah, würde ich Antworten auf die Fragen bekommen müssen, die mich immer noch beunruhigen. Gerade, als ich „loslassen" und „weitergehen" sollte, spürte ich, dass ich Fragen stellen musste, deren Antworten oftmals einfach über meinen Verstand gingen. Die Fragen, die ich stellte, waren denen nicht unähnlich, die ich über Verwandte stellte. Als meine Tante im Sterben lag, war sie in der Lage, mir zu erzählen, wie sie sich fühlte. Sie erzählte mir, dass sie müde vom Leben war und dass sie wirklich sterben wollte. Fähig zu sein, sich dem eigenen Tod in dieser Weise anzunähern, ist ein Trost für jeden. Ohne ein Urteil darüber zu fällen, wie angemessen der Vergleich ist, sind Tiere unfähig, Beschreibungen ihrer mentalen oder physischen Erfahrung von Krankheit und Sterben mitzuteilen. Falls ich den Umstand des Empfindungsvermögens und Bewusstseins meines Katers begriffen habe und ich dies in einer Weise mit ihm geteilt habe, die noch geklärt werden muss, dann will ich verstehen, welche mentale oder physische Erfahrung mein Kater durchmachte. Bei dem Versuch, das zu verstehen, fragte ich verschiedene Menschen, den örtlichen Tierarzt, den Arzt der Tierklinik, den Manager des RSPCA, die Pflegekraft. Ich stellte Ihnen die gleichen Fragen, und das verhalf mir dazu, ein umfassendes Verständnis von dem zu bekommen, was mit Harry geschah. Es half mir auch, die Wahrhaftigkeit der Antworten, die ich bekam, zu testen, und ich musste das tun, damit ich letztendlich damit leben konnte. In einem gewissen Stadium habe ich alle oder die meisten meiner Fragen beantwortet bekommen, und in diesem Stadium stellte ich fest, dass ich bereits die Vergangenheit losließ. Es wird immer Zweifel und diesen Sog in die Rückwärtsrichtung geben. Aber diese Zweifel sind wie all diese tagtäglichen Zweifel geworden, die ohne wirkliche Erkenntnis beiseitegewischt werden können.

Meiner Meinung nach ist dies ein vollkommenes Beispiel, wunderschön und schmerzvoll ausgedrückt, von einem Mann, der mit der Bewältigung eines Verlustes klarkommt. Worin er sich von vielen Männern – und Frauen – unterscheidet, ist die Fähigkeit, seine Gefühle so gut schriftlich auszudrücken. Ich glaube auch, dass es ein riesiges Bedürfnis zeigt, über etwas Kontrolle zu erlangen, was er nicht kontrollieren konnte. Er konnte seinem Kater nicht erzählen, wie er sich fühlte; darum war es unerlässlich, dass der Herr nach seinem besten Können herausfand, was Harry knapp vor seinem Tod erlebte. Er spürte, dass er nur weitergehen könnte, wenn er akzeptierte, dass er alles getan hatte, um unnötiges Leiden zu verhindern – laut den Experten – und ihm am Ende die bestmögliche emotionale und physische Unterstützung geboten hatte. Ich schrieb in „Die Katzenflüsterin" über Trauer und Todesfälle von Haustieren, und ich wünschte, ich hätte die Gelegenheit gehabt, dabei über Harry zu reden. Dieser Mann hat seinen Kater aufrichtig geliebt; seine Persönlichkeit war so, dass er sich den schweren Fragen zuwenden musste, die wir uns alle in so einer Zeit stellen. Wo andere diese vielleicht irgendwie umgehen oder eine Zeitlang darin verweilen, ohne zu Eigeninitiative fähig zu sein, packte er schwierige Themen frontal an. Dieser Mann sah das unglaubliche Wesen seines Katers als Gefährte sowie Freund, und er hatte keine Angst davor, seine Gefühle auszudrücken, als er ihn verlor. Ich kann seine Herangehensweise persönlich nachempfinden, weil ich glaube, dass ich Trauerfälle bei verschiedenen Gelegenheiten auf eine ebenso „aggressive" Weise angepackt habe. Wir alle begegnen diesem Schwersten aller Zeiten auf die Weise, die am besten mit unseren Lebenserfahrungen und unserer Persönlichkeit übereinstimmt. Ob es völlig gesund ist, nach Antworten zu suchen und so hart mit uns ins Gericht zu gehen wegen unserer möglichen Mängel am Ende, ist fraglich. Ich hoffe, dass ich auf bescheidene Weise diesem Herrn bei seiner Reise helfen konnte. Ich möchte so sehr, dass er sich selbst für etwas vergibt, was nicht seine Schuld war.

Männer sind absolut fähig, Katzen ebenso zu lieben; ich bin davon definitiv überzeugt. Es passiert einfach in geringerer Anzahl, und wie bei den meisten Herzensangelegenheiten sprechen sie selten darüber. Nach meiner Erfahrung betrachten die meisten Männer Probleme innerhalb der Beziehung zwischen Mensch und Katze eher schwarz-weiß als Frauen. Sie werden ihre Katze lieben, bis sie die Bettdecke verunreinigt oder einen Besucher angreift. Ihre Partnerin wird verstimmt sein, und der Mann wird tun, was er am besten kann: eine Lösung anbieten. Diese Lösung ist gewöhnlich etwas wie „Die Katze funktioniert nicht, also muss sie gehen". Während sich das in der Theorie großartig anhört, ist es ein kaum machbarer Kompromiss. Viele Partnerschaften sind an der Grenze der Belastbarkeit angelangt, wenn ich genau aus diesem Grunde involviert werde. Sie wollen, dass die ihnen nahestehenden Personen aufhören, zu leiden, aber die beste Antwort, die sie finden können, ist, das Problem zu entfernen, sprich die Katze. Verhaltenstherapie wird gewöhnlich als völliger Hokuspokus wahrgenommen – „Du kannst Katzen nicht trainieren; sie sind keine Hunde." –, und ich schätze mich selbst sehr glücklich, wenn die Ehemänner sogar anwesend sind, wenn ich zur Beratung komme. Wenn sie es sind, weiß ich, dass es in Ordnung gehen wird, weil sie, mit sehr wenigen Ausnahmen, schnell kapieren. Sie erkennen bald, dass die Kombination einer Lösung, die beinhaltet, die Katze kann bleiben, und Punkte zu sammeln, weil sie ihren guten Willen zeigen, eine Situation mit Gewinn für beide Seiten ist!

Einfach, um mein männliches Katzenliebhaber-Argument glaubwürdiger zu machen, zeigte eine Forschung, die 2004 durch Dr. June McNicholas für den Katzenschutz durchgeführt wurde, ein positiveres Bild der heutigen Beziehung zwischen Katze und Mann. Im heutigen Vereinigten Königreich (Großbritannien) gibt es 1,28 Millionen männliche Katzenhalter. Ich glaube wirklich, dass dies ein Produkt des Drucks auf Männer ist, etwas anderes zu sein – sie werden durch die Gesellschaft „geschult", um „in Berührung mit ihrer femininen Seite" und einfühlsamer zu sein –, aber vielleicht ist dies eine zu simple Schlussfolgerung hinter einem viel moderneren Phänomen. Dr. McNicholas' Forschung zeigte, dass männliche Singles es fast ebenso wie weibliche Singles in

Erwägung ziehen, ihre Katze einem Partner oder einer Freundschaft vorzuziehen. Da die meisten der Männer, mit denen ich während meiner Arbeit in Kontakt komme, Teil des Dreiecks von Mann/Frau/Katze sind, ist es schwierig, sich zu diesen Statistiken zu äußern. Ich würde allerdings sagen, dass die männlichen Singles, die ich getroffen habe, wirklich fähig waren, ihre Katzen so intensiv zu lieben wie jede Frau. Die Forschung zeigte ebenso, dass Frauen sich mehr von Männern angezogen fühlen, die Tiere mögen, und männliche Katzenliebhaber werden als netter und fürsorglicher als der Rest wahrgenommen, sodass ich behaupten würde, sich eine Katze anzuschaffen, ist ein guter strategischer Zug für jeden männlichen Single!

Es ist, was es ist

Ich liebe den Ausdruck: „Es ist, was es ist." Er beschreibt perfekt, wie wir alle letztendlich die Beziehungen empfinden sollten, die wir mit unseren Katzen haben. Zu versuchen, die feineren psychologischen Elemente einer Partnerschaft wie unserer, zwischen zwei verschiedenen Spezies, zu verstehen, ist wahrscheinlich zum Scheitern verurteilt – aber dennoch faszinierend. Das Beste, was wir alle tun können, ist, die einzigartige Natur jeder Beziehung zwischen Mensch und Katze zu akzeptieren. Ich glaube auch, dass es für den Erfolg einer Partnerschaft erforderlich ist, dass wir sicherstellen, uns Zeit zu nehmen, um unsere Katzen auf *ihre* Art zu lieben. Dann ist jeder glücklich.

KAPITEL 10
Die Beziehungsumfrage

Ich beabsichtigte immer, mit diesem Buch dem Katzen haltenden Publikum eine Stimme zu bieten. Es geht nicht nur darum, wie ich es empfinde. Dieses Buch soll die Beziehung zwischen Mensch und Katze aus einer viel breiteren Perspektive spiegeln. Es ist absolut zulässig für mich, mir meine eigene Meinung durch meine Arbeit und meine eigenen Erfahrungen zu bilden – dies ist ein sehr subjektives Thema –, aber ich musste für diese Debatte ein Forum eröffnen. Die einfachste Weise, dies zu erreichen, war eine Umfrage durchzuführen, um herauszufinden, was Katzenliebhaber wirklich für ihre Haustiere empfinden. Ich habe einen Fragebogen zusammengestellt, ihn auf meiner Website (www.vickyhalls.net) und hinten in meinem letzten Buch „Neues von der Katzenflüsterin“ platziert, in der Hoffnung, dass Halter mir einen kleinen Einblick in ihre Beziehungen zu ihren Katzen erlauben würden.

Der Großteil des Fragebogens beinhaltete Aussagen, bei denen die Halter EINVERSTANDEN, NICHT EINVERSTANDEN oder NICHT SICHER ankreuzen mussten, um eine Antwort zu geben. Viele der Fragen, die ich stellte, waren über Gefühle, und manchmal ist es schwierig, uns selbst gegenüber objektiv zu sein und darüber, wie wir uns verhalten. Ich war nicht überrascht festzustellen, dass eine Anzahl von Haltern, die an der Umfrage teilnahmen, scheinbar eine unglaubliche Ambivalenz zeigten, da sie zwei Aussagen über ihre Beziehung zu der Katze zustimmten, die das genaue Gegenteil bedeuteten. Manche Katzenfreunde kreuzten das NICHT SICHER-Kästchen bei fast allem an. Ich glaube eigentlich, dass dies eine überaus aufrichtige Herangehensweise ist, da vieles in unserer Beziehung als selbstverständlich angenommen und selten analysiert wird. Ich stellte fest, je mehr ich über eine Frage nachdachte, desto wahrscheinlicher war, dass die Antwort sich änderte. Die „reflexartige“ Reaktion auf eine Aussage war oftmals nicht die wirklich wahre. Es wird immer Einschränkungen zu dieser Art von Umfrage geben, aber ich war trotzdem über die Resonanz erfreut und habe hier die anfänglichen Ergebnisse der ersten 150 beantworteten Fragebögen einbezogen, um uns allen zu helfen, dieses Beziehungsphänomen besser zu verstehen.

Über Sie:

Alter:
- 18–30 J.: 31%
- 31–40 J.: 27%
- 41–50 J.: 21%
- 51–60 J.: 13%
- 61+ J.: 8%

Geschlecht:
- männlich: 4%
- weiblich: 96%

Familienstand:
- verheiratet/zusammenlebend: 58%
- Single (niemals verheiratet): 34%
- geschieden/getrennt lebend: 7%
- verwitwet: 1%

Anzahl der im Hause lebenden Kinder:
- 0: 88%
- 1: 7%
- 2: 5%
- 3+: 0%

Beruf:
- Vollzeit: 72%
- Teilzeit: 15%
- Rentner: 5%
- ohne Arbeit: 5%
- arbeitsunfähig: 3%

Anzahl der Katzen im Haushalt:

- 1: 41%
- 2: 37%
- 3: 14%
- 4: 5%
- 5: 0%
- 6: 0%
- 7+: 3%

Andere Haustiere:

- Ja: 24%
- Nein: 76%

Mit der ersten Reihe von Fragen sollte die Bevölkerungsstatistik der Umfrage festgestellt werden. Ich war nicht überrascht, zu erkennen, dass die Mehrheit von denen, die den Fragebogen ausgefüllt hatten, Frauen waren. Ich fasse speziell Frauen gezielt ins Auge – manchmal unbewusst –, wenn ich schreibe, einen Vortrag halte sowie während meiner Beratungen, und ich glaube, diese Ergebnisse haben meine Vorgehensweise bestätigt. Ich werde allerdings Männer nicht als unwürdige Katzenliebhaber abtun, und ich hoffe, ich habe ihnen erlaubt, in diesem Buch zu Wort zu kommen.

Es wäre ein perfektes Klischee, den typischen Katzenliebhaber als einen weiblichen Single darzustellen, der niemals verheiratet war, aber das ist eindeutig nicht der Fall. Ich habe dies sogar schon seit einigen Jahren gewusst, da die Mehrheit meiner Klienten verheiratet ist oder mit einem Partner zusammenlebt. Sicherlich war ein Drittel derjenigen, die befragt wurden, Singles, aber eine höhere Prozentzahl von Haltern lebte nicht alleine. Die Mehrheit der Halter hatte keine Kinder, die zu Hause lebten; ist das von Bedeutung? Ich habe sicherlich mit vielen Frauen gearbeitet, deren Katzen ihre „Kinder" gewesen sind, bis ein echtes kam; mehr über diese „Kindersatz"-Debatte später.

Fast drei Viertel von denen, die befragt wurden, arbeiteten Vollzeit, was der Theorie mehr Gewicht verleiht, dass Menschen

Katzen halten, weil sie arbeiten und darum keinen pflegeaufwendigen Hund halten können. Ich bin nicht davon überzeugt, weil ich immer noch der Ansicht bin, dass es festgelegte Katzenliebhaber und Hundeliebhaber sowie einen Haufen Menschen gibt, die zwischen diese beiden Extreme fallen. Ein Viertel der Katzenhalter hatte auch andere Haustiere, und ich würde sie wahrscheinlich als Teil dieses „Haufens" beschreiben. Allerdings muss gesagt werden, dass ich selbst andere Haustiere habe – ein Pferd und einen Esel –, aber ich würde mich selbst für eine eingefleischte Katzenperson halten!

Ich war zufrieden, dass 41 Prozent der Halter eine Katze hatten. Meine Ansichten von Mehrkatzenhaltung sind kein Geheimnis, und ich glaube, Sie können sich glücklich schätzen, wenn alle Variablen zu Ihren Gunsten funktionieren und Ihre Katzen damit klarkommen. Allerdings macht es, nur eine Katze zu haben, wahrscheinlicher, dass ein intensives Band entstehen kann, wenn die Beziehung wirklich eins zu eins ist. Ich glaube oftmals, dass meine liebe Puddy – meine Lieblingskatze, die 2002 starb – und ich enger verbunden gewesen wären, wenn die anderen Katzen nicht da gewesen wären. (Für die, die „Die Katzenflüsterin" nicht gelesen haben, gebe ich zu, dass ich einst stolze Halterin von sieben Katzen war. Für einen Mehrkatzenhaushalt funktionierte es recht gut, weil ich begünstigt war durch ein großes einsam gelegenes Haus, das von Feldern und einem Sumpfgebiet umgeben war. Alle Individuen hatten eine Menge Möglichkeiten, den persönlichen Raum des anderen zu respektieren, und alles war weitgehend friedlich. Wie ich allerdings gesagt habe, Variablen wie die Umgebung und die Katzenpopulationsdichte, verschwören sich oftmals gegen den Mehrkatzenhaushalt.)

Über Ihre Katze:

Alter der Katze:
- 2 J.: 28%
- 3–5 J.: 27%
- 6–8 J.: 29%

- 9–11 J.: 7%,
- 12+ J.: 9%

Geschlecht:
- männlich (kastriert): 55%
- weiblich (kastriert): 41%
- männlich: 0%
- weiblich: 4%

Stammbaum/Rasse:
- Hauskatze: 74%
- Rassekatze: 26%

Es gab einen guten Querschnitt beim Alter der Katzen in der Umfrage. Das Verhältnis von 3:1 für Hauskatzen gegenüber Rassekatzen spiegelt nicht die gesamte Katzenpopulation wider, aber in diesem Fall ist es wahrscheinlich zutreffend. Rassekatzenhalter haben erst einmal eine Menge mehr Geld in die Anschaffung ihrer Katzen investiert – das ist nicht notwendigerweise ein Zeichen für einen ultimativen Katzenliebhaber –, und sie tendieren dazu, begeisterte und initiative Halter zu sein, da sie eine gewisse Erwartung an ihre Haustiere haben, dass diese sich, wie es sich für die Rasse schickt, verhalten. Es war gut, eine große Mischung zu haben: Alle Rassen waren vertreten von Sphinx bis Ragdoll und alle Varianten dazwischen.

Wohnungskatzen/Freigänger:

- Meine Katze hat unbegrenzten Zugang nach draußen: 31%
- Meine Katze hat Zugang nach draußen, aber ich schließe sie nachts ein: 36%
- Meine Katze hat unter Aufsicht begrenzten Zugang nach draußen: 12%
- Meine Katze wird an Geschirr und Leine ausgeführt: 5%
- Meine Katze wird drinnen gehalten, aber hat ein Außengehege: 6%

- Meine Katze hat Zugang nach draußen, aber geht nicht hinaus: 2%
- Meine Katze wird ausschließlich drinnen gehalten: 8%

48 Prozent der Befragten begrenzten den Freigang ihrer Katzen, und 19 Prozent hielten sie ausschließlich drinnen, nahmen sie zu Spaziergängen an einer Leine mit oder grenzten sie in einem Außengehege ein.

Interessanterweise hatten nur zwei Prozent Zugang nach draußen, entschieden aber, nicht hinauszugehen. Die Dichte der Katzenpopulation in bestimmten städtischen Regionen wächst täglich, und ich bin erstaunt, dass die emotional weniger robusten Katzen nicht in größerer Anzahl agoraphobisch *(Agoraphobie ist Platzangst, Anmerkung der Übersetzerin)* werden.

Welche Art von Beziehung haben Sie mit Ihrer Katze?

- Meine Katze ist ein Haustier: 18%
- Meine Katze ist ein Familienmitglied: 64%
- Meine Katze ist wie ein Kind: 25%
- Meine Katze ist ein Gefährte: 28%
- Ich finde es schwierig, meine Beziehung zu meiner Katze zu erklären: 1%

Dies war der erste Abschnitt, der die Halter bat, ihre Gefühle für ihre Katzen zu erforschen. Viele von uns werden seit Jahren mit verschiedenen Katzen zusammenleben und niemals aufhören, die Art von Verwandtschaftsverhältnis zu hinterfragen, die sich entwickelt hat. Viele Halter gaben mehr als einen Beziehungstyp an, beispielsweise ein Kind *und* ein Familienmitglied. Das ist absolut zulässig, und ich gebe zu, dass ich wahrscheinlich verschiedene dieser Kästchen angekreuzt hätte. Ironischerweise hätte ich das Kästchen mit „Ich finde es schwierig, meine Beziehung zu meiner Katze zu erklären" angekreuzt, da ich als tiefsinniger Denker bei diesem Thema finde, dass es einzigartige Qualitäten in der Beziehung zwischen Katze und Frau gibt, die Analysen und Schubladendenken trotzen. Nur ein Prozent von denen, die befragt wurden, stimmten mir zu!

Die Umfrage bestätigte allerdings das moderne Denken, dass Katzen ihren Status vom Haustier zum Familienmitglied schrittweise verbessern. Dies schließt ein, dass die wahrgenommenen Wünsche der Katzen berücksichtigt werden, wenn Entscheidungen getroffen werden, und zwar einschließlich der, die Urlaub und Umzug betreffen. Ich weiß von vielen Haltern, die nicht wegfahren, weil die Katze einsam wäre, nicht auf dem Sofa sitzen, weil die Katze sonst gestört würde, mitten in der Nacht aufstehen, weil die Katze Langeweile hat und sich allgemein selbst ganz unten auf die Prioritätenliste setzen. Das ist aber ein ganz besonderes Familienmitglied!

Über ein Viertel sah ihre Katze als einen Gefährten an – aber nicht als Haustier. Wenn wir unsere Katzen als Gefährten ansehen, ohne die Einschränkung, ebenso ein Haustier zu sein, wird da nicht definitionsgemäß Gleichwertigkeit impliziert und eine Beziehung mit einem Grad an Exklusivität beschrieben? Dies ist wahrscheinlich die moderne Definition von der Beziehung zwischen Mensch und Katze. Dadurch, dass wir ihnen den Titel „Haustier" verleihen, verunglimpfen wir irgendwie ihren eigentlichen Status als etwas weit darüber Hinausgehendes. Es ist interessant, die Definitionen im (englischen) Wörterbuch für beide Begriffe, Haustier und Gefährte, zu betrachten.

Haustier: *ein zahmes Tier, das im Haushalt zur Gesellschaft, Unterhaltung etc. gehalten wird.*
Gefährte: *1. eine Person, die ein Partner einer anderen oder mehrerer anderer ist; ein Kamerad. 2. (insbesondere früher) ein Angestellter, gewöhnlich eine Frau, die Gesellschaft für einen Dienstherrn bot; besonders eine ältere Frau. 3. ein Teil eines Paares; Gegenstück.*

Ich werde oft für das Benutzen der Begriffe „besitzen" und „Haustier" gemaßregelt; sicherlich sollte ich wohlgesinntere Redensarten benutzen wie „Hüter", „Diener" oder „Mitbewohner"? Ich glaube eigentlich nicht, dass die Aussage „Ich besitze ein Haustier" im

Entferntesten geringschätzig ist. Wenn Sie nach der Wörterbuchdefinition für „Haustier" schauen, ist es ganz klar, dass das *genau* der Grund ist, warum die meisten von uns sie halten – vorausgesetzt, dass das „etc." sich auf all die anderen vielschichtigen Gründe des Warum bezieht, die nur wir selbst kennen. Nur, weil sie als Haustiere bezeichnet werden, bedeutet das nicht, dass wir uns nicht so gut um sie kümmern, wie jemand, der sie auf der Skala bedeutungsvoller Beziehungen als etwas ernst zu nehmender nennt. Wahrscheinlich mache ich mir zu viele Gedanken um einen Punkt, der nichts weiter ist als eine verwirrende oder unerhebliche Bezeichnungsweise, aber das Definieren der Beziehung muss einiges dazu beitragen können, sie zu verstehen, und daher sicherzustellen, dass sie für beide Parteien funktioniert.

Ein Viertel der Befragten, betrachtete ihre Katze ausschließlich als ein „Kind". Ich bin nicht überzeugt, dass all jene, die ihre Beziehung auf diese Weise sehen, nur abwarten, bis sie ein echtes Baby mit etwas weniger Fell haben. Viele Frauen, mit denen ich gesprochen habe, haben sich persönlich entschieden, keine Kinder zu haben, aber erwähnen ihre Katzen immer noch in einer mütterlichen Weise. Ich glaube, dies hat eine Menge mit unserer angeborenen Programmierung als Ernährer zu tun. Egal, ob wir die Entscheidung treffen, eine Karriere zu verfolgen, anstatt eine Familie zu gründen, oder aus einem anderen Grund kinderlos bleiben, wir müssen trotzdem die Rolle der Mutter spielen, für die wir gemacht wurden. Müssen wir als Frauen vielleicht, genau wie Katzen, die Schnürsenkel oder zusammengeknülltes Zeitungspapier jagen wollen, wenn sie nicht räuberisch agieren können, natürliches mütterliches Verhalten nachahmen? Es ist auch unendlich leichter, bei Katzen Elternschaft zu praktizieren, da beispielsweise das Bedürfnis der Beständigkeit sowie als Beispiel voranzugehen, vorwiegend unbedeutend ist, und darum kann man all die angenehmen und einfachen Elemente des Mutterseins ausüben, ohne die ernsthafte Verantwortung, dabei zu helfen, eine brandneue Person zu formen. Zugegeben, Züchter haben in dieser Hinsicht mehr Verantwortung als die meisten von uns, aber nicht wirklich in einem so ganz großen Ausmaß.

Sicherheit

Ich mache mir Sorgen, dass meine Katze zu Schaden kommt, wenn sie draußen ist:

- stimme zu: 79%
- stimme nicht zu: 13%
- nicht sicher: 8%

Ich mache mir Sorgen, dass meine Katze verloren gehen könnte:

- stimme zu: 82%
- stimme nicht zu: 13%
- nicht sicher: 5%

Ich mache mir Sorgen, dass meine Katze mit anderen kämpfen und verletzt werden könnte:

- stimme zu: 67%
- stimme nicht zu: 25%
- nicht sicher: 8%

Ich mache mir Sorgen, dass jemand sie vielleicht stehlen könnte:

- stimme zu: 46%
- stimme nicht zu: 43%
- nicht sicher: 11%

Ich möchte gerne jederzeit wissen, wo sie ist:

- stimme zu: 61%
- stimme nicht zu: 29%
- nicht sicher: 10%

Sich Sorgen zu machen, ist etwas, auf was uns Elternschaft wundervoll vorbereitet. Allerdings ist dieses Gefühl nicht ausschließlich die Domäne derer, die ihre Katzen als Kinder ansehen. Fast achtzig Prozent der Befragen machen sich Sorgen, dass ihre Katze zu Schaden kommen könnte, wenn sie sich außerhalb des sicheren Hauses aufhält. Viele davon haben sich sogar mit dieser Angst konfrontiert und beschlossen, den Zugang ihrer Haustiere nach draußen zu begrenzen. Annähernd dieselbe Prozentzahl war über die Gefahren des Verkehrs und dass ihre Katzen verloren gehen könnten besorgt. Aber weniger als die Hälfte glaubte, dass gestohlen zu werden, ein Grund zur Sorge war. Kämpfen oder Verletzungen beunruhigten zwei Drittel der Halter, und fast die gleiche Anzahl war nur glücklich, wenn sie genau wusste, wo ihr Haustier jederzeit war. Dies ist etwas, was in fast jedem Fall, den ich über die Jahre erlebt habe, augenscheinlich ist. Die Liebe der Halter für die Katze ist so intensiv, dass die Angst vor Verlust genauso groß ist. Das ist der Grund, warum mein uralter Appell: „Wenn du sie genug liebst, dann lass sie gehen", immer auf taube Ohren stoßen wird. Liebe ist sehr schwierig von einem selbstlosen Standpunkt aus zu betrachten. Ich bin nicht ganz sicher, ob wahre Selbstlosigkeit überhaupt möglich ist. Wir nehmen unsere Liebe in einer Weise wahr, dass sie um unser eigenes Vergnügen kreist. Wir tun etwas, von dem wir glauben, dass es unseren Katzen Vergnügen bereitet, darum sind wir glücklich. Diese Dinge bereiten uns selten Mühe, weil wir gleichzeitig glauben, dass ihr Vergnügen unser Vergnügen ist. Es ist möglich, zu argumentieren, dass die Person, die um drei Uhr morgens Fisch kocht, weil die Katze ihn dann will, kaum Spaß dabei hat. Der interessante Punkt hier ist, dass es der Halter ist, der entschieden hat, dass dies getan werden muss, da die Katze andernfalls in irgendeiner Weise leiden würde. In Wirklichkeit ist es genau das Gegenteil. Aber wenn wir für uns selbst entscheiden, was Vergnügen und Glück für unsere Katze sind, kann dies wegen offensichtlicher „fremdsprachlicher Fehlschlüsse" bei der Kommunikation nur aufgrund unserer eigenen Interpretation und Überzeugungen beurteilt werden. Ich glaube, wonach ich in einer sehr umständlichen Weise zu fragen versuche, ist: „Wenn wir den Zugang zur freien Natur für unsere Haustiere einschränken, weil *wir* besorgt sind, berücksichtigen wir *ihre* Gefühle und Bedürfnisse?" Ich bestreite nicht, dass sie vielleicht länger leben, aber werden sie glücklich sein?

Interaktion

Ich nähere mich meiner Katze zur Interaktion mehr, als sie es tut:

- stimme zu: 20%
- stimme nicht zu: 65%
- nicht sicher: 15%

Meine Katze nähert sich mir zur Interaktion mehr, als ich es tue:

- stimme zu: 20%
- stimme nicht zu: 60%
- nicht sicher: 20%

Meine Katze und ich nähern uns einander gleich häufig während des Tages:

- stimme zu: 65%
- stimme nicht zu: 24%
- nicht sicher: 11%

Manchmal ignoriert mich meine Katze oder wirkt uninteressiert, wenn ich mich ihr nähere:

- stimme zu: 50%
- stimme nicht zu: 44%
- nicht sicher: 6%

Ich reagiere auf meine Katze zu jeder Tages- oder Nachtzeit:

- stimme zu: 60%
- stimme nicht zu: 35%
- nicht sicher: 5%

Ich reagiere immer auf die Annäherungen meiner Katze:

- stimme zu: 65%
- stimme nicht zu: 31%
- nicht sicher: 4%

Ich schaue nach, wo meine Katze ist, wenn ich sie für eine Weile nicht gesehen habe:

- stimme zu: 93%
- stimme nicht zu: 5%
- nicht sicher: 2%

Ich wecke meine Katze gelegentlich auf, um sie zu streicheln:

- stimme zu: 46%
- stimme nicht zu: 48%
- nicht sicher: 6%

Ich spüre meine Katze auf, wenn sie sich versteckt:

- stimme zu: 52%
- stimme nicht zu: 39%
- nicht sicher: 9%

Meine Katze spürt mich auf, wenn ich in einen anderen Raum gehe:

- stimme zu: 71%
- stimme nicht zu: 22%
- nicht sicher: 7%

Meine Katze ist die meiste Zeit über an meiner Seite, wenn ich zu Hause bin:

- stimme zu: 41%
- stimme nicht zu: 53%
- nicht sicher: 6%

Ich kann mich nicht hinsetzen, ohne dass meine Katze auf meinen Schoß springt:

- stimme zu: 26%
- stimme nicht zu: 65%
- nicht sicher: 9%

Ich spreche gelegentlich mit meiner Katze zu den Fütterungszeiten:

- stimme zu: 61%
- stimme nicht zu: 32%
- nicht sicher: 7%

Ich spreche mit meiner Katze die ganze Zeit über:

- stimme zu: 80%
- stimme nicht zu: 15%
- nicht sicher: 5%

Ich spreche kaum mit meiner Katze:

- stimme zu: 1%
- stimme nicht zu: 91%
- nicht sicher: 8%

Meine Katze ist sehr gesprächig und „antwortet" auch:

- stimme zu: 66%
- stimme nicht zu: 25%
- nicht sicher: 9%

In diesem besonderen Abschnitt versuchte ich zu ermitteln, wie der Halter und die Katze auf einer alltäglichen Basis interagierten. Belästigten die Halter ihre Katzen, indem sie sie durch das Haus jagten, oder hingen die Katzen an ihren Lippen und ließen sie nicht alleine? Es schien, dass die generelle allgemeine Meinung zeigte, dass Kontakte zwischen Katze und Halter in mindestens zwei Drittel der Haushalte gleichermaßen eingeleitet wurden.

Ich war besonders an den Ergebnissen der nächsten Fragen interessiert, weil sie in geringem Umfang meine Theorie darüber verstärkten, warum Katzen Frauen *wirklich* reizen – siehe das vorherige Kapitel. Die Hälfte der Menschen, die befragt wurden, stimmte zu, dass ihre Katzen sie gelegentlich ignorieren oder uninteressiert wirken würden, wenn sie sich ihnen näherten. 60 Prozent reagierten auf die Wünsche ihrer Katzen zu jeder Tages- oder Nachtzeit, 65 Prozent reagierten immer auf ihre Katzen, egal, was sie gerade taten, und praktisch jeder wanderte im Haus herum, um nach seinen Katzen zu schauen, wenn sie für eine Weile nicht gesehen wurden! Fast die Hälfte der Halter weckte ihre Katzen sogar auf, um sie zu streicheln, und eine ähnliche Anzahl zerrte sie aus Schränken oder unter dem Bett hervor, wenn sie sich versteckten. Ich glaube wirklich, wenn sich eine Katze versteckt, tut sie es aus einem bestimmten Grund, und während Krankheit eine mögliche Ursache ist, ist es so etwas wie ein privater Augenblick, der als solcher respektiert werden sollte. Diese letzten Antworten beziehen sich auf eine Menge zusätzlicher Annäherungen von Haltern an Katzen. Ich frage mich, ob die wahre Darstellung, wer den Kontakt initiiert, tatsächlich die gleiche große Faszination aufweist, die die Mehrheit der Halter zeigt? Nur ein Gedanke!

Die nächsten drei Fragen geben einen besseren Einblick in das Verhalten der Katze rund um ihren Halter. Fast drei Viertel der Halter stimmten zu, dass ihre Katzen sie sogar ausfindig machen würden, wenn sie in einen anderen Raum gingen. 41 Prozent waren ständig an der Seite ihrer Halter, und über ein Viertel konnte es nicht erwarten, dass ihr Mensch sich hinsetzte, um sich auf seinen Schoß zu schmeißen.

Die große Mehrheit der Halter redete eindeutig sehr viel mit ihren Katzen, und eine bemerkenswerte Mehrheit der Katzen – obwohl nicht ganz so viele – gaben Antwort. Ich erhielt einen Brief von einem gesprächigen Halter, der schrieb:

Die meisten Menschen denken, ich wäre total verrückt nach Jasper, weil ich mit ihm wie mit einem menschlichen Wesen spreche, aber wie das Sprichwort sagt: „Je mehr Leuten ich begegne, umso mehr mag ich meine Katze." Das könnte nicht wahrer sein.

Ich höre diesen Satz so oft von Katzenliebhabern; wirklich traurig, weil ich nicht glaube, dass die Liebe zu Menschen und Katzen sich gegenseitig ausschließen sollte. Nur ein Prozent der Halter sprach selten mit ihren Katzen. Ich fände es ungewöhnlich, wenn irgendjemand in der Anwesenheit einer Katze stumm bleiben würde. Während die meisten von uns glauben, dass die Fähigkeit einer Katze, Englisch zu verstehen, minimal ist, kommunizieren wir als

Menschen verbal, und es wäre unmöglich, eine Beziehung mit einer anderen Kreatur zu bilden, ohne das zu tun – außer wir sind physisch nicht dazu in der Lage. Ich sage einige verrückte Dinge zu meiner Katze Mangus. Ich bin mir völlig bewusst, dass sie es nicht versteht, aber sie schätzt die Emotion hinter den Worten, und sie genießt die Aufmerksamkeit. Sie „antwortet" wie die meisten anderen Katzen ebenso, weil das die Aufmerksamkeit verstärkt und mehr davon garantiert. Katzen sind nicht blöd; unterhalten bedeutet Aufmerksamkeit, und Aufmerksamkeit bedeutet Futter oder etwas ähnlich Erfreuliches.

Schlafenszeit

Meine Katze schläft mit mir im Bett:
- stimme zu: 58%
- stimme nicht zu: 34%
- nicht sicher: 8%

Ich sperre meine Katze nachts aus dem Schlafzimmer aus:
- stimme zu: 18%
- stimme nicht zu: 75%
- nicht sicher: 7%

Meine Katze hat die Wahl, aber zieht es vor nachts woanders zu schlafen:
- stimme zu: 32%
- stimme nicht zu: 55%
- nicht sicher: 13%

Mein Partner mag es nicht, dass meine Katze mit uns schläft:
- stimme zu: 14%
- stimme nicht zu: 70%
- nicht sicher: 16%

Ich will nicht, dass meine Katze bei mir schläft:
- stimme zu: 11%
- stimme nicht zu: 75%
- nicht sicher: 14%

Ein Teil der gesamten Beziehungsangelegenheit findet nachts statt. Viele Katzen lieben es, bei ihren Haltern zu schlafen, aber lassen Sie sich nicht täuschen. Ihre Motivation ist oftmals Wärme, Sicherheit und die Vertrautheit des Geruchs, der Geborgenheit vermittelt. Gelegentlich ist Ihre Gesellschaft nachts von Nutzen, wenn sie sich langweilen und beginnen, Ihre Nasenlöcher mit ihren Krallen zu knuffen, um zu sehen, was geschieht. Schauen Sie einmal nach, wie viel Ihnen eigentlich vom Bett bleibt, um zu erkennen, ob es irgendeine Berücksichtigung *Ihrer* Bedürfnisse nachts gibt!

Über die Hälfte der Halter schlief nachts mit ihren Katzen. Ein Drittel der Halter ließ ihren Katzen die Wahl, aber die zogen es vor, woanders zu schlafen. Nun glaube ich, habe ich eine Schwachstelle in dieser Statistik entdeckt. Wenn 18 Prozent der Halter ihre Katzen nachts aus dem Schlafzimmer aussperren, und ganze 25 Prozent entweder nicht wollen, dass ihre Katze bei ihnen schläft, oder Partner haben, die so denken, zeigt mir die einfache Mathematik, dass es da irgendwo einige Katzen gibt, die wirklich ihren Willen durchsetzen.

Persönlichkeit

Meine Katze ist liebevoll und aufmerksam:
- stimme zu: 90%
- stimme nicht zu: 5%
- nicht sicher: 5%

Meine Katze ist bei jedem kontaktfreudig:
- stimme zu: 36%
- stimme nicht zu: 57%
- nicht sicher: 7%

Ich bin die einzige Person, mit der meine Katze zusammen sein will:
- stimme zu: 15%
- stimme nicht zu: 82%
- nicht sicher: 3%

Meine Katze ist sehr selbstsicher:
- stimme zu: 42%
- stimme nicht zu: 37%
- nicht siche:r 21%

Meine Katze ist selbstständig:
- stimme zu: 55%
- stimme nicht zu: 28%
- nicht sicher: 17%

Meine Katze ist bedürftig:
- stimme zu: 30%
- stimme nicht zu: 50%
- nicht sicher: 20%

Meine Katze kann distanziert sein:
- stimme zu: 38%
- stimme nicht zu: 51%
- nicht sicher: 11%

Meine Katze ist sehr scheu:
- stimme zu: 23%
- stimme nicht zu: 71%
- nicht sicher: 6%

Dies war immer ein schwieriger Abschnitt zu beantworten, weil die Einschätzung des Charakters und der Persönlichkeit unglaublich subjektiv ist. Die Halter standen vor einem Dilemma: Beispielsweise waren ihre Katzen in einem Moment lieb und im nächsten distanziert. Diese Eigenschaften schließen sich nicht gegenseitig aus, und ich hoffe, dass die meisten Halter anhand der Ergebnisse erkennen konnten, dass diese Persönlichkeitselemente ihrer Katzen selten ständig zur Schau gestellt wurden.

Neunzig Prozent der Befragten stimmten zu, dass ihre Katzen liebevoll und aufmerksam waren. Ein Drittel der Katzen war bei jedem kontaktfreudig, aber 15 Prozent wollten nur eine bestimmte Person, ihren Halter. Eine Halterin schrieb:

Kim hat nie gespielt und mag Menschen nicht sehr, aber mit mir ist er vollständig glücklich, und ich glaube, ich bin gesegnet mit einem Gefährten, der einem Menschen so ähnlich ist, wie ein Tier es nur sein kann.

Sie fühlte sich offensichtlich ungeheuer geschmeichelt, dass sie als einzige Person auserlesen war, seine Aufmerksamkeit wert zu sein, und dies musste sich gut anfühlen. Es ist ebenso interessant, festzustellen, dass sie ihren Gefährten als fast menschlich ansah; dies erscheint wie der perfekte Kompromiss. Ein Pseudo-Mensch mit all den positiven Eigenschaften, ohne eine der negativen, sowie einer Menge weichen Fells! Ich habe viele Katzen gesehen, die nur eine Person wollten. Dies ist oftmals das Ergebnis einer mangelhaften früheren Sozialisation oder eines Mangels davon. Manche handaufgezogenen Katzen binden sich ausschließlich an ihre Bezugspersonen, und scheue Katzen gewöhnen sich nie an Fremde, wenn ihre Halter nur gelegentlich Besuch bekommen.

42 Prozent der Halter sagten, dass ihre Katzen selbstsicher wären, und über die Hälfte der Befragten stimmte zu, dass ihre Katzen selbstständig wären. Dies ist ermutigend, da dies wahrscheinlich die zwei besten Qualitäten sind, um eine Katze auf ein Leben als domestiziertes Haustier vorzubereiten. 30 Prozent stimmten zu, dass ihre Katzen bedürftig wären. In unserem Streben nach der ultimativen hundeähnlichen Katze versuchen wir, selektiv Geselligkeit zu züchten. Wie ich schon vorher gesagt habe, erschafft das manchmal eher eine abhängige Persönlichkeit als eine gesellige. Es sieht gleich aus – eine Menge an Aufmerksamkeit etc. –, aber fast ein Drittel der Halter schienen es so zu sehen, wie es wirklich ist. Bedürftigkeit ist bei Katzen keine positive Eigenschaft; es erlegt

dem Halter eine ungeheure Belastung auf, und wenn nichts dagegen getan wird, kann es die Ursache vieler Ängste für die Katze sein – für weitere Details siehe Kapitel 8.

23 Prozent der Katzen wurden als scheu beschrieben. Während ein gesundes Misstrauen vor allem Neuen eine gute Überlebensstrategie ist, ist es nicht im Interesse des Tieres, sich vor jedem plötzlichen Geräusch oder jeder Bewegung zu ängstigen. Dies sind im Zusammenleben schwierige Katzen – siehe Kapitel 6 – und oftmals wage ich zu sagen, ziemlich unbefriedigende Haustiere. Die Menge an Liebe und Aufmerksamkeit, die von den Haltern gegeben wird, steht niemals im Verhältnis zu dem, was diese zurückbekommen. Wenn Sie nach der völligen „bedingungslosen Liebe" Ausschau halten, sind dies wahrscheinlich nicht die richtigen Katzen für Sie.

Beziehung

Meine Katze weiß, was ich denke:
- stimme zu: 25%
- stimme nicht zu: 49%
- nicht sicher: 26%

Meine Katze versteht, wenn ich krank bin:
- stimme zu: 61%
- stimme nicht zu: 25%,
- nicht sicher: 14%

Meine Katze versteht, wenn ich depressiv bin:
- stimme zu: 58%,
- stimme nicht zu: 25%,
- nicht sicher: 17%

Meine Katze reagiert ablehnend, wenn ich gestresst bin:
- stimme zu: 35%
- stimme nicht zu: 45%
- nicht sicher: 20%

Meine Katze würde mich schrecklich vermissen, wenn ich verreise:
- stimme zu: 49%
- stimme nicht zu: 25%
- nicht sicher: 26%

Meine Katze bevorzugt meine Gesellschaft gegenüber jeder anderen Gesellschaft:
- stimme zu: 46%
- stimme nicht zu: 40%
- nicht sicher: 14%

Meine Katze versteht, was ich sage:
- stimme zu: 41%
- stimme nicht zu: 27%
- nicht sicher: 3%

Meine Katze hat Sinn für Humor:
- stimme zu: 48%
- stimme nicht zu: 30%
- nicht sicher: 22%

Meine Katze hätte damit zu kämpfen, ohne mich klarzukommen:
- stimme zu: 18%
- stimme nicht zu: 63%
- nicht sicher: 19%

Ich hätte damit zu kämpfen, ohne meine Katze klarzukommen:
- stimme zu: 63%,
- stimme nicht zu: 24%,
- nicht sicher: 13%

Ich würde meiner Katze kein anderes Zuhause geben, sogar wenn ich wüsste, dass sie woanders glücklicher wäre:
- stimme zu: 15%
- stimme nicht zu: 49%
- nicht sicher: 36%

Niemand würde sich um meine Katze kümmern, wie ich es tue:
- stimme zu: 43%
- stimme nicht zu: 35%
- nicht sicher: 22%

An diesem Punkt in der Umfrage glaubte ich, dass die Halter ausreichend vertieft waren, um bereit zu sein, die tieferen Elemente ihrer Beziehung zu betrachten. 25 Prozent der Halter glaubten wirklich, dass ihre Katzen wussten, was sie dachten. Interessanterweise waren weitere 26 Prozent sich nicht sicher, ob sie es taten oder nicht. Dies ist verzwickt, da es ganz offensichtlich ist, dass Katzen keine Gedanken lesen. Allerdings sind sie zu den unglaublichsten genauen Interpretationen der subtilsten Körpersprache oder Änderungen im Klang unserer Stimme fähig, und dies gibt ihnen oftmals einen sehr guten Eindruck von dem, was wir denken. Wenn die Frage auf dieser Basis gestellt worden wäre: „Ist Ihre Katze so auf Ihr Verhalten eingestimmt, dass es so scheint, als könne sie Ihre Gedanken lesen?“, dann hätte ich wahrscheinlich STIMME ZU angekreuzt. Später in diesem Abschnitt werden die Halter gefragt, ob sie glaubten, ihre Katzen würden verstehen, was sie sagen. Dies ist ein anderes Beispiel ihrer eher genauen Interpretation nonverbaler Hinweise als für ihre Fähigkeit, Englisch zu sprechen. 41 Prozent stimmten zu, dass die Katzen verstehen würden, was sie sagen, und ein mächtiges Drittel der Gesamtanzahl blieb wieder unschlüssig, bereit, der ganzen Sache gegenüber aufgeschlossen zu bleiben, weil es manchmal sicherlich so wirkte, als ob sie es könnten.

Viele Menschen, mit denen ich gesprochen habe, bezogen sich auf Fälle, als ihre Katzen enorme Rücksicht auf ihre Gefühle gezeigt hatten. Eine Halterin schickte mir einen Brief über die Bedeutung ihres Katers für die Familie, als niemand sonst helfen konnte. Sie schrieb:

Seine anspruchslose, kritiklose Zuneigung war eine Rettungsleine für depressive Familienmitglieder, für die menschliche Kommunikation unmöglich gewesen ist.

Über die Hälfte derer, die befragt wurden, stimmten zu, dass ihre Katzen es verstanden, wenn sie krank oder depressiv waren und ihnen Trost gaben. Eine Dame schrieb:

Wenn Gem ein Mensch gewesen wäre, wäre sie eine Krankenschwester geworden. Immer, wenn mein Vater krank war, blieb sie bei ihm, streichelte sein Gesicht mit dem Rücken ihrer Pfoten. Seit Vaters Tod, über den sie für ungefähr sechs Monate trauerte, wacht sie über mich.

Es ist schwer vorstellbar, wie ein anderer Mensch dies in solch einer schwierigen Zeit so gut gekonnt hätte.

Über ein Drittel der Halter spürte, dass ihr Stress eine Wirkung auf ihre Katzen hatte. Ich habe während meiner Laufbahn viele Fälle gesehen, wo der Stress der Halter das Leben für ihre Katzen noch schwieriger gemacht hat, die bereits mit etwas anderem zurechtkommen mussten, das viel eher auf der Katzenebene stattfindet. Wenn die Katze eine starke Bindung zu ihrem Menschen hat, dann wird jeglicher wahrgenommener Stress so wirken, als ob der Mensch von derselben Wahrnehmung einer Bedrohung betroffen ist, die die Katze empfindet. Sie erkennen es nicht als durch ein vom Büro verursachtes Problem; es geht immer um sie.

Fast die Hälfte der Halter stimmte zu, dass ihre Katzen sie schrecklich vermissen würden, wenn sie verreisten. Dies ist ein anderer Faktor, der die Wahrnehmung der Halter von ihrer Beziehung mit ihren Katzen beeinflusst. Jemanden zu lieben, bedeutet ihn zu vermissen, wenn er nicht da ist, darum müssen die Katzen sie vermissen, weil sie sie lieben. Viele Katzen vermissen wirklich die Anwesenheit ihrer Halter, da es eine maßgebliche Veränderung in der sozialen Dynamik des Haushalts darstellt, wenn der Nachbar kurz vorbeikommt, um sie zu füttern, und die gewohnte Routine ausbleibt. Es kann ebenso einen Besuch in der örtlichen Katzenpension bedeuten, was eine zweifache Veränderung darstellt, sowohl sozial als auch von der Umgebung her. Ich glaube wirklich, nachdem ich all das gesagt habe, dass Katzen eine starke Bindung aufbauen und ihre Halter schrecklich vermissen können. Ich fühle mich allerdings immer wohler, wenn sie nicht so weit gehen, sich tatsächlich beruhigen und nicht ernsthaft Sorgen machen.

Einfach aus Spaß fragte ich, ob die Halter meinten, ihre Katzen hätten einen Sinn für Humor. Ohne Ausnahme habe ich feststellen können, dass Katzenmenschen einen scharfsinnigen Verstand besitzen, und vieles von dem, was Katzen tun, kann außerordentlich lustig sein. Fast die Hälfte sagte, dass sie zustimmten, dass ihre Katzen einen Sinn für Humor hätten, und weitere 22 Prozent waren nicht sicher. Ich glaube einfach, sie sprechen den unglaublichen Sinn für Humor an, den wir Katzenliebhaber zu haben scheinen.

Ich kam dann zurück auf das Konzept von Lieben und Verlieren und deutete an, dass ihre Katzen damit kämpfen würden, ohne sie klarzukommen. 63 Prozent stimmten dieser Bemerkung realistischerweise nicht zu, mit der Erkenntnis, dass sie für ihre Katzen nicht wirklich das Zentrum des Universums waren. Dies ist genauso, wie es sein sollte, denn wenn unsere Katzen uns eher wollen als brauchen, macht es das so viel leichter für sie, normal zu funktionieren. Leider und ziemlich bestürzend empfand es genau derselbe Prozentsatz von Haltern anders, als gefragt wurde, ob sie damit zu kämpfen hätten, ohne ihre Katzen klarzukommen. 63 Prozent stimmten zu. Dies ist ein Beispiel für die Art der Briefe, die ich von Menschen erhalte, die es schwierig finden, sich mit dem Tod ihrer Katzen abzufinden:

Diese Gefährten geben uns, wie keine anderen, bedingungslose Liebe, Zuneigung und das Privileg, ihr Leben mit uns zu teilen, solange sie mit dem Respekt behandelt werden, der ihnen gebührt. Der Verlust dieser wertvollen Freunde hinterlässt ein Loch im Herzen, das niemals wieder gefüllt werden kann. In der Tat ist es so, als ob ein Teil von uns mit ihnen sterben würde. Und dennoch, wenn wir wirklich danach Ausschau halten, können unsere lieben Freunde immer noch im Haus und im Garten gesehen werden. Sie sind wieder jung, frei, wohlauf und glücklich, bei uns zu sein – für immer, wenn wir wollen. Zuerst müssen wir schauen und zuhören. Sie werden immer da sein, geduldig auf uns wartend. Es ist alles, was wir erbeten und worauf wir hoffen können.

Dies bekümmert mich sehr, weil man fast spüren kann, wie die Schreiberin verzweifelt versucht, Szenarien in ihrer Fantasie zu erschaffen, die die Abwesenheit ihres Haustiers erträglicher machen. Es ist bei Weitem das Einfachste, zu glauben, dass sie immer noch da sind, und eine absolut normale Phase im Trauerprozess.

Die nächste Frage geht zurück zu der uralten Herausforderung: „Lieben Sie Ihre Katze genug, um sie gehen zu lassen?" 15 Prozent der Halter stimmten zu, dass sie ihrer Katze kein neues Zuhause suchen würden, sogar wenn sie wüssten, dass sie woanders glücklicher wäre. Fast die Hälfte allerdings stimmte nicht zu, was besagt, dass sie es tun würden. Der Rest gab ehrlich zu, dass sie nicht sicher waren, wie sie in so einer Situation reagieren würden. Ich möchte so gerne glauben, dass wir alle zu solch selbstloser Liebe fähig sind, unserer Katze ein neues Zuhause zu suchen, wenn sie unglücklich ist. Die Realität sieht allerdings ganz anders aus. Ich glaube, der Schlüssel dazu ist das Wort „Wissen". Ich glaube wirklich, dass wenn wir ohne jeden Zweifel wüssten, dass unsere Katzen von einem neuen Zuhause profitieren würden, würden wir es tun, wenn auch widerwillig. Bei der seltenen Gelegenheit, bei der ich einem Klienten dies empfehlen muss, ist nur das „Wissen" mein einziger Rat. Ich hoffe, dass niemand sich in so einer Situation wiederfindet, aber es braucht in der Tat eine sehr starke Person, um ihre eigenen Bedürfnisse für die der Katze zu opfern. Ironischerweise werden Halter, die ihre Katzen abgeben, oftmals als schlechte Halter verurteilt oder so ungebunden an ihre Haustiere, dass sie eine Entscheidung treffen, die einzig und allein auf Bequemlichkeit basiert. Nach meiner Erfahrung ist dies fast nie der Fall, und die Menschen, die dazu gedrängt wurden, diese Entscheidung zu treffen, sind zweifach bestraft, durch den Verlust eines geliebten Haustieres und dafür, von jedem gegeißelt zu werden.

43 Prozent der Halter meinten, dass niemand anders sich um ihre Katzen so gut kümmern würde, wie sie es täten. Ein Drittel der Halter stimmte nicht zu, und 22 Prozent waren nicht sicher. So weit zu gehen, zu glauben, dass wir die ausschließlichen Rechte auf perfekte Katzenfürsorge haben, ist gefährlich. Viele der Menschen, die als „Sammler" bezeichnet werden, leiden unter diesem Irrglauben. Die RSPCA, die Polizei und die Stadt werden alle dabei involviert, eine große Anzahl von Tieren aus winzigen Behausungen zu

holen, von denen viele unter erschreckender Vernachlässigung leiden. Diese Halter haben ihr eigenes privates „Rettungs"-Zentrum geschaffen und glauben irrigerweise, dass sie die einzigen Menschen sind, die ihre Schützlinge retten und beschützen können. Genau das Gegenteil ist die Wahrheit, und diese armen Seelen leiden unter einer anerkannten psychischen Erkrankung. Ich behaupte nicht für einen Moment, dass die Halter, die an der Umfrage teilnahmen und der Aussage: „Niemand würde sich um meine Katze kümmern, so wie ich es tue" zustimmten, unzurechnungsfähig sind! Ich glaube einfach, dass es zahlreiche Wege gibt, Liebe für sein Haustier auszudrücken, und es möglich ist, seine Sache in mehr als einer Situation gut zu machen. Es ist jedoch ebenso möglich, den „Niemand-würde-sich-um-meine-Katze-kümmern,-wie-ich-es-tue"-Gedanken zu einem ungesunden Extrem werden zu lassen.

Liebe und Unterstützung

Meine Katze hat mir in einer besonders schwierigen Zeit in meinem Leben Trost geschenkt:
- stimme zu: 71%
- stimme nicht zu: 21%
- nicht sicher: 8%

Meine Katze hat mich bei einem Verlust unterstützt:
- stimme zu: 34%
- stimme nicht zu: 53%
- nicht sicher: 13%

Meine Katze hat mich während einer Beziehungskrise unterstützt:
- stimme zu: 19%
- stimme nicht zu: 70%
- nicht sicher: 11%

Meine Katze hat mich bei Krankheit unterstützt:
- stimme zu: 45%
- stimme nicht zu: 48%
- nicht sicher: 7%

Meine Katze empfindet bedingungslose Liebe für mich:
- stimme zu: 49%
- stimme nicht zu: 25%
- nicht sicher: 26%

Meine Katze empfindet berechnende Liebe für mich:
- stimme zu: 22%
- stimme nicht zu: 40%
- nicht sicher: 38%

Die Liebe meiner Katze hängt von der Weise ab, wie ich sie behandle:
- stimme zu: 32%
- stimme nicht zu: 54%
- nicht sicher: 14%

Meine Katze liebt mich nicht:
- stimme zu: 3%
- stimme nicht zu: 86%
- nicht sicher: 11%

Die Liebe meiner Katze ist sehr unterschiedlich zum Ausdruck menschlicher Liebe:
- stimme zu: 84%
- stimme nicht zu: 7%
- nicht sicher: 9%

Meine Katze scheint mich manchmal zu lieben, aber keine anderen Personen:
- stimme zu: 26%
- stimme nicht zu: 58%
- nicht sicher: 16%

Wenn ich nicht tue, was meine Katze will, wird sie mich nicht mehr lieben:

- stimme zu: 1%
- stimme nicht zu: 93%
- nicht sicher: 6%

Meine Katze wird mich immer noch lieben, sogar wenn ich sie gelegentlich abweise:

- stimme zu: 88%
- stimme nicht zu: 5%
- nicht sicher: 7%

Diese Reihe von Fragen bezieht sich auf das vielschichtigste Gefühl: die Liebe. Ich fragte zuerst, ob ihre Katzen ihnen durch eine schwierige Zeit in ihrem Leben geholfen hätten. 71 Prozent stimmten zu, dass ihre Katzen ein großer Trost für sie gewesen waren. 34 Prozent wurden bei einem Verlust unterstützt, 20 Prozent bei einer Beziehungskrise und 45 Prozent bei Krankheit. Dies ist ein Auszug aus einem typischen Brief, der zeigt, wie wichtig der Trost einer Katze in einer traumatischen Zeit ist:

Mein Kater ist solch ein Freund gewesen und blieb vor zehn Jahren nahe bei mir, als mein Ehemann uns verlassen hat. Er war mein Schatten für Wochen, Monate, verließ mich nur, wenn ich Besucher hatte, die mir Gesellschaft leisteten. Er ist ein echter Gentleman.

Ich machte dann die klassische Aussage: „Meine Katze empfindet bedingungslose Liebe für mich“ und bat um die Reaktionen der Halter. Fast die Hälfte stimmte zu, dass ihre Katzen ihnen in der Tat bedingungslose Liebe zeigten, aber der Rest stimmte dieser Aussage nicht zu oder war unsicher über die Richtigkeit. Viele Menschen bezeichnen die Liebe eines Haustiers als bedingungslos, aber ich glaube, Sie werden inzwischen erkannt haben, dass es weitaus komplizierter ist. Ich persönlich würde mich in einer Beziehung nicht wohlfühlen, in der die andere Partei „bedingungslose Liebe“ zeigt. Dies legt meiner Ansicht nach nahe, dass die Liebe etwas unterbewertet wird, weil mein Verhalten innerhalb der

Beziehung unerheblich ist. Ich verstehe die Anziehungskraft davon, „ungeschminkt“ (so wie wir sind) geliebt zu werden, aber müssen wir uns denn nicht immer noch etwas bemühen?

Ich traf dann die eher zynischere Aussage, dass Katzen „berechnende“ Liebe zeigen. Wir sind nur große Dosenöffner, Hühnchenköche und „Hodenaufschlitzer“. Nur 22 Prozent stimmten mit mir überein, und ich bin ziemlich froh darüber, weil dies eine starke Motivation für Katzen sein mag, aber es sicherlich nicht alles ist. Die nächste Aussage: „Die Liebe meiner Katze hängt von der Art ab, wie ich sie behandle“ schien für mich eine weitaus gesündere Vorstellung unserer Rolle in der Beziehung zu sein. Nur ein Drittel stimmte zu, und 54 Prozent stimmten nicht zu. Es ist nicht überraschend, zu sehen, dass dies ein ähnlicher Prozentsatz wie bei denen ist, die an die bedingungslose Liebe ihrer Katze glaubten, sodass ich offensichtlich bei ihnen nicht vorankam!

Als ich behauptete, dass die Liebe einer Katze sehr unterschiedlich zum Ausdruck menschlicher Liebe ist, stimmten durchschlagende 84 Prozent zu. Ich glaube, dies ist ein unglaublich wichtiger Punkt, da es die generelle Ernüchterung zeigen könnte, die viele Menschen gegenüber menschlichen Beziehungen empfinden. Wie ich zuvor gesagt habe, ist die Entsprechung zwischen Mensch und Katze in der Lage, viele der besten Teile nachzuahmen, ohne die ständigen Enttäuschungen, die einen anderen Menschen zu lieben, zu erzeugen scheinen. Katzen sind in dieser Hinsicht sehr entgegenkommend. Es ist aufgrund all der anekdotenhaften Beweise eindeutig, dass Katzen erfreut sind, diese Rolle zu spielen und zu sein, was wir sie auch immer in unseren Köpfen sein lassen wollen. Solange da ein freundliches Gesicht, ein warmes Bett und eine gute Mahlzeit sind, bleiben sie bezüglich der Vielschichtigkeit der emotionalen Untertöne ziemlich gelassen.

Noch einmal das Thema der teilweisen Verstärkung bearbeitend, behauptete ich, dass gelegentlich manche Katzen ihre Halter zu lieben scheinen und keinen anderen. Über ein Viertel der Halter stimmte mir zu, aber die meisten waren überzeugt, die Liebe wäre beständig, ungeachtet ihrer Antworten auf ähnliche Behauptungen vorher im Fragebogen.

Nur ein Prozent stimmte zu, dass ihre Katzen sie nicht mehr lieben würden, wenn sie nicht täten, was sie wollen. Enorme 93 Prozent stimmten nicht zu – diese Liebe *ist* wirklich bedingungslos! Spaß beiseite, es ist auch durchaus gesund, weil es völlig richtig ist, dass wir nicht immer tun sollten, was unsere Katzen wollen. 88 Prozent glaubten, dass ihre Katzen sie immer noch lieben würden, auch wenn sie sie gelegentlich abweisen, und dies ist genau die richtige Haltung/Einstellung. Aufmerksamkeit heischende Probleme sind selten in Haushalten präsent, wo die Halter dieses Prinzip verstehen.

Verhaltensprobleme

Meine Katze hat Aggressionen gegenüber einer anderen Katze im Haushalt gezeigt:
- stimme zu: 34%
- stimme nicht zu: 56%
- nicht sicher: 10%

Meine Katze hat Aggressionen gegenüber mir oder einer anderen Person gezeigt:
- stimme zu: 28%
- stimme nicht zu: 68%
- nicht sicher: 4%

Meine Katze war im Haus unsauber:
- stimme zu: 23%
- stimme nicht zu: 77%
- nicht sicher: 0%

Meine Katze hat im Haus mit Urin markiert:
- stimme zu: 13%
- stimme nicht zu: 86%
- nicht sicher: 1%

Meine Katze wurde wegen eines Verhaltensproblems behandelt:

- stimme zu: 5%
- stimme nicht zu: 93%
- nicht sicher: 2%

Da ich eine Katzenverhaltensberaterin bin, musste ich diese Gelegenheit ergreifen, zu überprüfen, ob aus einer das Verhalten betreffenden Sichtweise zu Hause alles in Ordnung war. Die Mehrheit der Halter stimmte den Aussagen bezüglich Aggression und Unsauberkeit nicht zu, aber bedauerlicherweise – und nicht überraschend – war ein Drittel der Katzen gegenüber anderen im Haushalt aggressiv, fast ein Drittel war aggressiv gegenüber Menschen, 23 Prozent waren im Haus unsauber, und 13 Prozent hatten mit Urin markiert. In einem anderen Beispiel unserer unglaublichen Fähigkeit, zu tolerieren und zu vergeben, hatten nur fünf Prozent der Befragten, trotz der beträchtlichen Anzahl an Problemen, professionelle Hilfe in Anspruch genommen.

Ich werde Ihnen das letzte Wort in diesem Kapitel überlassen. Ich fragte am Ende des Fragebogens, wie die Personen ihre Gefühle für ihre Katzen in fünfzig Worten oder weniger zusammenfassen würden. Hier sind ein paar Beispiele Ihrer Antworten:

Rosie ist die Freude meines Lebens. Da ich keine Kinder habe, empfinde ich sie als mein Kind. Rosie ist eine Katze unter Katzen – ich kann mich an nichts erinnern, was sie tut, was mich wütend macht. Ein Leben ohne sie wäre sehr schwer für mich. Ich habe andere Siamkatzen gehabt, großartige Katzen, aber Rosie ist und bleibt etwas sehr, sehr Besonderes.

Ich empfinde bedingungslose Liebe für sie – allerdings mag ich es nicht, wenn sie zu lange draußen ist, und halte mich für eine „gemeine Mama", ABER wenn ich für ein bis zwei Stunden fort muss, scheint sie das nicht zu mögen, muckt auf, weigert sich, hereinzukommen oder mein Rufen anzuerkennen! So gehe ich nicht mehr viel weg, da ihre Reaktion mich bekümmert!

Sie ist wie ein kleines Kind. Manchmal kann ich sie zur gleichen Zeit lieben und hassen. Sie ist ständig in meinen Gedanken, wenn ich weg bin. Manchmal fühle ich mich frustriert, weil ich nicht verstehe, was sie will. Ich liebe diesen kleinen Plagegeist wie verrückt.

Ich liebe ihn. Er bringt mich zum Lachen. Er muntert mich auf. Er hat mir durch eine schwierige Zeit geholfen, und er ist wie ein beweglicher Tröster. Aber ich ersticke ihn nicht, sodass ich glaube, dass wir ungefähr das richtige Gleichgewicht haben. Bester Freund, Clown, Tröster, Fußwärmer, aber immer noch eine Katze!

Und mein eigener persönlicher Favorit ...

Er ist wie mein Ehemann: faul, isst ständig und wird immer rundlicher über die Jahre. Ich würde nichts ändern wollen.

Nachwort

Dieses Buch ist eine ziemlich emotionale Reise für mich gewesen. Zufällig hatte ich die Gelegenheit, selbst eine Anzahl von Katzenbeziehungen in meinem eigenen Leben zu beurteilen. Während des Schreibens dieses Buches habe ich eine weitere meiner geliebten Katzen in Cornwall verloren (Bakewell) und begann meine allererste Eins-zu-eins-Beziehung mit einer Katze (Mangus). Ich habe ein Dreiecksverhältnis „wie es im Buche steht" mit Mangus und einem allergischen Katzenliebhaber und staune über die Herausforderung, die das darstellt. Die Wirkung, die diese Beziehung auf alle drei Parteien hat, ist tief greifend Damit hätte ich nie gerechnet.

Wenn ich die einzigartige Flexibilität der Katze, und was das für mich bedeutet, zusammenfassen müsste, wäre es folgendermaßen. Katzen sind Chamäleons. Sie verändern sich, um sich der Situation anzupassen, mit dem einzigen Ziel, in Sicherheit zu bleiben und das meiste aus ihrem Umfeld herauszuholen, was auch ihre Menschen beinhaltet. Die rätselhafte Natur ihrer Reaktionen und ihres Verhaltens erlaubt es den Haltern, aus der Beziehung zu machen, was sie wollen. Was auch immer die Katze in ihrer Körpersprache und Lautsprache „sagt", kann so interpretiert werden, dass es mit der Wahrnehmung des Halters von der Beziehung übereinstimmt. Beispielsweise kann eine Katze mit wenigen Bewältigungsstrategien im Leben leicht eine Abhängigkeit von ihrem Menschen entwickeln, die ungesund und nicht in ihrem Interesse ist. Der Mensch sieht eine wirklich freundliche Katze und äußert: „Sie liebt mich so sehr, sie wird mich nie alleine lassen, sie sei gesegnet", während er die ganze Zeit denkt: „Ich muss eine sehr besondere Person für meine Katze sein, da sie mich so sehr liebt." Es ist ebenso leicht, das bewegungsarme Verhalten einer chronisch ängstlichen Katze fehlzuinterpretieren – ein Individuum, das so gestresst und unsicher ist, dass es sich nur selten bewegt, aber das sein Halter als „gelassen und entspannt" beschreibt. Wie einfach ist es, von dem Gefährten, von dem wir glauben, ihn so gut zu kennen, irregeführt zu werden.

Ich bin bestrebt, ein besseres Verständnis unserer Beziehungen mit diesen besonderen Kreaturen zu verbreiten, sodass ich mich nicht für die Ernsthaftigkeit mancher meiner Kommentare in den letzten Kapiteln entschuldige. Ich habe immer gepredigt, dass Beziehungen zwischen Mensch und Katze Spaß machen sollten, aber ich finde, dass dies nicht auf Kosten des Wissens gehen sollte, das wir erlangen. Wir machen uns selbst verantwortlich für das Wohlbefinden einer anderen Kreatur, und darum haben wir die Aufgabe, die Beziehung zu schätzen, wie sie wirklich ist, und uns dementsprechend zu verhalten. Diese Beziehung sollte nicht nur ein Spiegelbild dessen sein, wonach wir uns sehnen oder was wir brauchen; sie sollte immer für beide Seiten von Vorteil sein. Wenn Sie ehrlich glauben, dass Sie das Bedürfnis Ihrer Katze, eine Katze zu sein, respektieren, dann freue ich mich. Sie geben Ihr Bestes für Ihre Katze, und wenn ich in irgendeiner Weise zu diesem Verständnis beigetragen habe, bin ich zutiefst zufrieden.

Ich verbringe den Großteil meines Lebens damit, über Katzen und unsere Beziehung zu ihnen nachzudenken. Alle Ansichten, die in diesem Buch ausgedrückt wurden, sind nichts anderes als meine eigenen Gedanken und Grübeleien. Es gibt keine perfekte Art, eine Katze zu lieben, und es würde mich selbst völlig verwirren, wenn ich versuchen würde, es zu definieren. Ich hoffe, dass dieses Buch Sie zum Nachdenken bringt und Sie Ihre eigenen Ansichten neu überdenken lässt, besonders wenn Sie Probleme erlebt haben.

Es wird immer Menschen geben, die über die Tatsache staunen, dass ich dem Beziehungsaspekt bei der Katzenhaltung ein ganzes Buch gewidmet habe. Es gibt viele Menschen, die das ganze Konzept der Beziehung zwischen Mensch und Katze als albern und ausschweifend betrachten, und ich respektiere, dass sie das Recht haben, dieser Ansicht zu sein. Ironischerweise haben sogar einige Halter mit einem niedrigen Bindungsgrad an ihre Haustiere, Katzen, die absolut zufrieden sind. Dies ist eine Tatsache, die mir immer wieder einfällt, wenn ich Klienten mit unglücklichen oder widerspenstigen Katzen einfach rate, sie „zu ignorieren". Ihre Katze auf Ihre Weise zu lieben, bringt ihr nicht unbedingt Zufriedenheit. Katzen neigen dazu, mit dem zurechtzukommen, was sie bekommen, und wenn ein Halter sie als nichts weiter ansieht, als einen Impulskauf sowie ein ziemliches Ärgernis, können Katzen damit immer noch gut umgehen und ungehindert ihren Angelegenheiten nachgehen. Diese Katzen, die ihrer Natur treu bleiben, können leicht in einer Atmosphäre überleben, die einen Mangel an der Art von Liebe aufweist, die viele Menschen für unentbehrlich halten. Alles geht allerdings schief, wenn es zu einer tierärztlichen Behandlung kommt, da Halter, die wenig an ihren Tieren hängen, selten bereit sind, die hohen Rechnungen zu bezahlen, die bei vielen ernsthaften Leiden erforderlich sind. So hat vielleicht, von ihnen „umsorgt" zu sein, doch seine Nachteile.

Dies bringt mich auf einen deprimierenden Aspekt der Beziehung zwischen Mensch und Katze, bei dem die Debatte sogar noch komplizierter wird. Tierärztliche Heilkunst ist über die letzten Jahre unglaublich fortgeschritten, und nun werden Verfahren, wie eine komplizierte Herzoperation sowie Nierentransplantationen, durchgeführt. Das erzeugt meiner Meinung nach ein Dilemma: Ist es richtig, diese Art von Behandlung für unsere Katzen zu wählen, nur weil wir es können? Ist es für eine Katze schlimmer, als Ergebnis einer schweren Verletzung oder Krankheit human eingeschläfert zu werden, anstatt sie über viele Monate einer schmerzhaften und stressreichen Behandlung zu unterziehen? Wir können vielleicht Leben verlängern, aber wir verändern damit die Wahrnehmung der Katze von menschlicher Vertrauenswürdigkeit für immer. Manche Katzen kommen gut mit sehr langen veterinärmedizinischen Behandlungen klar, aber manche tun es nicht.

Es ist wirklich schwierig; ich persönlich würde alles für meine Katzen tun, aber ich bestehe darauf, dass es *für* meine Katze sein muss und nicht für mich. Ich glaube, dass falls wir jemals diese Art von Entscheidung treffen müssen, wir den größtenteils menschlichen Drang, den Tod um jeden Preis zu verhindern, zurückweisen sollten. Katzen haben kein Konzept ihrer Sterblichkeit; sie fürchten den Tod nicht und haben keine religiösen Glaubenssätze über die Unantastbarkeit des Lebens. Sie verstehen Angst, Schmerz und Leiden und blicken dem Tod mit Resignation ins Auge. Dies ist eine deprimierende Debatte, aber nichtsdestoweniger eine faszinierende. Diese Art von Entscheidung zu treffen, ist Teil der Beziehung. Sollte unsere eigene Befindlichkeit Priorität haben, nur weil wir es schwer finden, loszulassen?

Ich verspreche, dies ist meine allerletzte traurige Anmerkung! Katzen bedeuten Spaß und Faszination, genauso wie Katzenhalter, und ich sage ein großes „Danke schön“ an alle, die die Mühe auf sich genommen haben, mir über ihre erstaunlichen Gefährten zu schreiben. Jeder Brief wird sorgfältig gelesen und genossen, und jeder einzelne veranschaulicht die enorme Vielfältigkeit, die in der Persönlichkeit der Katze existiert sowie in den Beziehungen zwischen Katze und Mensch. Manche Halter kämpfen mit nervösen Katzen, und manche fühlen sich schrecklich abgelehnt, wenn ihre Katzen Zuflucht in Gewalt suchen, um ihren Willen durchzusetzen. Die meisten glauben, dass es ihr eigenes Versagen ist, wenn etwas schiefgeht, und ich bezweifle, ob ich Menschen jemals davon überzeugen kann, dass es selten so eindeutig ist.

Wenn Sie versucht haben, Ihre Katze auf Ihre Weise zu lieben und glauben, dass sie gescheitert sind, sollten Sie sich vielleicht einige Momente nehmen, um über die wahre Natur Ihrer Beziehung mit Ihrer Katze nachzudenken. Wenn Sie Zweifel haben, setzen Sie sich damit auseinander, was Ihre Katze eigentlich will und braucht, und versuchen Sie, Ihre Liebe auf Katzenart zu zeigen. Bitte lassen Sie mich wissen, was geschieht!

Danksagung

Ich danke Mary Pachnos, meiner wundervollen Agentin, und Francesca Liversidge, meiner Redakteurin bei Transworld, für ihre kontinuierliche Unterstützung, ihre Ratschläge und ihren guten Humor. Tamzin Barber, eine brillante angehende Katzenverhaltensberaterin, half mir sehr bei der Recherche, ebenso Sharon Cole, Robin Walker, Vicki Adams, Rozanna Malcolm und Clive Butler. Meine Klienten, waren wie immer durchweg wundervoll, und jeder hat in gewisser Weise zu diesem Buch beigetragen. Ich möchte auch Peter danken, der auf Lucy, Annie und Bink in Cornwall aufgepasst hat. Ich könnte meine Arbeit nicht ohne seine Anregung und Unterstützung ausführen. Last, but not least sind da Mangus und Charles, die beiden anderen Seiten meines eigenen Dreiecksverhältnisses. Danke Mangus, dass du regelmäßig an meinem Computer gesessen und dafür gesorgt hast, dass ich geistig gesund geblieben sind. Danke Charles, dass du einfach du bist!

Service

Zum Weiterlesen

… finden Sie hier eine Auswahl an Katzenbüchern aus dem KOSMOS-Verlag:

Verhalten

Bailey, Gwen: **Was denkt meine Katze.** Katzenverhalten auf einen Blick.
Anhand von zahlreichen Fotos erklärt Verhaltensforscherin Gwen Bailey typisches Katzenverhalten. So lernen Sie die Gedanken Ihrer Katze zu „lesen" und sie noch besser zu verstehen.

Bessant, Claire: **Die Geheimnisse der Katzensprache.** Lernen Sie Ihre Katze verstehen und mit ihr zu kommunizieren.
Was antworten Sie, wenn Ihre Katze „Miau" sagt? Claire Bessant öffnet in diesem Buch die Tür zur Welt der Katzensprache. Sie zeigt, wie Katzen miteinander kommunizieren, und erklärt, wie auch jeder Katzenbesitzer in einen einfachen Dialog mit seiner Katze treten kann.

Halls, Vicky: **Die Katzenflüsterin.** Erfolgreiche Kommunikation, vertrauensvolles Miteinander.
Katzenflüsterer müsste man sein … Nichts einfacher als das! Großbritanniens bekannteste Katzenflüsterin verrät, wie es geht: Mit Vicky Halls' Wissen, ihren Tipps und Ratschlägen gelingt das verständnisvolle Zusammenleben von Mensch und Katze.

Halls, Vicky: **Neues von der Katzenflüsterin.** Die Geheimnisse der Katzenseele erforschen. *Das Flüstern geht weiter – Vicky Halls verrät allen Katzenfreunden, wie es geht: Sie lernen die Verhaltensweisen und die Psyche ihrer Katze besser zu verstehen und profitieren von Vicky Halls' reichem Erfahrungsschatz aus ihrer langjährigen Praxis.*

Johnson, Pam: **Katzenpsychologie**. Ratschläge und Erfahrungen einer Katzentherapeutin.
Pam Johnson schöpft aus ihrer langjährigen Erfahrung mit Katzenproblemen und Problemkatzen aller Art. Einleuchtend und leicht nachvollziehbar erklärt sie die Ursachen für mögliche Probleme und Missverständnisse und gibt präzise Ratschläge zur Lösung, die jeder umsetzen kann.

Lauer, Isabella: **Populäre Irrtümer über Katzen.** Warum die Katzenwäsche für die Katz ist und uns mit Kater der Morgen graut.
Wie Hund und Katz – stimmt das eigentlich? Von wegen! Isabella Lauer geht verbreiteten Legenden, Vorurteilen und Alltagsirrtümern über Katzen auf den Grund und schildert auf vergnügliche Weise, wie es zu ihrer Entstehung kam.

Lauer, Isabella: **Warum Katzen immer auf den Pfoten landen.**
222 Fragen und Antworten rund um die Katze.
Kann eine Katze Gedanken lesen? Bekommt sie Höhenangst? Und warum sollte man einer Katze lieber nicht zu tief in die Augen schauen? Isabella Lauer beschreibt sachkundig und mit einem Augenzwinkern, wie Katzen wirklich sind.

Leyhausen, Paul: **Katzenseele.** Wesen und Sozialverhalten.
Prof. Paul Leyhausen gilt als der Experte, wenn es um Katzen geht. Mehr als 40 Jahre hat er Katzen und ihre frei lebenden Verwandten erforscht. In diesem Buch beschreibt er das Verhalten unserer Katzen wissenschaftlich fundiert und verständlich zugleich.

Seidl, Denise: **Wenn meine Katze Probleme macht.**
Katzenverhalten verstehen, Probleme lösen.
Sie schärft die Krallen an der Couch, sie „jagt" Füße statt Mäuse und verfehlt gezielt die Katzentoilette? Tierpsychologin Denise Seidl erklärt die Ursachen für diese „Macken" und hilft, das Verhalten Ihrer Katze wieder in die richtigen Bahnen zu lenken.

Turner, Dennis C.: **Turners Katzenbuch.** Wie Katzen sind, was Katzen wollen – Der Weg zu einer glücklichen Beziehung.
Ein umfassendes Werk, das jeden Halter mit zahlreichen Fakten, praktischen Tipps und kuriosen Eigenarten der geliebten Samtpfoten in Staunen versetzt, besseres Verständnis für manche Verhaltensweisen weckt und den Weg für eine rundum harmonische Beziehung zwischen Mensch und Katze bereitet.

Twardokus, Petra: **Katzen in die Seele schauen**. Erfahrungen einer Katzenpsychologin.
Anschaulich beschreibt die Katzenpsychologin Petra Twardokus Wesen, Verhalten und Seelenleben der Samtpfoten. Dabei geht sie ausführlich auch auf problematisches Verhalten ein, das oftmals ganz normales Katzenverhalten ist, vom Menschen aber nicht verstanden wird bzw. nicht in die häusliche Umgebung passt.

Haltung

Grimm, Hannelore: **Kätzchen.** Halten & pflegen, verstehen & beschäftigen.
Wurde Ihr Herz von einem süßen Kätzchen im Sturm erobert, dann brauchen Sie dieses Buch. Hier erfahren Sie, wie Sie Ihr Zuhause katzengerecht einrichten, wie Sie den kleinen Stubentiger richtig füttern und versorgen und welche Spiele das Kätzchen am liebsten mag. Ein unentbehrlicher Ratgeber für alle „Erst-Katzen-Besitzer".

Lauer, Isabell: **Zwei Katzen – doppeltes Glück.** Auswahl, Eingewöhnung und harmonisches Zusammenleben.
Wer mit dem Gedanken spielt, zu seinem Stubentiger einen zweiten zu gesellen oder das Katzenglück gleich von Anfang an im Doppelpack genießen will, findet in diesem Buch Antwort auf alle Fragen: Wer passt zu wem? Wie gewöhne ich die neue Katze ein? Wie schlichte ich Streit?

Gesundheit

Becvar, Dr. med. vet. Dr. Wolfgang: **Naturheilkunde für Katzen.** Grundlagen, Methoden, Krankheitsbilder.

Die sanften Heilweisen der Naturmedizin für unsere Katzen – ihre Erfolge sprechen für sich: Von der Behandlung von leichtem Unwohlsein über die Gesundheitsvorsorge bis hin zur Unterstützung der klassischen Medizin finden sich in der Naturheilkunde immer die passenden Methoden.

Bergmann-Scholvien, Claudia: **Schüßler-Salze für meine Katze.** Die Wirkung der Heilsalze, Anwendung und Therapie.
Garantiert ohne Nebenwirkungen! Mit den „12 Salzen des Lebens" können Sie alltägliche Gesundheitsprobleme, Stress oder Verhaltensauffälligkeiten bei Ihrer Katze erfolgreich selbst behandeln. Auf dem übersichtlichen Mini-Poster finden Sie alle Schüßler-Salze auf einen Blick.

Brehmer, Marion: **Bachblüten für die Katzenseele.** Alle Blüten und Mischungen für Gesundheit, Ausgeglichenheit und Wohlbefinden. Mit Analysebogen.
Launische Mieze, Panik beim Tierarzt oder Streit mit dem Katzenkumpel? Bachblüten können bei unerwünschtem Verhalten wesentlich zur Besserung und Lösung des Problems beitragen und haben einen positiven und ausgleichenden Einfluss auf Persönlichkeit und Gemütszustand der Katze.

Tellington-Jones, Linda: **TTouch für Katzen.** Sanft und liebevoll berühren – der neue Weg zu Harmonie, Gesundheit und Wohlgefühl.
Die heilende Kraft der Hände: Kreisende und streichende Berührungen – die Tellington TTouches – sind der Schlüssel für eine vertraute Beziehung, intensives Wohlbefinden und stabile Gesundheit. Das Praxisbuch für alle Katzenfreunde.

Dr. Wolf: **Tiersprechstunde für Katzen.**
Der sympathische Tierarzt aus der bekannten Fernsehsendung „hundkatzemaus" gibt kompetenten Rat rund um die Gesundheit Ihrer Katze.

Register

Impressum

Aus dem Englischen übersetzt von Petra Twardokus.

Titel der Originalausgabe: „Cat Counsellor – How your cat *really* relates to you“, erschienen 2006 bei Bantam Press, a division of Transworld Publishers, ISBN 978-0-593-05564-9

Umschlaggestaltung von eStudio Calamar unter Verwendung einer Katzenaufnahme von Picani-Bildagentur (U1) und eines Autorenfotos von Robin Matthews (Innenklappe).

Die Verwendung der eingetragenen Marke „Katzenflüsterer“ in Österreich erfolgt mit freundlicher Genehmigung von Herrn Reinhard Mut.

Alle Angaben in diesem Buch erfolgen nach bestem Wissen und Gewissen. Sorgfalt bei der Umsetzung ist indes dennoch geboten. Der Verlag und die Autorin übernehmen keinerlei Haftung für Personen-, Sach- oder Vermögensschäden, die aus der Anwendung der vorgestellten Materialien und Methoden entstehen könnten. Die Übersetzerin, eine deutsche Katzenpsychologin, rät dringend dazu, eine Katze nicht einfach abzugeben, ohne überhaupt eine Therapie versucht zu haben. Sie praktiziert selbst eine ganzheitliche Verhaltenstherapie, die in so gut wie allen Fällen erfolgreich ist.

Unser gesamtes lieferbares Programm und viele weitere Informationen zu unseren Büchern, Spielen, Experimentierkästen, DVDs, Autoren und Aktivitäten finden Sie unter **www.kosmos.de**

Gedruckt auf chlorfrei gebleichtem Papier

FSC Mixed Sources
Product group from well-managed forests and other controlled sources
www.fsc.org Cert no. SA-COC-001819
© 1996 Forest Stewardship Council

Für die deutsche Ausgabe:

ISBN 978-3-440-11632-6
Redaktion: Ute-Kristin Schmalfuß
Produktion: Eva Schmidt
Printed in The Czech Republic / Imprimé en République Tchèque